涉 水 光 学

李学龙　编著

科学出版社

北　京

内 容 简 介

涉水光学是探索光学在涉水领域中应用的科学。本书首先介绍光与水的物质相互作用及跨介质传播;其次,介绍几何光学及成像定律;再次,从光学成像的历史背景出发,详细阐述涉水光学数据获取,涉水光学信息的传输与处理;最后,介绍涉水光学的典型应用场景——水下安防。

本书可供光学、海洋学、计算机科学等相关领域的科研工作者和感兴趣的人士阅读。对于我国海洋政策制定者、海洋资源管理者及水下安防领域的实践者来说,本书是一本极具参考价值的资料。

图书在版编目(CIP)数据

涉水光学 / 李学龙编著. -- 北京 : 科学出版社,2025. 4.
ISBN 978-7-03-080968-1

I. O432

中国国家版本馆 CIP 数据核字第 20249VM941 号

责任编辑:祝 洁 汤宇晨 / 责任校对:崔向琳
责任印制:赵 博 / 封面设计:有道文化

科 学 出 版 社 出版
北京东黄城根北街 16 号
邮政编码:100717
http://www.sciencep.com
三河市春园印刷有限公司印刷
科学出版社发行 各地新华书店经销

*

2025 年 4 月第 一 版 开本:720×1000 1/16
2025 年 7 月第二次印刷 印张:17 1/2 插页:8
字数:370 000

定价:248.00 元
(如有印装质量问题,我社负责调换)

序

涉水光学是一个新兴而重要的科学，涉及光与水体相互作用的机理以及光的跨介质传播。涉水光学不仅是一门基础科学，更是一项关键技术，对于人们理解和利用水下世界具有深远的意义。

光学技术是现代科学技术的基石之一，涉水光学作为其中的重要分支，近几十年获得了迅速的发展。涉水光学主要研究光与水体的相互作用以及光在水中和跨介质环境中的传播机理，是探索光学在涉水领域中应用的科学。涉水光学的发展不仅在基础科学层面上具有重要意义，而且在资源开发、环境监测等实际应用中发挥了关键作用。

涉水光学起源于人类对水下世界的探索。随着智能科学和光学技术的融合，涉水光学的应用领域逐渐扩展，不仅局限于水下环境，还包括了海洋、江河、湖泊等多种水体的光学测量和成像。该书通过系统性地介绍涉水光学的传感、成像、测量及通信等方面的新进展，揭示了该领域当前面临的挑战以及未来可能的突破方向。涉水光学的研究内容广泛，从光与水的物质相互作用机理，到信息的智能获取、传输和处理，再到应用场景的探索。这些研究不仅有助于我们更好地理解水下环境，还能提高水下探测、成像和通信的效率与准确性。随着技术的进步，涉水光学的应用前景也在不断拓展，从水下安防到环境监测，从资源开发到生态保护，涉水光学的作用越来越重要。

涉水光学的核心挑战之一是水体对光的高吸收和强散射特性，这限制了光在水中的传播距离和信号强度。为解决这一问题，科研人员不断探索新的光学材料、设备及信号处理技术。随着海洋经济和国家海洋权益的不断拓展，光学技术在海洋防护、资源勘探及环境保护中的应用日益深入。涉水光学的相关研究成果在水下目标探测、通信、海底监测等领域起到了至关重要的作用，为国家的海洋安全和资源保护提供了强有力的技术支持。

未来，涉水光学将在跨学科融合、智能科学与海洋技术协同发展的背景下，迎来更多的机遇与挑战。随着人工智能、噪声分析、大数据、认知计算等前沿技术的引入，涉水光学的数据处理能力将进一步提升，使得实时监控和自动化处理成为可能。同时，涉水光学在环境保护中的作用也将越发重要，特别是在全球气候变化、海洋生态环境保护等领域，将为解决水资源污染、海洋生态破坏等问题提供新的技术手段。

涉水光学作为一门新兴的交叉学科，已经展现出其在多个领域的广泛应用前景。未来的研究将继续聚焦于提高光学设备的探测能力、提升光学信号的处理精度，以及推动光学技术在复杂水体环境中的实际应用。我深感，涉水光学不仅关系到国家的海洋权益，也是应对全球气候变化、海平面上升等挑战的关键。我相信，随着科技的不断进步，涉水光学必将在国家发展战略和全球科技竞争中发挥更为重要的作用。

该书作者李学龙教授长期从事光学成像与图像处理研究，关注涉水光学的基础理论，在深海相机与智能处理方面做出原创性工作，应用于我国深海探测领域多项型号任务。该书是在作者长期从事科学研究和工程实践的基础上撰写的，凝聚了作者十多年科研成果，希望该书能够对读者有启发和帮助。

中国科学院院士　侯洵

前　言

涉水光学是一门集合了光学、光学工程、海洋学、计算机等多个学科的交叉学科，旨在深入理解涉水环境中的光学现象，探究其在生态、环境和技术应用中的影响。本书以光与水的物质相互作用机理和光的跨介质传播机理为基础，重点阐述涉水光学信息的获取、传输与处理方法，介绍涉水光学的典型应用场景。

涉水光学的前身是水下光学和海洋光学。2016年5月10日在陕西省西安市举办的全国首届"水下光学"高峰论坛由本书作者李学龙发起，会上首次提出"水下光学"。同年，提出并牵头筹备创建了我国首个省部级涉水光学重点实验室——陕西省海洋光学重点实验室。随后，于2018年6月22日在西安市举办了第二届"水下光学"高峰论坛，将"水下光学"发展为"海洋光学"，之后论坛更名为"全国海洋光学技术交流会"。在此次论坛上发起并成立了"中国光学工程学会海洋光学专委会"。至今，该会议已连续举办多届，成为我国最重要、最受关注的光学会议之一。

随着海洋科技研发持续深入，人类对海洋的认知能力和技术装备水平也不断提高，"海洋光学"已经从传统的研究海洋光学性质、光在海洋中传播规律和运用光学技术探测海洋的科学，进一步发展为以"海洋命运共同体"为纲领，维护海洋权益为目的，研究深海科学技术与装备为核心，建设深海基地、探测深海空间、开发深海资源的综合科学。面对深海空间广阔、水文特征复杂和信息难以感知等问题，作者充分考虑水体与空气等介质之间、光学设备与算法之间的紧密联系，将"海洋光学"进一步发展为"涉水光学"，把研究对象从单一领域水体拓展至海洋、江河湖池、云雨雾雪冰等多类型水体领域，以及噪声分析与调控等与水体相关的其他领域。

本书由中国电信首席技术官、首席科学家，中国电信人工智能研究院院长、西北工业大学教授李学龙撰写。首先，感谢侯洵院士的指导，感谢中国科学院西安光学精密机械研究所海洋光学室吴国俊研究员团队提供的重要素材和宝贵意见。西北工业大学孙哲在本书编撰过程中提供了诸多协助，团队研究生也从学习者的角度提出了很好的建议，在此也向他们表示感谢。

由于作者水平有限，书中不妥之处在所难免，恳请读者批评指正。

目　　录

第1章 绪 论

1.1 研 究 背 景

水是生命之源,覆盖了地球表面的71%,是全球生态、资源、社会、经济、安全的重要发展空间。我国海域面积约473万 km^2,海域面积接近我国陆地面积的二分之一,大陆海岸线长度达1.8万 km,壮大海洋经济、加强海洋资源环境保护、维护海洋权益事关国家安全和长远发展[1]。随着科技发展,世界强国基于光学技术的水下装备得到了高速发展,我国领水面临的安全威胁加剧,过去甚至"水下国门洞开",对国家主权、安全、经济发展构成重大威胁。因此,亟须发展以水下安防为目标的涉水光学技术与装备。

涉水即与水相关,泛指包括海洋、江河湖池、云雨雾雪冰等在内的水体。涉水光学研究涵盖海洋、江河湖池、云雨雾雪、水分子等水体的光学特性,光在水体与跨介质中的传播机理,解决涉水领域中与光学数据获取、信息传输及处理有关的各种问题,是临地安防(vicinageearth security,VS)[2]体系中水下安防的重要支撑,对我国领水的防卫、保护、生产、安全、救援具有重要的意义。通过测量水体中传播光的相位、强度、频谱、偏振等物理量,获取水体环境中的影像、温度、振动、压力、磁场等参数信息,发展光学在涉水领域的传感、测量、探测、成像、光通信与信息智能处理等技术,助力推进海洋强国建设。

1963年,Duntley[3]发现蓝绿光波段在水中的衰减较小,可作为水体的透光窗口,涉水光学开始蓬勃发展。西方发达国家的相关研究部门,包括美国伍兹霍尔海洋研究所、法国海洋开发研究院、英国国家海洋研究中心等国际一流研究机构开始对涉水光学开展广泛深入的研究。在复杂的涉水领域中,涉水光学发展面临着水体对光高吸收、强散射的瓶颈问题,其发展现状远远落后于实际需求,亟须得到更多关注。

1.2 水 的 特 性

1.2.1 水的特性研究简史

水作为一种独特的物质,在科学界和人类生活中一直受到广泛关注和研究。

水的研究历史可以追溯到古代文明时期。

泰勒斯(Thales)被誉为古希腊哲学第一人,是古希腊及西方第一个自然科学家和哲学家,这位前苏格拉底哲学家主要因宣称"万物源于水"而为人所知。泰勒斯提出了"万物根源"理论,认为水是所有物质的基本元素,是万物的根本,并将其视为生命的源泉。通过观察自然现象,他认为水具有形成和改变物质的能力,成为世界的起源[4]。

文艺复兴时期的达·芬奇(da Vinci)对水的观察和研究广泛涉及了水的流动、水轮机和液压力学。他记录了水的动态性质,并在工程和艺术中应用了这些观察结果。

17~18世纪,瑞士数学家丹尼尔·伯努利(Daniel Bernoulli)的研究成果对液体的流动理论有着重要影响,他在数学、物理学和力学领域都有重要贡献,被认为是18世纪欧洲数学和科学界的重要人物之一。他提出了伯努利定理,描述了液体在速度和高度变化时的压力变化[5]。

伯努利定理是流体力学中的基本定理,描述了在不可压缩、稳态、非黏性流体中,流体的速度和压力之间存在的关系。该定理以伯努利的名字命名,他在1738年首次发表了关于这个原理的研究结果。伯努利定理在解释飞行、涡轮机、水管流动等各种流体力学现象方面具有重要的应用。伯努利定理的基本思想是,在稳态的流体中,如果沿着流体的流线(流体粒子的轨迹)观察,当流体速度增加时,压力会下降;当流体速度减小时,压力会增加。伯努利定理可以用式(1.1)表达:

$$P + \frac{1}{2}\rho v^2 + \rho gh = 常数 \tag{1.1}$$

式中,P为流体的压力;ρ为流体的密度;v为流体的速度;g为重力加速度;h为流体元素的高度。这个公式表明,在沿着流体流线的任意两点之间,式(1.1)中每一项的和都保持不变。这意味着如果流体速度增加,压力会下降,如果速度减小,压力会增加,以保持整个表达式的值不变。

亨利·卡文迪什(Henry Cavendish)是英国自然哲学家和化学家,是最早测定氢气和氧气化学计量比的科学家之一。亨利·卡文迪什的研究集中在气体的性质和化学行为上,他在1781年进行的一系列实验中,成功地分离了氢气和氧气,并确定了氢气和氧气的化学计量比,这在当时是一个非常重要的发现,为化学定量分析和理解化学反应提供了基础。亨利·卡文迪什的实验发现,当氢气和氧气按一定比例混合并反应时,它们完全转化为水,而且反应前后体积之比接近于1:2,这意味着水中氢和氧的质量比大约是1:8,这与后来分子量的概念一致。这一发现为化学的定量研究奠定了基础,支持了元素的相对原子质量及分子理论的发展[6]。

19 世纪初，英国物理学家迈克尔·法拉第(Michael Faraday)的电解水实验揭示了水的电化学性质，为电化学领域的发展做出了重要贡献。电解水实验是他在电化学领域的一项重要研究，为人们理解水的分解和电解现象提供了关键性的证据[7]。

迈克尔·法拉第的电解水实验是在 19 世纪 20 年代早期进行的，当时电和化学之间的关系还没有完全被理解。他知道，当电流通过液体电解质时，物质可能会发生化学变化，他进行电解水实验就是为了探究这一现象。法拉第的实验装置非常简单，使用了两个带有电极的水槽，每个水槽都有电解质溶液，通常是盐水。在一个水槽中放置氢气电极，也就是负极(阴极)，在另一个水槽中放置氧气电极，也就是正极(阳极)。通过外部电源连接，将电流通过这两个电极，使得电解质溶液中的离子开始移动。在负极(氢气电极)附近，水中的氢离子(H^+)被还原成氢气(H_2)，生成氢气气泡。在正极(氧气电极)附近，水中的氢氧根离子(OH^-)被氧化成氧气(O_2)，生成氧气气泡。法拉第观察到，在负极(阴极)和正极(阳极)附近分别产生了氢气和氧气气泡，生成的氢气和氧气体积比非常接近 2∶1，这表明水分解的化学反应可能是：

$$2H_2O(l) \longrightarrow 2H_2(g) + O_2(g) \tag{1.2}$$

法拉第的电解水实验证明了水可以通过电解分解成氢气和氧气，从而证实了电与化学之间的密切关系。这个实验不仅支持了他的电磁学理论，还为电解现象和化学反应之间的联系提供了关键的实验证据。这项实验对于后来电化学领域的发展有重要影响，为电解过程和电解质溶液的研究奠定了基础。

法国化学家路易斯·巴斯德(Louis Pasteur)在 19 世纪晚期的研究中深入探索了水的微生物学和消毒学，他的研究工作对公共卫生和疾病控制产生了深远影响，是微生物学的奠基人之一[8]。他研究证实了微生物是疾病的病原体，而不是简单地由腐败产生；揭示了微生物与疾病之间的关系，这对医学卫生产生了重大影响。他提出了巴氏消毒法，即通过加热来杀灭或去除微生物从而防止感染的方法。这一方法在手术、食品加工和饮用水处理等领域中得到了广泛应用，大大改善了公共卫生状况。

到了现代，科学家使用先进的实验技术，如 X 射线衍射和核磁共振，在 20 世纪中期对水的分子结构进行了详细研究，发现水分子由一个氧原子和两个氢原子构成，并呈现特定的角度和极性。

1.2.2　水分子的结构

水是一种常见的无色、无味、透明液体，是地球上最重要的化学物质之一。水是一种独特的物质，具有多种物理化学特性。一个水分子由一个氧原子和两个氢原子构成, 分子式为 H_2O。水分子结构呈 V 字形, 其中氧原子位于分子的中心, 两个氢原子以约 104.5° 的角度与氧原子相连。这种结构使得水分子具有不对称性和极性。

　　水分子是极性分子, 氧原子比氢原子更强地吸引共享的电子对, 这使氧原子部分带负电, 两个氢原子则部分带正电。这种不均匀的电荷分布使水分子呈现偶极矩, 即正负两极的分离。极性使得水分子能够与其他极性物质或离子发生相互作用, 如形成氢键、溶解其他极性化合物等。水分子氢氧键如图 1.1 所示。

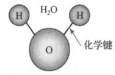

　　氢键是水分子中氧原子与另一个水分子的氢原子之间的相互作用力。氧原子的部分负电荷吸引附近氢原子的部分正电荷, 形成了氢键。氢键比普通的偶极-偶极相互作用力更强, 因此水分子之间的结合力较强。

图 1.1　水分子氢氧键

　　由于水分子极性和氢键的存在, 水能够与其他化学物质形成水合物。水分子可以包围和溶解许多离子和极性分子, 形成水合离子或水合物。水合作用在生物体内起着关键作用, 如蛋白质折叠和酶的催化过程。

　　水分子的氧原子周围有四对电子, 其中两对电子被氢原子共享, 另外两对电子呈孤对。这种孤对电子的存在使水分子具有共振结构。共振结构使得水分子在化学反应中能够参与电子的重新排列和共享, 从而影响水的化学性质和反应能力。水分子的特殊结构赋予了水许多独特的性质, 如溶解能力强、沸点高、比热容大和表面张力大等。这些性质使水成为地球上生命存在的基础, 同时对许多自然现象和环境过程起着重要作用。

1.2.3　水的物理化学特性

1. 熔点和沸点

　　熔点和沸点是物质的两个重要温度参数, 用于描述物质在升温和降温过程中发生相变的情况。

　　熔点是指物质从固态到液态相变时需要达到的温度。在熔点以下, 物质处于固态, 分子或原子通过相互作用紧密排列, 形成规则的晶格结构; 当温度升高到熔点以上时, 物质的分子或原子能量增加, 晶体结构被破坏, 物质转变为液态。水的熔点是 0℃, 即标准大气压下水从固态转变为液态需要达到的温度。

　　沸点是指物质从液态到气态相变时需要达到的温度。在沸点以下, 物质处于液态, 分子或原子之间相互作用较为紧密; 当温度升高到沸点以上时, 液体内部的分子能量增加, 足以克服液-气界面的吸引力, 物质转变为气态。标准大气压下水的沸点是 100℃, 即水从液态转变为气态需要达到的温度。在沸腾过程中, 液体内部的分子能量增加, 液体表面空气与水之间的压强等于蒸气压, 使水分子能够跃入气相。

熔点和沸点都是与水的压力相关的。随着压力的变化，水的熔点和沸点也会相应改变。例如，在高海拔地区，由于大气压力较低，水的沸点降低。

2. 相变热

水的相变热是指在常压下，单位质量的水从一个相态转变到另一个相态吸收或释放的热量。对于水来说，有三种常见的相态转变：融化(固态到液态)、汽化(液态到气态)和凝华(气态到固态)。

水的相变热表示相应的相变过程中每克水吸收或释放的热量，相变热的大小取决于物质的性质。水的相变热相对较大，说明水分子之间的结合比较牢固。水的相变热对地球上的生态系统和气候具有重要影响。当水从液态转变为气态时(汽化过程)，大量热量被吸收，发生蒸发和蒸腾现象，从而产生降水和影响气候。相反，当水从气态转变为液态或固态时，相变热被释放，起到降温的作用。

3. 密度和比热容

常温下，水的密度约为 $1g/cm^3$(或 $1000kg/m^3$)。需要注意的是，水的密度随着温度的变化而略有波动。一般情况下，水在 $4℃$ 时具有最大密度，随着温度下降或上升，密度都会减小。这种特殊性质使得冷水比热水更密集，是湖泊和海洋在寒冷气候中结冰的原因。海水的密度受到多个因素的影响，包括温度、盐度、压力等。通常情况下，海水的密度在 $1020\sim1030kg/m^3$。这个范围内的密度变化相对较小，但它对海洋环流、混合和物质运输等过程都有很大的影响。温度是影响海水密度的重要因素，一般来说，温度越高，海水的密度越低，因为热使水分子的平均热运动增强，分子的间距变大。在同样盐度的条件下，温度升高会使海水密度降低。盐度也是影响海水密度的关键因素，盐度越高，海水的密度越大。此外，随着深度增加，海水受到的压力增加，这会使海水的密度略微增加。

比热容是指单位质量物质升高 $1℃$ 需要吸收或释放的热量。水的比热容相对较大，约为 $4.18J/(g\cdot℃)$。这意味着单位质量的水相对于其他物质，如金属或空气，需要吸收或释放更多的热量来改变其温度。因此，水能够储存和释放大量的热量，从而对环境温度变化具有缓冲作用。这一特性使得水成为许多传热和热能转换过程中的重要介质。海水的比热容受到温度、盐度和压力等因素的影响，通常在 $3.9\sim4.2J/(g\cdot℃)$。这个范围内的比热容变化较小，但它对海洋的热传递和储存具有重要影响。温度升高会使分子的平均热运动增强，使得单位质量的海水吸收或释放的热量较少。因此，温度越高，海水的比热容越小。溶解的盐类也会阻碍水分子的热运动，从而降低海水的比热容。在相同温度条件下，盐度越高，海水的比热容越小。压力对海水的比热容影响较小，尤其是在常规海洋深度范围内。

海洋中的温度、盐度和压力并不均匀，在不同的海域和深度都会发生变化，从而使海水的比热容在实际情况中有所差异。

密度和比热容是水的两个重要物理特性。水相对较大的密度使其在液态下能够提供浮力和支持生物体，同时对水的循环和混合过程起到重要作用。较大的比热容使得水能储存大量热量，在自然界中调节气候和维持生态平衡。这些热力学性质是水成为地球上存在生命和各种地球系统运行的基础之一。

4. 溶解性

水是一种强溶剂，具有广泛的溶解性，可以使许多不同类型的物质发生溶解。水的溶解性主要受到物质化学性质和相互作用的影响。

溶解度是描述物质在特定条件下溶解能力的指标，可以用溶质在单位溶剂中的质量或物质的量来表示。溶解度随温度变化而改变。对于大多数固体溶质而言，随着温度升高，其溶解度通常会增加；对于气体溶质，随着温度升高，其溶解度通常会降低。

水是一种强溶剂，具有广泛的溶解性，可以溶解许多极性分子和离子化合物，以及一些非极性物质。溶解度取决于物质的化学性质、温度、压力和其他条件。水的溶解性对于生命体系和化学过程的发生至关重要。

5. 表面张力

水的表面张力是指水分子在液体表面形成的一种现象，可以理解为水分子之间的相互吸引力使液体表面有一层较为稳定的"薄膜"。这一现象使得水在液体表面具有相对较高的弹性和薄膜状特性。

表面张力是由水分子间氢键产生的。在水中，每个水分子都可以与周围的 4 个水分子通过氢键形成网络结构。在液体内部，水分子受到周围分子的均衡吸引力，但在液体表面上，没有空间容纳来自上方的氢键，水分子会受到内部水分子的拉力，使表面张力增大。

表面张力使得水具有一些特殊的性质。例如，表面张力使得水能形成球形的水滴，因为球形形状可以最小化表面积，从而降低表面张力的能量。由于表面张力大，水滴在水平面上可以相对轻易地滑动，水滴的重量可以克服水滴与水平面之间的摩擦力。某些轻质物体如细小的昆虫和植物片段，能够浮在水表面上，这是因为表面张力能够支撑物体的重量。

6. 导热性

水是一种较好的导热介质，但其导热性相对较低。导热性是指物质传导热量的能力，取决于物质的分子结构和分子间的相互作用。水的热导率相对来说比较小，即在单位时间内，单位面积上的热量传导量较小。水的热导率大约为 0.6W/(m·K)，与许多金属相比较小。水的导热性随温度的变化而变化。通常情况下，水在较低温度时的导热性较好，随温度的升高，其导热性会略微降低。相比于液态水，在气态时，水蒸气的热导率要大得多。这是因为气体分子之间的平均自由程较长，分子能够更快地传递热量。

海水的导热性相对较好，是因为海水中溶解了盐类和其他矿物质。海水的热导率通常在 0.6~0.7W/(m·K)，这意味着在相同温度梯度下，海水中的热量传导速度比大多数气体快得多。海水的热导率受到温度和盐度等因素的影响。一般来说，随着温度的升高，海水的热导率会稍微减小；随着盐度(溶解物质的浓度)的增加，热导率会略微增大。这是因为温度升高会促进分子的运动，溶解物质的存在可以增加分子之间的相互作用，从而改变海水的热传导特性。

7. 渗透压

水的渗透压是指水分子相对纯水而言的渗透压。渗透压是解释溶液中溶质浓度对水分子渗透行为的一个概念。在生物学和生理学中，渗透压是维持细胞内外水分平衡的重要因素。细胞膜对溶质和水分子有一定的选择性渗透性，它可以控制溶质和水分子通过。当细胞内外的溶液浓度不同时，就会产生渗透压差，从而控制水分子在细胞膜上的渗透方向。

渗透压差即两个区域之间的渗透压差异。纯水的渗透压为零，因为它不含任何溶质。与纯水相比，溶液中溶质浓度增加，就会使溶液的渗透压增大。渗透压的大小与溶液中的溶质浓度成正比。

海水中含有各种溶解物质，主要是盐类和矿物质。这些溶解物质以离子的形式存在于海水中，如氯离子、钠离子、镁离子等。由于溶解物质的存在，海水中的水分子会受到溶解物质的吸引力，从而海水的渗透压相对纯水而言增大。海水的渗透压比纯水的渗透压大，这意味着两者之间存在一定的渗透压差。海水的渗透压对于生物在海洋环境中的适应性和生理过程起着重要作用。例如，海洋生物需要调节体内的渗透压以保持水平稳定，否则它们将受到渗透压的影响而受损。一些生物通过特殊的适应机制来应对高渗透压的海水环境，如鱼类通过排尿排出过多的盐分，海洋无脊椎动物通过积累有机溶质来平衡渗透压。

8. 黏度

水的黏度是指水分子间相互作用力形成的阻力，即液体流动时的内摩擦力。黏度可以反映液体的黏稠程度或内聚力的强弱。水的黏度随着温度的变化而变化，一般来说，水的黏度随着温度的升高而减小。在较低温度下，水分子之间的相互作用力比较强，水的黏度较大；在较高温度下，水分子之间的相互作用力减弱，水的黏度较小。水的黏度也会受到压力的影响。在高压下，水分子之间的相互作用力增强，黏度会增大；在低压下，水分子之间的相互作用力减弱，黏度相对较小。在标准条件下(20℃)，水的黏度约为 0.001Pa·s，这个数值可以用来比较水和其他液体的黏度。

海水的黏度相对纯水来说稍微大一些，这是因为海水中含有溶解的盐类和其他溶质，这些溶质会对水分子间的相互作用力产生影响，增加了海水的内聚力，从而使海水的黏度略微增加。海水的黏度主要受到温度、盐浓度和压力等因素的影响。海水的黏度随着温度的升高而降低，这与纯水类似。海水的黏度还会受到盐浓度的影响，海水中盐浓度增大，其黏度也会相应增加。此外，在高压下，海水的黏度也会略微增加。通常情况下，海水的黏度与纯水的黏度在同等温度和压力下非常接近。

9. 电导率

水的电导率是指水传导电流的能力，通常用于衡量水中溶解物质的浓度或纯净程度。电导率的单位通常是西门子/米(S/m)或微西门子/厘米(μS/cm)。纯净的水(如去离子水或蒸馏水)没有溶解任何离子或电解质，因此几乎不导电。自然界中的水通常会溶解一些气体、固体和液体溶质，这些溶质会产生离子，从而增加了水的电导率。一般来说，水的电导率与其中溶解的离子浓度成正比。常见的溶解物质，如盐类、酸和碱，会分解成阳离子和阴离子，增加水的电导率。此外，温度也会对水的电导率产生影响。一般情况下，随着温度的升高，水分子的运动变得剧烈，离子也更容易移动，水的电导率会略微增加。

由于海水中溶解了大量的溶质，海水的电导率相对较大，盐类和其他矿物质溶解的离子增加了海水的导电性能。海水中最主要的离子是钠离子(Na^+)和氯离子(Cl^-)。此外，还有其他离子，如镁离子(Mg^{2+})、钙离子(Ca^{2+})、硫酸根离子(SO_4^{2-})、碳酸根离子(CO_3^{2-})等，都会增加海水的电导率。海水中的离子浓度非常大，约为 3.5%，电导率为 3.2～5.5S/m，具体数值取决于海域、季节和其他环境因素。

1.2.4 海水的盐度

地球总水量有 13.86 亿 km³，海水占 96.5%。海水中含有大量的无机盐、有机物和悬浮物质。在海水的溶解物质当中，氯化钠含量最多，因此海水的味道是咸苦味。从其化学成分来看，海洋是一种不饱和的均匀溶液，由溶剂水(96.5%)、溶解盐(3.5%)、少量颗粒物、溶解气体和有机成分组成。海洋与大气、海洋与海底之间不断进行着交换，溶解和未溶解形式的气体、液体和颗粒在海洋中不断循环。每升海洋(海洋约 $1.34×10^{12}$L)含有约 34g 溶解盐(10℃、盐度为 35‰时，海水密度为 1.0270kg/L)。迄今为止，已在海洋中鉴定出 90 多种化学元素，可以分为两类：主要元素或常量成分，微量元素或微量成分。溶解物中 99.95% 为常量成分，其中钠和氯占总量的 85% 以上。

海水最明显的特征之一便是咸味。海水中溶解的总盐量(质量：g)被称为盐度(‰)。盐度在海水的物理和生物特性中扮演着极为关键的角色，尤其对于栖息在海洋环境中的生物而言，盐度的影响尤为重要。盐度体现了大气、水圈和海洋间长期相互作用的结果，对生态系统产生深远影响。

海水的盐度在不同地区表现出显著差异，反映了地球各地已经发生影响并持续影响生物圈的进程。例如，亚得里亚海的平均盐度相对较大，达到 38.3‰，而海洋的平均盐度约为 35‰。实际上，海水几乎没有任何物理特性能够独立于盐度的影响而存在。盐度的变化会影响海水的密度、透过性、热容量、黏度、导热性、电导率、折射率、声速传播及表面张力等方面。

值得注意的是，通过调整盐度，冰点会降低，而海水的沸点则会增加。这种复杂的相互关系使得盐度成为一个深受科学家关注的重要参数，以此深入理解海洋的动态和复杂性。总之，盐度在塑造海洋生态系统及其物理特性方面扮演着不可或缺的角色，也为科学研究提供了重要的线索和信息。

在古代，一些文明已经有意识地区分海水的淡咸程度。古希腊哲学家泰勒斯(Thales)和阿那克西曼德(Anaximander)首次提出海水盐度的概念，并认为海水是由淡水和盐水混合而成。古罗马也对海水盐度进行了初步的观察和记录[9]。18 世纪初，英国科学家黑尔斯(Hales)开始通过实验测量海水的盐度。使用蒸发方法将海水蒸发至干燥，然后测量残留盐分的质量。这种方法是早期海水盐度测量的一种重要手段[10]。1865 年，丹麦的地质学家和矿物学家福希哈默尔(Forchhammer)[11]为了弄清楚为何海水的盐度在不同海洋区域之间存在差异，收集了大量来自北大西洋和北冰洋的海水样本，并进行了一系列精细入微的化学分析，发现海水中主要盐类的比例在不同地点基本相同。这种稳定的比例被后人称为 "福希哈默尔原理" (Forchhammer's principle)或 "恒定比例原理" (principle of constant proportions)。福希哈默尔的发现有助于科学家理解海水的盐度水平变化是淡水的添加或减少引起的，而非水中盐矿物含量不同所致。这一原理至今仍广泛应用于海洋研究领域，为估计海水盐度及追踪全球海洋中水团混合提供了一种简便方法。德国科学家狄利克雷(Dirichlet)等[12]提出了用化学分析方法测量盐度的技术，利用溶液的电导率和密度等性质来确定溶液中的盐度。海水的盐度最初由丹麦海洋学家克努森(Knudsen)[13]于 1901 年定义，该定义基于海水的平均氯度，当时盐度的定义是：在 1kg 海水中，将所有的碳酸盐转变为氧化物，所有的溴和碘为等物质的量的氯取代，且所有有机物被氧化以后，所含全部固体物质的质量(g)。挪威海洋学家南森(Nansen)进行了一系列大规模的海洋考察，其中包括对海水盐度的测量。维斯特

(Wüst)使用化学方法测量了全球范围内海水的盐度,并通过绘制盐度等值线图来描述海洋的盐度分布[14]。

为了解决盐度标准受海水成分影响的问题,1978 年建立了实用盐度标准(practical salinity scale-78,PSS-78)。这是一种用于测量海水盐度的标准化方法,旨在提供一种可重复、可比较的盐度计量系统。PSS-78 是在联合国教育、科学及文化组织政府间海洋学委员会(Intergovernmental Oceanographic Commission,IOC)的协调下开发的,于 1978 年得到了广泛接受和采用。该标度基于海水电导率与盐度之间的经验关系,通过对大量实测数据进行统计分析和回归拟合,得出了一个数学表达式来计算盐度,基本原理是使用电导率来估算盐度。根据 PSS-78,可以通过测量海水样品电导率,然后使用复杂的多项式公式转换为盐度。这个转换公式是为了更准确地估算海水中的盐度,并且能够在不同实验室和研究机构之间进行比较和校准。PSS-78 的优点在于提供了一种统一的盐度计量方法,使不同地区和不同时间采集的海水样品之间的盐度数据具有可比性,为海洋科学研究、气象预测、海洋工程和环境保护等领域提供了重要的参考标准。需要注意的是,尽管 PSS-78 在过去几十年中被广泛应用,但随着技术的进步和对海水性质的更深入理解,可能会出现新的盐度计量方法和标度。因此,在特定的研究领域和实际应用中,也可能会使用其他盐度计量系统来满足特定的需求。

1985 年,联合国教育、科学及文化组织政府间海洋学委员会将绝对盐度定义为海水中溶解盐质量与海水总质量的比值(kg/kg)。绝对盐度与同一水中的实际盐度非常相似,略低于常规盐度。这是因为常规盐度以 g/L 为单位,而 1L 海水的质量略大于 1kg,实际盐度和绝对盐度均以此为基础。25℃、101325Pa 条件下,标准平均海水中常见溶解盐的组成见表 1.1,其中 Z 为电荷,M 为摩尔质量,X 为摩尔分数,W 为质量分数。

表 1.1 标准平均海水中常见溶解盐的组成

物质	Z	$M/(g/mol)$	$X/10^{-3}$	$X \cdot Z/10^{-3}$	W
Cl^-	−1	35.453	487.484	−487.484	0.550
Na^+	+1	22.990	418.807	418.807	0.307
SO_4^{2-}	−2	96.063	25.215	−50.430	0.077
Mg^{2+}	+2	24.305	47.168	94.336	0.037
Ca^{2+}	+2	40.078	9.182	18.365	0.012
K^+	+1	39.098	9.116	9.116	0.011
HCO_3^-	−1	61.017	1.534	−1.534	0.003
Br^-	−1	79.904	0.752	−0.752	0.002

续表

物质	Z	$M/(\mathrm{g/mol})$	$X/10^{-3}$	$X \cdot Z/10^{-3}$	W
$B(OH)_3$	0	61.833	0.281	0	0.0006
CO_3^{2-}	−2	60.009	0.213	−0.427	0.0004
Sr^{2+}	+2	87.621	0.081	0.162	0.0002
$B(OH)_4^-$	−1	78.840	0.090	−0.090	0.0002
F^-	−1	18.998	0.061	−0.061	0.00004
CO_2	0	44.010	0.009	0	0.00001
OH^-	−1	17.007	0.007	−0.007	0.000004
合计	—	—	1000	0	1.0

随着现代科学技术的发展，海洋观测设备的精确度和覆盖范围得到了显著提高。国际组织如世界气象组织(World Meteorological Organization，WMO)和政府间海洋学委员会(IOC)，推动建立全球海洋观测网络，其中包括对海水盐度的观测。这些观测数据的积累为研究海洋环境变化、气候变化和海洋生态系统提供了重要数据。现代的海洋学家使用各种技术，如电导率传感器、温盐深(conductivity-temperature-depth，CTD)仪等，进行海水盐度的实时监测和研究。

1.3　光学的研究历史

1.3.1　古希腊

古希腊是光学研究历史上的重要时期之一，古希腊的哲学家和科学家进行了深入的光学研究，提出了许多关于光的理论和实验。古希腊的哲学家开始对视觉的本质和机制进行思考。亚里士多德(Aristotle)认为光是由物体发出的，称为"发射理论"。根据亚里士多德的观点，当物体受到外界的刺激时，会从物体表面发出一种称为"始发光"的物质，该物质与空气结合形成可见光线。亚里士多德提出了光线沿直线传播的观点，并解释了折射现象。他还观察到光在通过介质时会改变速度和方向的现象。亚里士多德认为颜色是物体本身具有的特征，取决于物体的形状、质量、纹理等因素。他对光的解释是基于颜色的反射和折射现象，当白光穿越介质时，受到不断调整而产生各种颜色，而非光本身的波动性质[15]。

亚里士多德认为，视觉是通过眼睛发出一种称为"视线"的物质与物体相交产生的，通过这种交互作用，人们能够感知到物体的形状、颜色和距离。对于镜子能够产生倒立的图像，他解释了这种现象是光线反射引起的。对于透镜，亚里士多德发现凸透镜会使光线聚焦，而凹透镜会使光线散开。亚里士多德的光学理论在古希腊时代影响深远，直到近代光学的发展。尽管他的一些观点在后来被科学家证实是不准确的，如他将光视为物体发出的"始发光"，而非波动性质的电磁辐射，但他的光学思想为后来的光学研究提供了重要的基础，为光学领域的发展奠定了一定的基础。

古希腊科学家阿基米德(Archimedes)利用数学原理解释了平面镜的工作原理。阿基米德认识到，当光线照射到平面镜时会发生反射，反射光线与入射光线之间的关系是具有可预测性的。他观察到，反射光线与入射光线之间的角度是相等的，这被称为"反射定律"。阿基米德还研究了平面镜的聚焦效果，根据观察和实验，发现当入射光线与平面镜垂直时，反射光线将保持相同的方向。如果入射光线与平面镜成一定的角度，则反射光线将会聚到焦点上，并形成一个实际的图像。

利用光能干扰阻断光学传感器或者破坏光学组件是一种具有历史渊源的技术。阿基米德或许是第一个将光电对抗技术用于实战的人。传说在公元前 212 年的第二次布匿战争(Punic Wars)中，罗马军队包围了锡拉库萨(Syracuse)，并最后占领了该城市，杀死了阿基米德。在战斗中，阿基米德设计了一种巨大的凹透镜来击退罗马船队，这个装置被称为"阿基米德烧镜"。"阿基米德烧镜"由一个镜面反射面是抛物线形状的镜片组成，它能够将阳光聚焦在一个点上。当阳光通过凹面镜时，光线会在反射过程中聚集在一点上，产生极高的温度，足以点燃木材和燃烧敌船[16]。

赫拉克利特(Heraclitus)认为光是由火构成的，并将光与火相联系。他认为光是一种原始的基本元素，是宇宙中各种事物的根源之一。他强调了光变化和流动的象征，将其视为一种万物之间相互作用的力量。赫拉克利特的哲学思想中有一个重要的概念是"对立统一"，他认为世界是由相互对立的力量和元素构成的，这些对立的力量相互作用并形成统一的整体。在光学方面，他将光与阴影对立起来，认为光的存在是通过与阴影的对立展现出来的[17]。

1.3.2　古罗马

在古罗马时期，光学并没有像在古希腊时期那样受到广泛的研究和关注，他们更多地将光学知识运用到工程实践中。工程师维特鲁威(Vitruvius)的著作中有关于光学的章节，介绍了光的反射和折射规律，描述了使用凹透镜放大视野的方法[18]。古罗马建筑师经常利用阳光的反射来设计建筑物的布局和结构。通过考虑太阳的位置和光线的路径，合理安排窗户、门廊和天窗等，最大程度地利用自然光线，提供光线照明和通风效果。古罗马的水利工程师利用水的折射性质来设计和建造水渠和水道系统。他们使用水来折射光线，以确定水渠的高低点，确保水流顺畅，尽可能减少水的损失。一些金属或玻璃制成的镜子被用作装饰，但并没有古罗马时期关于光镜反射性质的详细研究记录。古罗马时期的科学研究主要集中在工程、建筑、农业和法律等实际应用领域，对于理论科学的研究和探索相对较少，因此对光学的研究也相对有限。直到后来的欧洲文艺复兴时期，光学才重新得到广泛的关注和研究。

1.3.3　墨子

墨子是我国古代著名的思想家、科学家和光学研究者之一。墨子通过小孔成像实验，提出了光沿直线传播的原理。他在《墨经》中描述了光线通过小孔形成倒影的现象，并解释了其原理，如图 1.2 所示。他观察到光在直线传播时会发生反射，并指出光线的反射遵循特定的几何规律，即入射角等于反射角，这个观点对后来光的反射研究有了深远影响，成为后世光学研究的基础之一。墨子还研究了平行光束的性质，通过实验证明了光在直线传播时能够保持其平行性，即光束中的光线互不干涉或相互影响。这一观点揭示了光的直线传播性质，为后世光学理论奠定了基础。墨子对光的传播速度也进行了研究，探讨了光在不同介质中传播时速度的变化，认为光在空气中传播的速度最快，为后来更精确的光速测量奠定了基础[19]。尽管墨子并没有详细描述实际应用情景，但为后来光学器具的设计提供了思路和基础，如相机、望远镜等。墨子的光学思想被广泛传播，对我国古代科学和文化的发展起到了积极的推动作用。

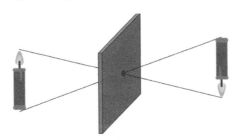

图 1.2　小孔成像原理

1.3.4　几何光学的兴起

在公元前 11 世纪至公元前 3 世纪，几何光学逐渐发展起来。古希腊数学家和工程师欧几里得(Euclid)在他的著作《几何原本》中详细讨论了光的传播、折射和镜面反射，奠定了几何光学的基础，为后来的光学研究提供了框架。在《几何原本》中，欧几里得并没有直接研究光本身，而是关注光的传播和反射。欧几里得将光看作是从光源发出的一束直线，称其为光线。他指出光线在均匀介质中以直线传播，并具有特定的传播速度。欧几里得通过观察光在不同介质中传播的路径和角度变化，推导出了光的传播规律。欧几里得研究了光在镜子等平滑表面上的反射现象，提出了一条著名的规则，即入射角等于反射角，这被称为欧几里得反射定律，该定律成为后来光学理论的基石。另外，欧几里得对光的折射也进行了探索，他认识到当光从一种介质穿过到另一种介质时，光线的传播方向会发生改变，这称为折射，为后来透镜和光折射现象的研究奠定了基础。

伽利略(Galileo)是 17 世纪初意大利的一位物理学家、数学家和天文学家，他对光学的研究和贡献对后来的科学发展具有重要影响[20]。1609 年，他使用望远镜观察到了许多前所未见的现象，如月球表面的山脉和坑洞、木星的卫星、金星的相位变化等。这些观测结果证实了地心说模型是错误的，并支持日心说模型，从而颠覆了当时的宇宙观念。伽利略还对镜子的反射性质进行了研究，他观察了平面镜和球面镜的反射效果，提出了与光的传播和反射相关的理论，为后来的光学研究提供了启示。伽利略对透镜的研究也有所贡献，他研究了凸透镜和凹透镜的聚焦效果，提出了与光的折射理论，为光学仪器的发展奠定了基础，如显微镜和望远镜等。伽利略在光学领域的研究和贡献，对光学领域的发展产生了深远影响。

1.3.5 "微粒说"与"波动说"的对立

光的"微粒说"和"波动说"是光学领域两个重要的理论模型，二者在历史上曾经对立，并最终通过量子力学的发展达到了统一。在科学尚处于萌芽的年代，无论是"微粒说"还是"波动说"，都有着很大的局限性。

1. 第一次"微粒说"与"波动说"之争

17 世纪初，当时的科学家开始对光的性质展开研究。笛卡儿(Descartes)在《屈光学》中提出了两种物理模型解释光的传播和折射现象[21]。一种是光的迅速传播假说(rapid propagation hypothesis)：笛卡儿认为光在真空中的传播是瞬时的，即光沿着一条直线以无限大的速度传播。他主张光的传播速度在不同介质中会发生改变，并且与介质的密度有关。另一种是折射规律假说(law of refraction hypothesis)：也被称为笛卡儿法则，光从一种介质射入另一种介质时会发生折射，即改变传播方向。笛卡儿提出了一个定量的规律来描述光的折射现象，即入射角与折射角的比例关系。这两个假说在仅在当时为光的传播和折射现象提供了一种可行的解释，为后来的微粒说和波动说争论埋下了伏笔。

波动理论的先驱可以追溯到惠更斯(Huygens)[22]和胡克(Hooke)[23]等科学家。他们认为，光的传播类似于声音和水波的传播，并借鉴了声学和波动理论来解释光的现象。根据波动说，光的传播是通过电磁场的振荡来实现的，在空间中以波的形式传播，并表现出干涉、衍射和折射等波动特性。

波动说的支持者，荷兰著名天文学家、物理学家和数学家惠更斯(Huygens)继承并完善了胡克的观点。1690 年，惠更斯出版了《光论》一书，阐述了他的光波动原理，借鉴了当时关于声音和水波的波动理论，并将这些概念应用到光的传播中。他假设光是通过一种被称为"光波"的波动来传播的[24]。根据这一理论，光波在传播过程中会以一定频率振荡，这一振荡现象解释了光的传输和干涉等特性。惠更斯通过一系列实验，包括观察光线经过不同介质时的折射、反射等现象，得出了一个重要结论：光在不同介质中传播时速度会发生改变。他提出了光的传播速度与介质的光密度相关，并用这一观点解释了光的折射现象。惠更斯进一步研究光的干涉现象，他发现当两束光波相遇时会产生干涉条纹。通过实验，他观察到当光波的波长相等或相差整数倍时，会出现明暗交替的干涉条纹。这一结果支持了光是波动的这一观点，并且为以后测量光波长提供了重要线索。惠更斯提出了著名的惠更斯原理，这是描述波动现象的基本原理之一。该原理指出，每个波前的每一点都可以看作是一个次波源，这些次波源发出的波通过叠加形成新的波前。通过这个原理，他解释了光的传播和衍射现象，即光通过障碍物的边缘或小孔后的传播行为。他提出了衍射的数学表达式，可以准确描述光的衍射图样。惠更斯原理很好地解释了光的直线传播、反射、折射及晶体的双折射等现象，将波动说的兴盛推向了顶点。不过，他的波动说并不完善，他误认为光像声音一样也是纵波，所以在解释光的干涉、衍射和偏振现象时遇到了困难。

1821 年，德国物理学家夫琅和费(Fraunhofer)首次用光栅研究了光的衍射现象[25]。至此，新的波动说建立起来，微粒说转向劣势。

光的微粒说也被称为光的粒子说或光的粒子性理论。英国科学家牛顿(Newton)在 1675 年的《解释光属性的假说》中提出光的微粒说[26]，他认为光是由一种被称为"光微粒"或"光子"的物质微粒组成的。这些微粒具有质量和速度，并且以直线路径传播。牛顿认为，光微粒在通过介质时会与物体相互作用，并在物体表面发生反射、折射或吸收等现象。

利用粒子的观点，牛顿可以解释光的反射定律、折射定律，原理简单且易理解，但是在解释绕射和干涉现象时，则牵强了一些。1704 年，牛顿的《光学》(Opticks)一书出版，解释了有关光的各种现象[27]。

牛顿认为，不同颜色的光是由不同类型的光微粒组成的，光微粒的大小、形状和相互作用方式决定了光的各种颜色。牛顿的实验表明，当白光通过三棱镜时会分解成不同颜色的光，这称为色散现象。光的传播是微粒在空间中运动形成的，他假设光微粒高速直线运动，并且在传播过程中保持其速度和方向，这与后来关于光波传播的波动说形成了对立。牛顿根据微粒说解释了光的反射和折射现象，当光微粒遇到物体表面时，一部分微粒被物体吸收，一部分微粒被物体表面阻碍从而发生反射。在介质界面上，光微粒的速度和方向发生变化，从而引起折射现象。牛顿的微粒说在当时得到了广泛接受，尤其是由于其成功解释了光的几何性质，并与他的力学理论一致。尽管牛顿的微粒说在一定程度上能够解释光的一些现象，但它无法解释干涉和衍射等复杂的光学现象。

牛顿利用自己的数学天赋，以微粒说为基础，解释了光的很多现象。波动说领袖胡克与惠更斯已经离世，当时波动说群龙无首。再加上此时牛顿出版了《自然哲学的数学原理》，已是光学和物理学领域的巨人，致使波动说败下阵来。在牛顿光环的笼罩下，微粒说统治了学术界 100 年。

2. 第二次"微粒说"与"波动说"之争

19 世纪初，英国物理学家托马斯·杨(Young)提出了著名的波动说，光被视为一种波动现象，类似于水波或声波[28]。光通过介质中传播的纵横波动，可以产生干涉、衍射和偏振等现象。托马斯·杨进行了一系列干涉实验来支持他的波动说，其中最著名的是杨氏双缝实验。他将光通过两个紧密排列的狭缝，观察到在屏幕上形成明暗相间的干涉条纹。这一实验证明了光在传播过程中具有波动性质，并证明了波动说的正确性。

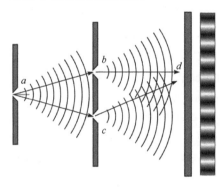

图 1.3　杨氏双缝干涉实验原理

双缝实验的基本仪器设置很简单，如图 1.3 所示，将像激光一类的相干光束照射到一块刻有两条狭缝的不透明板上，通过狭缝的光束会抵达照相胶片或某种探测屏，从记录在照相胶片或某种探测屏的辐照度数据，可以分析光的物理性质。光的波动性使得通过两条狭缝的光束互相干涉，形成了显示在探测屏上的明亮条纹和暗淡条纹相间的图样，明亮条纹是相长干涉区域，暗淡条纹是相消干涉区域，这就是双缝实验著名的干涉图样。

在经典力学里，假若光束是以粒子的形式从光源移动至探测屏，抵达探测屏任意位置的粒子数目应该等于之前通过左狭缝的粒子数量与之前通过右侧狭缝的粒子数量总和。根据定域性原理(principle of locality)，关闭左侧狭缝不应该影响粒子通过右狭缝的行为，反之亦然。因此，在探测屏的任意位置，两条狭缝都不关闭的辐照度应该等于只关闭左侧狭缝后的辐照度与只关闭右侧狭缝后的辐照度之和，但是当两条狭缝都不关闭时，结果并不是这样。探测屏的某些区域会比较明亮，某些区域会比较暗淡，这种图样只能用光波动说的相长干涉和相消干涉来解释，而不是用光微粒说的简单数量相加法。双缝实验也可以用来检试中子、原子等微观物体的物理行为，虽然使用的仪器不同，但仍旧会得到类似的结果。每一个单独微观物体都离散地撞击到探测屏，撞击位置无法被预测，演示出整个过程的概率性，累积很多撞击事件后，总体显示出干涉图样，演示微观物体的波动性。

19 世纪初，托马斯·杨发表了论文《物理光学的相关实验与计算》，详细阐述了这些实验结果[29]。亮度分布可以用波的相长干涉与相消干涉这两种干涉机制来解释，意味着光是一种振动波，这促使光波动说被广泛接受，从而 17、18 世纪的主流理论微粒说日趋式微。20 世纪初，光电效应的理论突破显示了在不同状况下，光的物理行为可以解释为光是由粒子组成。这些貌似相互矛盾的发现，使得物理学家必须想办法超越经典力学，更仔细地将光的量子性质纳入考量。托马斯·杨还进行了衍射实验来支持波动说。他将光通过一个狭缝，观察到光波在通过狭缝后会发生弯曲和扩散，形成衍射图样，这一实验结果进一步证明了光的波动性。托马斯·杨也对光的偏振现象进行了研究，提出了与偏振相关的理论，认为光的偏振是光波在传播过程中振动方向的限制引起的，托马斯·杨的偏振理论为后来光的偏振现象解释提供了基础。尽管托马斯·杨的波动说在当时受到了牛顿微粒说的坚决反对，但随着时间推移，通过更多的实验数据积累，波动说逐渐获得了认可，为后来电磁理论的发展和光学的研究奠定了重要基础，并对光学仪器和技术的发展产生了深远影响。至今，波动说仍然是人们理解光的本质和行为的重要理论基础之一。

此时，拥护微粒说的学者发动力量开始维护这一学说的权威。1818 年，法国科学院组织了一个悬赏征文大赛，题目是利用精密的实验确定光的衍射效应及推导光线通过物体附近时的运动情况，真正目的是想利用微粒说来解释光的干涉与衍射现象，反驳波动说理论。在这一次竞赛中，出现了一位叫菲涅耳(Fresnel)的法国科学家，他向竞赛组委会提交了一篇论文《关于偏振光线的相互作用》[30]，革命性地认为光是一种横波，并非之前认为的光是一种纵波。他提出了菲涅耳衍射和菲涅耳折射的理论模型，成功解释了光的传播现象，这一理论成为波动光学的重要基石。

他通过对光的干涉和衍射效应进行深入研究，解释了光波在通过障碍物或物体边缘时发生的弯曲和扩散现象。他理论描述了衍射现象的数学表达式，并通过实验验证了自己的理论。菲涅耳进一步发展了透镜的理论，尤其是透镜的薄透镜近似。他基于波动理论解释了透镜对光的作用，并提出了透镜的折射和衍射效应，这些理论成为后来光学设计的基础。另外，菲涅耳对光的反射现象进行了深入研究，提出了菲涅耳方程来描述光在界面上的反射和透射现象。他的理论解释了为什么在特定角度下，反射光具有偏振现象，成功地解释了反射光的强度和偏振状态。菲涅耳还对偏振光现象进行了研究，当偏振光通过各向同性材料时，光的振动方向会发生变化，这种现象被称为菲涅耳转动。他提出了数学公式来描述偏振光的传播和旋转现象，为后来的偏振光研究奠定了基础。菲涅耳基于光的波动传播提出了波前概念，认为光波可以用一系列波前表示，这些波前是由光源发出的连续环形或球形波面，该理论为解释光的干涉、衍射和像的形成等现象提供了重要观点。菲涅耳的研究成果使波动说在当时取得了巨大的成功，并为光的性质提供了更深入的理解。

随后，英国物理学家麦克斯韦(Maxwell)在 19 世纪中叶将光与电磁波联系起来，进一步巩固了波动说的地位[31]。

麦克斯韦提出了著名的麦克斯韦方程组，用于描述电磁场的运动和相互作用。这些方程将电场和磁场联系起来，形成了电磁波动方程，成功地将光的波动性与电磁现象相统一。基于麦克斯韦方程组，麦克斯韦首次推导出了电磁波的传播速度，即光速。根据方程组的解，电磁波在真空中的传播速度为光速，且与其他电磁波的速度相同，这一发现极大地推动了人们对光波动性质的认识。麦克斯韦利用其方程组成功预测了电磁波的存在，并提出了电磁波的波动理论。麦克斯韦认为，光是一种特定频率的电磁波，传播速度与真空中的光速相等。这一理论使得光被视为一种电磁现象，并将光的本质与电磁相互作用联系在一起。麦克斯韦也对偏振光进行了研究，并提出了关于偏振光行为的理论。他将偏振光解释为电场和磁场方向在空间中振荡的特定方式，为后来偏振光的研究提供了重要的基础。1887 年，德国物理学家赫兹(Hertz)利用振荡电路产生高频电磁波，并通过接收器来检测电磁波的存在[32]。通过这一系列实验，他成功地观察到了电磁波的传播，证明了电磁波的存在，并精确计算出电磁波的速度等于 3×10^8 m/s，与麦克斯韦的理论完全符合，光的粒子性再一次被证明！

3. 第三次"微粒说"与"波动说"之争

赫兹在证明麦克斯韦电磁学理论的实验中发现，当紫外线照射在金属表面时，金属会释放出带有电荷的粒子，即光电子。这一发现对后来量子力学的发展有着重要的影响，奠定了光电效应的基础。光电效应可以根据光的量子性和物质的粒子性来解释。根据量子理论，光以光子的形式传播，每个光子携带一定的能量。当光照射到金属表面时，光子与金属中的自由电子发生相互作用。如果光子的能量大于等于金属中自由电子的束缚能(也称为逸出功)，那么光子会将其能量转移给金属中的电子，并使其逸出金属成为自由电子。要解释光电效应，必须认为光是由数目有限的"光子"组成，只能完整地被吸收或发射，微粒说"死灰复燃"。

1923 年，美国物理学家康普顿(Compton)用 X 射线照射物体，发现一部分散射出来的 X 射线波长会变长，这一现象被称为康普顿效应[33]。在康普顿效应中，光被看作是一束粒子，即光子。当高能光子与物质中的自由电子碰撞时，光子会失去一部分能量并改变方向，电子则获得一部分能量并以散射角度逸出。同光电效应一样，康普顿效应无法用经典电磁学理论解释，只有借助爱因斯坦的光子理论，从光子与电子碰撞的角度才能够圆满解释实验现象。

此时，各国的物理学家都在不遗余力地建立一个数学上合理、有物理学意义的体系，以此来认识光的微观特性。微粒说的主要依据是光电效应和康普顿效应，波动说的主要依据则是光的干涉与衍射，双方都无法互相解释。随后，德布罗意(de Broglie)提出了著名的"物质波"假说，认为一切物质都具有波动性，即物质粒子也具有波动性[34]。与光波类似，物质粒子也具有与其动量相对应的波长，这个波长通常被称为德布罗意波长。德布罗意波长 λ 与粒子的动量 p 之间存在一个简单的关系，即 $\lambda=h/p$，其中 h 是普朗克常量，约等于 6.62607015×10^{-34}J·s。这意味着动量越大的粒子，其德布罗意波长就越短。德布罗意的假设通过一系列实验证据得到了验证，其中最重要的是电子衍射实验(如双缝实验)，这一实验展示了电子通过狭缝之后形成干涉和衍射图案，类似于光波的行为。类似的实验也可以应用于中子等其他物质粒子。德布罗意假说对量子力学的发展和理解产生了深远的影响，它揭示了微观粒子与波动性质的关联，推动了量子力学的建立和发展。

德国物理学家海森堡(Heisenberg)在 1927 年提出了不确定性原理，在量子力学中，无法同时准确地测量某对共轭变量，如粒子的位置和动量，或能量和时间[35]。换句话说，这些共轭变量存在固有的测量不确定性。海森堡的不确定性原理揭示了在量子尺度下测量的局限性，表明由于波粒二象性和测量的干扰，无法同时获得某对共轭变量的准确测量结果。这是量子力学中的一种固有现象，与经典物理学中的测量不确定性不同。不确定性原理揭示了微观粒子本质上的随机性和不可预测性，表明在量子尺度下，事物并不是像经典物理学那样是确定性的，而是具有一种固有的不确定性和波动性质。

20 世纪初，普朗克(Planck)和爱因斯坦(Einstein)提出了光的量子学说[36]。爱因斯坦受到普朗克能量子假说的启发，1905 年他发表了《关于光的产生和转化的一个试探性观点》[37]，解释了光的本质。他认为，对于时间的平均值，光表现为波动性；对于时间的瞬间值，光表现为粒子性。历史上第一次揭示了微观客体波动性和粒子性的统一，即波粒二象性，把 1900 年普朗克创立的量子论推进了一步，这一科学理论最终得到了学术界的广泛接受。

光的"波动说"与"微粒说"之争，从 17 世纪初笛卡儿提出的两点假说开始，至 20 世纪初以光的波粒二象性结束，前后经历了三百多年的时间。胡克、惠更斯、牛顿、托马斯·杨、菲涅耳、泊松、麦克斯韦、赫兹、爱因斯坦、康普顿、德布罗意、海森堡、玻尔等多位著名的科学家成为这一论战的双方"主辩手"。正是他们的努力，揭开了遮盖在"光的本质"外面那层扑朔迷离的面纱。最终，光的"微粒说"与"波动说"之争以"光具有波粒二象性"落下了帷幕。

1.3.6　现代光学

20 世纪以来，光学得到了广泛的应用和发展，量子力学和相对论的出现进一步深化了光学理论，激光的发明、光纤通信技术的发展及光学仪器的改进极大地推动了光学的应用领域发展。

20世纪50~60年代，科学家开始研究光的非线性效应，即光与物质相互作用时产生的非线性响应。二次谐波生成是指材料在受到光激发时会产生频率是入射光频率两倍的新光信号。混频是指将两个不同频率的光波在非线性介质中混合而得到新的频率输出。自聚焦是指当强光传播过程中遇到光学非线性介质时，光强度增加使折射率变化，从而使光束聚焦。光学相位共轭利用非线性介质的反向光学效应，将入射光波相位留存并恢复到出射光波上。这些研究为激光器、光学通信、光学信息处理等领域的研究奠定了基础。

华裔物理学家、教育家、光纤通信与电机工程专家、香港中文大学前校长、中国科学院外籍院士高锟1966年首次提出了光纤通信的概念[38]。他认为，光纤可以作为一种新的通信介质，具有巨大的潜力。高锟的贡献在于，将光纤通信的概念与光纤的制备技术结合起来，提出了光纤通信系统的理论基础。1966年，高锟发表了具有开创性的论文，提出了通过降低玻璃纤维杂质来减少光纤损耗的理论，为低损耗光纤的研发奠定了基础。同年，康宁公司成立了一个由物理学家罗伯特·毛雷尔(Robert Maurer)、实验物理学家唐纳德·凯克(Donald Keck)和玻璃化学家舒尔茨(Schultz)组成的研究小组，专门研究光纤的低损耗问题[39]。经过两年多的努力，研究小组终于取得了突破性进展。1970年，他们成功地制备出了一根损耗低至20dB/km的光纤，这是当时最好的光纤损耗的百分之一。这一成果标志着光纤通信技术迈入了实用化阶段。1975年，康宁公司开始生产光纤。1977年，美国电话电报公司(AT&T)在芝加哥市中心下方安装了第一套基于光纤的电话通信系统[39]。

随着光纤材料和制造技术的改进，光纤通信在20世纪80年代得到了商业化发展。现代光纤通信系统利用激光器将信息转换为光信号，通过光纤传输，利用光探测器将光信号转换回电信号，从而实现高速、远距离的数据传输。通过利用光纤的低损耗和高带宽特性，光纤通信技术在20世纪80年代得到了广泛的商业应用。这项技术的发展推动了信息传输速度和容量的巨大提升。

在20世纪后半叶，激光技术取得了重大突破。1954年，美国科学家汤斯(Townes)和他的学生在微波波段实现了受激辐射放大，并成功地研制出了世界上第一台微波激射器[40]。1960年，梅曼(Maiman)利用红宝石作为工作物质，在可见光波段实现了受激辐射放大，成功地研制出了世界上第一台激光器，开启了激光技术的新篇章[41]。随后出现了各种类型的激光器，包括气体激光器、固体激光器、半导体激光器和光纤激光器等，在科学研究、工业加工、医学治疗等领域发挥了重要作用。

我国第一台激光器于1961年9月在中国科学院光学精密机械研究所(现中国

科学院长春光学精密机械与物理研究所)研制成功,由王之江院士领衔的科研团队负责研制。这台激光器采用红宝石作为工作物质,输出波长为 694.3nm,脉冲能量为 0.1J[42]。

20 世纪 70 年代,激光技术开始应用于光纤通信领域。光纤通信的出现使得信息传输速度大幅提升,成为当代互联网和通信技术的基础。光纤通信的发展推动了激光器件的改进,促使激光器件的稳定性和效率不断提高。到了 80 年代,光纤通信开始商用化,首次在长距离电话传输中得到应用。光纤通信的商用化极大地提升了信息传输速度和容量,推动了现代互联网和通信技术的发展。随后,光学成像技术取得了重大突破,包括激光扫描成像、光学相干断层扫描等。这些技术在医学影像、工业检测等领域有着广泛应用。激光在成像技术中的应用使得医学诊断更加准确,工业质量检测更加高效。同时,计算机视觉、图像处理算法的发展,为成像技术的自动化、智能化提供了支持。进入 90 年代,激光应用领域进一步扩展,涵盖了材料加工、激光雷达、激光制导武器等诸多领域。随着激光技术的不断发展和创新,激光在工业制造中的应用越来越广泛,为工业制造带来更高效、更精密、更环保的生产方式。21 世纪,随着纳米技术的发展,纳米光学逐渐崭露头角。通过操控光的波长和纳米级结构,人们可以实现更精细的光学控制,推动了光学传感、纳米材料等领域的发展。纳米光学的兴起将为光学技术带来全新的应用前景,包括生物医学、纳米电子学、太阳能等领域。

1.4 海水的颜色

光与水的物质相互作用与跨介质传播机理涉及很多物理、化学过程和反馈机制,如图 1.4 所示。海水对光的衰减系数变化会引起海洋热辐射平衡变化,是全球海洋系统对气候系统、陆地生态系统反馈作用与力度的重要模式与物理量。

视觉的基本感知是颜色,关于海洋蓝色原因的猜测可以追溯到很久以前。1871年,英国物理学家瑞利(Rayleigh)认为天空呈蓝色是因为光线与大气中分子的弹性散射,即瑞利散射(Rayleigh scattering)。当光碰到较小的空气粒子(如氮和氧)时,就会散射出短波长的光,也就是呈蓝色,海洋的蓝色只是天空颜色的反射[43]。19世纪,德国化学家本生(Bunsen)认为海洋的颜色取决于水对光的吸收,这个结论仅局限于纯水[44]。瑞士化学家和物理学家索雷特(Soret)认为颜色是由散射形成的。

1928 年,印度物理学家拉曼(Raman)认为海洋呈现蓝色和天空呈现蓝色的理论相似,都与光在分子间的散射有关,即拉曼散射(Raman scattering)[45]。一部分原因是水反射了天空的颜色,另一部分是水分子或水中悬浮物对光的散射产生。当海面出现涟漪,海水的颜色将极大增强,波浪的背风面比顺风面颜色更深。卡勒

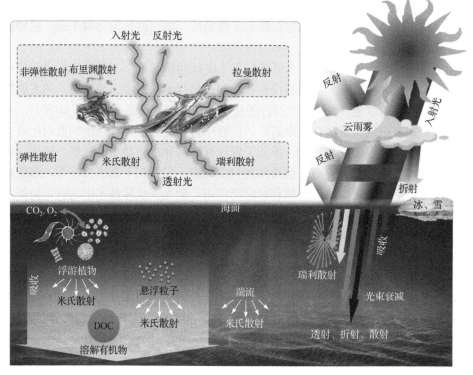

图 1.4　光与水的物质相互作用与跨介质传播机理(见彩图)

(Kalle)精确地研究了已有理论，证明了纯水中分子散射的作用，并且提出了可溶有机物是浑浊水中颜色向波长较长方向变化的主要原因[46]。从海面上观测海水的颜色，会受到太阳光、大气蓝色反射、云层阴影及近表层蓝绿色的后向散射等影响。当海面呈现漫反射时，非选择性反射光占主导地位，海洋表面呈现灰色[47]。1974 年，莫雷(Morel)详细回顾了有关纯水和纯海水散射的理论和观察结果[47]。在非常清澈、开阔的水环境中，几乎没有颗粒物，称为水溶胶，海洋的光学特性主要取决于水分子本身的散射和吸收特性。当光进入水中被吸收时，光的能量被耗尽，水变得"昏暗"，水下物体的能见度降低；当光进入水中产生散射时，会在不同方向反射，水仍保持"明亮"，水下物体的清晰度降低。因此，大海呈现蓝色是光与水发生物质相互作用的结果。图 1.5 显示了海水颜色认知的主要历程。

　　表 1.2 给出了太阳辐照度在主要波长范围内的分布，大约 42%的太阳能量在与涉水光学相关的近紫外和可见光波段中。瑞利散射强度与太阳光波长的关系如图 1.6 所示，瑞利散射解释了大气是蓝色的原因，但是由于海洋中的物质成分远比大气复杂很多，瑞利散射并没有完全正确解释这个问题。

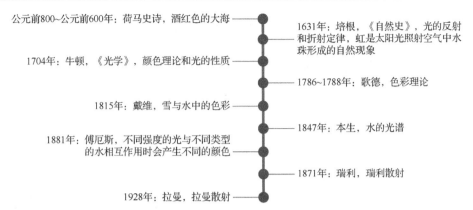

图 1.5 海水颜色认知的主要历程

表 1.2 太阳辐照度在不同波长的分布

波段	波长/nm	辐照度/(W/m²)	辐照度占比/%
紫外及更短波长	<350	62	4.5
近紫外	350～400	57	4.2
可见光	400～700	522	38.2
近红外	>1000	309	22.6
红外及更长波长	—	417	30.5
总和	—	1367	100

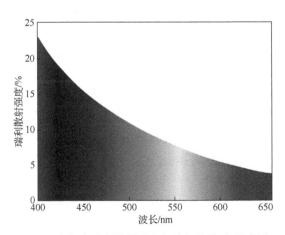

图 1.6 大气中瑞利散射强度与波长的关系(见彩图)

　　一般情况下,在低纬度的开阔海域,即热带和赤道海域,海水呈深蓝色或靛蓝色,主要是由于生物生产力相对较小,海水的颜色主要取决于光与水分子的相互作用。在高纬度地区，海水颜色呈现蓝绿色到绿色。沿岸海水通常也呈现绿色，这主要是由于海水中存在浮游植物和有机物。在一些沿岸海域，河流中携带的溶解性有机物使海水呈现黄绿色，也有一些沿岸海域由于红棕色浮游植物大量繁殖而呈现红色，即赤潮。在一些极地海域，冰川磨损产生的细碎"岩粉"随冰雪融水流入海洋，使海水呈现乳白色。

1.5　单介质涉水环境中光的衰减

受到涉水环境中水体复杂内容物的影响，光线的传播会存在显著的衰减，进而影响涉水视觉影像的采集与分析，其中影响最大的是水体对光的吸收和散射。光的衰减是所有吸收和散射的总和，光束衰减系数 $c(\lambda)$ 是光谱吸收系数 $a(\lambda)$ 和光谱散射系数 $b(\lambda)$ 之和。光束的衰减可以利用水的小样本进行测量，与取样的自然环境相互独立，但是原位测量的难度较大。由于 660nm 附近可溶有机物质的吸收可以忽略不计，且有成熟的工业发光二极管(LED)可以作为测量水体固有光学特性的光源，使用能量计测量光在某个方向上的衰减。对于现实应用场景中复杂的涉水环境，光的衰减测量难度极大，需要从水体的光学特性出发，对单介质涉水环境中光的吸收和散射机理进行阐述，以辅助涉水视觉前后端的结合，为改进现有的涉水视觉算法提供理论基础。

1.5.1　水体的光学特性

水体的光学特性主要包括固有光学特性(inherent optical properties，IOP)和表观光学特性(apparent optical properties，AOP)[44-45]。表观光学特性是随光照条件变化而变化的海水光学特性，包括辐照度、反射率、漫反射衰减系数等。固有光学特性是描述光通过水体时被吸收和散射的数量特性，主要由吸收系数、体散射函数、折射率和光束衰减系数等组成。这些特性仅与水体成分（如纯水、悬浮泥沙、黄色物质和浮游植物等）有关，而不随入射光场分布与强度的变化而变化。研究光与水的物质相互作用，可以归结为水对光的衰减作用，其中光的吸收、散射是光在水中衰减的主要原因，均由光与水的物质相互作用引起，是不同物质光学性质的主要表现。

严格来说，水全部是由粒子组成的，包括有机和无机、生物和非生物、"溶解的"和"粒子的"等。自然水体主要成分大小如图 1.7 所示。纯海水主要由 H_2O、Na^+、Cl^- 和 Mg^{2+} 组成，主要离子如表 1.3 所示。除了表 1.3 所列的主要离子外，海水还含有几乎所有已知的自然界元素。进一步研究自然水体的吸收和散射特性，典型物质的尺寸及每单位的数量浓度见表 1.4。

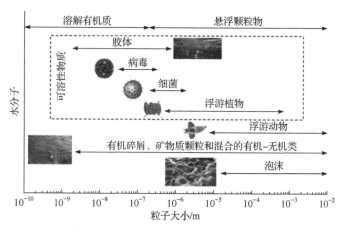

图 1.7 自然水体主要成分大小(见彩图)

表 1.3 海水中的主要离子(海水盐度 3.5%)

阳离子	阳离子含量/(g/kg)	阴离子	阴离子含量/(g/kg)
Na^+	10.752	Cl^-	19.345
Mg^{2+}	1.295	Br^-	0.066
K^+	0.390	F^-	0.0013
Ca^{2+}	0.416	SO_4^{2-}	2.701
Sr^{2+}	0.013	HCO_3^-	0.145

表 1.4 典型物质尺寸及每单位的数量浓度

类型	尺寸/μm	数量浓度/cm^{-3}
气体分子	约 10^{-4}	$<3 \times 10^{19}$
气溶胶(艾特肯核)	<0.1	约 10^4
气溶胶(大核)	$0.1 \sim 1.0$	约 10^2
气溶胶(巨核)	>1.0	约 10^{-1}
云雾	$5 \sim 50$	$10^8 \sim 10^9$
小雨滴	约 100	约 10^9
冰晶	$10 \sim 10^2$	$10^9 \sim 10^{11}$
大雨滴	$0.1 \sim 3 \times 10^3$	$10^6 \sim 10^9$
霰粒/雪丸/软雹	$0.1 \sim 3 \times 10^3$	$10^6 \sim 10^8$
冰雹	约 1×10^4	$10^4 \sim 10^6$
昆虫	约 1×10^4	$<10^6$

1. 固有光学特性

水体固有光学特性是自然水体本身的光学参数，独立于环境光场。常用的水体固有光学参数包括光谱吸收系数、光谱散射系数、光谱衰减系数、体散射函数、后向散射系数、前向散射系数、光束衰减系数等。

水及溶解、悬浮于其中的有机物和无机物，还有其他物质决定着自然水体的固有光学特性。不同物质对水体固有光学特性的影响不同，这些物质在空间和时间上变化很大，使自然水体光学特性复杂多样。因此，掌握水体中的物质成分对于研究涉水领域中光吸收、散射的机制尤为重要。水体中的物质可以分为两大类，有机物和无机物。有机物主要包括胶体、细菌、浮游植物、有机碎屑等。无机物主要包括砂石、黏土、矿物质、金属氧化物和溶解盐等。浮游植物在水体中较为普遍，自身携带叶绿素及其他色素，可以吸收蓝光和红光并散射绿光，尺寸大于可见光波长。有机碎屑主要为水下生物生命过程的衍生物，如生物体的排泄物和分解物，这些物质一般是黄色，因此被称为黄色物质或有色溶解有机物(colored dissolved organic matter，CDOM)。黄色物质在湖泊、江河等水域浓度较大，在海水中的浓度相对较小。水体成分的尺寸跨越多个数量级，从数埃(Å)的原子到超过1mm 的大颗粒，都不同程度影响着水体的光学特性。

2. 表观光学特性

表观光学特性是水体由于光场的作用而表现出的特性，由水中光场的时间、空间分布及水体固有光学性质决定，可随光场的变化而变化。水体的表观光学特性参量(如辐照度、辐亮度、漫衰减系数等)可由现场测量或遥感方法获取，可以反演出水体固有光学特性，进而获得水体的物理、化学、生物状态。

(1) 辐照度是指单位面积上接收到的辐射功率，通常用符号 E 表示，是光或其他电磁辐射能量在单位面积上的密度。物理学者时常会分开检验辐射频谱的每一单独频率。辐照度通常用 W/m^2 作为单位。假设一个点光源均匀地朝着所有方向传播光波，则辐照度按照平方反比定律递减。辐照度广泛应用于天文学、气象学、太阳能技术、光化学等领域。在光学和光谱学中，辐照度衡量了电磁波(如可见光、红外线、紫外线等)在单位面积上的能量流量。辐照度取决于辐射源的强度、距离及辐射的传播介质(空气、水等)的折射和吸收。辐照度比是指两个不同地点或时间的辐照度之比，用于比较不同地区或不同时间的太阳辐照度水平。辐照度比通常用符号 R 表示，其计算公式为 $R = E_1 / E_2$。其中，E_1 表示第一个地点或时间的辐照度，E_2 表示第二个地点或时间的辐照度。

(2) 辐亮度是指在特定方向上、单位立体角内、单位面积上接收到的辐射能量。辐亮度是一个极其重要的光学物理量，用于描述光线在空间中传播的特性。

它通常用符号 L 表示，单位是 $W/(m^2 \cdot sr)$。辐亮度在物理学、天文学、遥感技术、光学工程等领域中具有广泛的应用。

(3) 漫衰减系数是描述水体中光强度衰减速率的物理量，衡量光在水体传播过程中吸收、散射和散射反射的效应，即光强度随深度增加而逐渐减弱的速率。在自然水体中，光的传播受到水体光学特性和颗粒物等水体成分的影响。漫衰减系数是综合考虑这些影响的一个指标，是表示单位距离内光强度衰减的量。漫衰减系数的值取决于光的波长、水体中溶解性和悬浮性颗粒物浓度、水体的吸收性物质(如色素)、溶解有机物和其他水质因素。一般来说，水体中颗粒物浓度越大，漫衰减系数越大，即光强度衰减越快。通过遥感技术测量海洋或湖泊表面的辐亮度(入射辐射和出射辐射)变化，可以推算出漫衰减系数，从而对水体中的光学特性和水质进行监测和评估。

(4) 水色遥感是利用遥感技术来获取和分析水体表面颜色和光学特性的方法，主要通过遥感传感器测量水体表面的辐射反射率获得水体的光学信息。水色遥感利用表观光学量来反演水体成分的浓度，其基本量是离水辐亮度 L_W。水色遥感反演模型利用的辐射参数量基本上包括离水辐亮度 L_W、归一化离水辐亮度 L_{WN}、刚好在水面以下的辐照度比或漫反射比、遥感反射比等。水色遥感广泛应用于海洋学、水质研究、环境监测等领域。离水辐亮度是指在水面以上测量的辐亮度，用于估算水体中悬浮颗粒物和有机物的浓度，这些悬浮颗粒物和有机物会影响水体的光学特性和颜色。离水辐亮度可以用于研究海洋生态系统的光合作用和植物生长。光是海洋生态系统的基本能量来源，对于海洋植物的生长和生态链的构建具有重要影响。通过测量离水辐亮度，可以评估水体的透明度和可见光穿透深度。

(5) 水体表面的反射光谱是指水体在不同波长范围内的辐射反射率，通过测量水体的反射光谱，可以了解水体的颜色特征和反射特性。水色指数是用来描述水体颜色和水质的指标。常用的水色指数包括叶绿素指数、浊度指数等，这些指数可以用来评估水体中的藻类和悬浮颗粒物等参数。通过分析水体的光学参数，如散射系数、吸收系数和散射反射率等，可以了解水体的光学特性和透明度。

(6) 海气界面的影响。激光在海气交界面的光学性质服从光的反射和折射定律，但是在有海浪时，海面波浪的斜率呈随机高斯分布，激光在海水中由于吸收和散射而呈指数衰减变化。水分子散射和悬浮物、浮游植物及可溶有机物等大粒子散射占主导地位。

1.5.2 水体对光的吸收作用

水体对光的吸收作用是一种线性作用。水体对光的线性作用是指光在涉水领域传输过程中受到的吸收、散射和折射作用。"一道残阳铺水中，半江瑟瑟半江红"，生动阐述了光入射到水体中会发生散射、折射，并体现了光的色散特性。当光波跨介质传播或在不同折射率的水体中传播时，会产生光折射，改变光的传播方向，同时受到水分子及水中粒子的吸收和散射作用，影响光的强度和偏振态。光在水中遇到粒子时的传播如图 1.8 所示。

图 1.8　光在水中遇到粒子时的传播示意图

1. 概念

自然水体中对光产生吸收作用的除了水体自身(水分子)，还有水中的悬浮粒子，如浮游植物、黄色物质、各种溶解盐和矿物质颗粒等。由于水中所含粒子的不确定性，不同水域对光的吸收呈现较大差异，主要体现在水中的各类物质对不同波长光的吸收差异。例如，水分子对蓝绿波段的光吸收较弱；浮游植物对蓝光和红光吸收较强，而对绿光吸收较弱；黄色物质对蓝紫波段的光吸收较强。

这里首先介绍几个概念。

水的吸收谱指的是水对不同波长光的吸收程度的图谱。水对光的吸收是非常复杂的，取决于波长、温度、压力和水的化学组成等因素。在可见光谱范围内，蓝光和紫光被强烈吸收，红光和黄光吸收较弱，绿光中等程度被吸收。

吸收系数是一个物理量，表示单位长度内水对光的吸收强度，单位通常为 m^{-1}。吸收系数的大小取决于光的波长，较短波长的光(如紫外光)在水中吸收更强烈，较长波长的光(如红光)吸收较弱。吸收系数也受到水体中溶解性物质和悬浮颗粒的影响，这些物质吸收和散射光线，增加了光在水中的衰减。

在浅水区域，如沿海区域和浅海湖泊，水体对光的吸收作用更为显著。在这些地区，光的传播距离相对较短，水体通常呈现浅蓝色或绿色。这是因为大部分蓝光和绿光被吸收，而黄光和红光相对较少被吸收，这就形成了水体的颜色。在深海区域，水体对光的吸收作用仍然存在，但由于水深较大，吸收的程度相对较低。在深海中，红光逐渐消失，而蓝绿光在较深的水层中能够传播更远。这就是深海中生物通常呈现红色或黑色的原因，它们无法感知红光，只能感知蓝光。水体对光的吸收作用对水下生态系统和生物的生活和行为有重要影响。水体的透明度直接影响水下生物的视觉能力、光合作用的效率及海洋植物的生长。光的吸收也会影响海洋温度和垂直分布，进而影响海流和气候。

水对光的吸收是其中水分子和溶解性物质(如溶解气体、盐类、有机物等)的共振吸收和散射形成的。这些物质吸收特定波长的光并将其转化为热能，从而产生光的衰减。

2. 水对不同波长光的吸收

光的吸收主要表现在入射到水中的部分光子能量转化为其他形式的能量，如热能、化学势能等，表现为光的衰减，致使目标能见度降低。确定自然水体的光谱吸收系数 $a(\lambda)$ 是非常困难的。一方面，水体对近紫外线和蓝色波长的吸收很弱，需要非常灵敏的仪器；另一方面，需要避免散射效应导致的光谱吸收系数测量重叠。

自然水体中对光产生吸收作用的除了水分子，还包括叶绿素、可溶有机物及悬浮颗粒物。自然海水的吸收系数可以表示为

$$a(\lambda) = a_w(\lambda) + a_{ph}(\lambda) + a_{CDOM}(\lambda) + a_p(\lambda) \qquad (1.3)$$

其中，$a_w(\lambda)$、$a_{ph}(\lambda)$、$a_{CDOM}(\lambda)$、$a_p(\lambda)$ 分别表示纯海水、叶绿素、可溶有机物、悬浮颗粒物的吸收系数。

水对可见光的吸收因光的波长而有所不同。水对可见光的吸收是指水分子对可见光波长范围内光的能量的吸收作用。可见光是一种电磁波，波长介于 400～700nm，包括紫光、蓝光、绿光、黄光、橙光和红光。水对可见光的吸收是水光学性质的一个重要方面，对于理解水的颜色、透明度和光学传播具有重要意义。在这个范围内，蓝色和紫色的光波长较短，因此能量较高，被水分子更强烈地吸收。相比之下，红色和黄色的光波长较长，能量较低，被水分子较弱吸收。因此，水中的蓝色和紫色光大部分被吸收，而红色和黄色光则相对较少被吸收。由于水对不同波长光的吸收程度不同，光在水中传播时会发生色散效应。色散效应是指光在媒介中传播时，波长不同的光以不同的速度传播，产生光的折射和色彩分离。在水中，蓝色光的折射率较大，因此蓝色光会被弯曲更多；红色光的折射率较小，因此红色光的折射角较小。这就是为什么在水中看到的光线在一定程度上呈现色彩分离的效果。随着光在水中传播，光的强度会逐渐减弱，直到光被完全吸收或散射。因此，在深水中，光的传播距离相对较短，水体看起来较暗；在浅水中，光的传播距离相对较远，水体看起来较明亮。这也是深海中的生物通常呈现红色或黑色的原因，红光几乎完全被吸收，只有蓝绿光能够传播到深海层。水对可见光的吸收对于水下生态系统和生物体有重要影响。植物在光合作用中需要光能来制造食物，因此水的透明度和光能在水下生态系统中起着关键作用。如果水中的悬浮物较多或浊度较大，会导致光在水中的传播受到干扰，影响水下植物的生长和生态平衡。

水对紫外线具有强烈的吸收能力。水对紫外线的吸收是指水分子对紫外线波

长范围内光能量的吸收作用。紫外线是光谱中波长较短的电磁波，波长 10～400nm。水对紫外线的吸收是水光学性质的一个重要方面，对于了解紫外线辐射在水中的传播和生态效应具有重要意义。水对紫外线的吸收谱展示了不同波长紫外线在水中被吸收的程度。在紫外光谱范围内，水对较短波长的紫外线和中波紫外线的吸收非常显著，尤其是在 200～300nm 的波长范围内。相对而言，长波长的紫外线在水中的吸收较弱。紫外线对水分子的能量非常强，当紫外线被吸收后，水分子可能会发生光解反应。在这些反应中，水分子中的化学键被打断，形成活性的氢离子(H^+)和氢氧根离子(OH^-)。这些活性离子对水体中的化学反应和生物过程具有重要影响。紫外线的吸收对水下生态系统和生物体有重要影响。紫外线 A 段(UVA)和紫外线 B 段(UVB)辐射可以直接影响水中的生物体，如浮游植物和浮游动物。这些生物体可能对紫外线具有敏感性，其生长和生命周期受到影响。另外，紫外线的吸收还可以在水中发生光化学反应，产生活性氧化物，这些活性氧化物对水中的有机物质和生物体具有氧化和杀菌作用。在陆地上，人体皮肤对于紫外线也具有一定的吸收作用。在紫外线照射下，皮肤会产生色素，即人们常说的晒黑。过量的紫外线照射可能会导致皮肤晒伤和皮肤癌等健康问题。紫外线对地球上的生物体和环境有一定的危害，但幸运的是，地球的大气层对紫外线有一定的过滤作用。大气层中的氧气和臭氧层可以吸收和散射大部分紫外线和中波紫外线辐射，仅小部分紫外线能够到达地球表面。

在近红外光范围内，水也有一定程度的吸收。水对近红外光的吸收是指水分子对近红外波长范围内光能量的吸收作用。近红外光是光谱中波长较长的电磁波，波长 780～2500nm。水对近红外光的吸收是水光学性质的一个重要方面，对于了解近红外光在水中的传播和应用具有重要意义。水对近红外光的吸收谱展示了不同波长近红外光在水中被吸收的程度。在近红外光谱范围内，水的吸收相对较弱，特别是在 700～1400nm 的波长范围内。波长大于 1400nm 之后，水的吸收开始增加，特别是波长为 1900～2500nm 时。水对近红外光的吸收相对较弱，近红外光能够在水中传播相对较远，透过深度较大，这使得近红外光在水下探测和测量方面有广泛的应用。近红外光的透过深度取决于水的清澈度和颜色，以及近红外光的波长。近红外光在水中的传播特性使其在水体成像和遥感应用方面非常有价值。近红外成像可以用于探测水体的深度和透明度，以及测量水中的溶解有机物和悬浮颗粒等。近红外光在水中的传播较远，对于水下生物学研究也有一定的应用价值。近红外光成像技术可以用于监测水中生物的分布和生态环境变化，以及测量水中生物体的生理参数。在遥感和成像应用中，大气对光的吸收和散射会影响遥感图像的质量。近红外光在水中的传播特性使其在大气校正中具有优势，可以用于减少大气对遥感图像的影响，提高图像质量。

3. 水对光吸收的测量方法

科学家使用光学仪器和测量设备来研究水体对光的吸收特性。吸收光谱是最常见的测量水对光吸收的方法。通过光谱仪或分光光度计测量水样品在不同波长下的吸收强度，得到吸收谱。光谱仪是测量水对光的吸收最常用的仪器，可以测量不同波长下的光强度，从而得到吸收光谱。光谱仪通常包括一个光源、样品槽、光栅或棱镜、光电探测器。样品槽中放置水样品，光从光源通过样品槽后，经过光栅或棱镜分光，然后由光电探测器检测光强度。通过测量样品槽中水样品和参考样品的光强度，可以计算出吸收谱。从吸收谱中可以看出水对不同波长光的吸收特性，包括吸收峰、吸收谷和吸收强度的变化。这种方法可以用于研究水的吸收特性，如水对可见光、紫外光和近红外光的吸收。

透过率是指光通过物质后的能量占原来入射光能量的比例，通常用百分比表示。通过测量水样品的透过率，可以计算出光通过水的强度变化。透射法是一种测量光通过水样品后透过率的方法。在透射法中，用光谱仪测量光通过水样品的透射光谱。透射法可以用于研究水的透明度、透过深度和水体的色素含量。通过测量透过率，可以了解水的透明度和透过深度，进而研究水体的清澈度和光的传播距离。

荧光光谱法通过测量水样品在受激光照射下发射的荧光光谱来研究水中溶解有机物的含量和类型，是一种测量水样品在受激光照射下发射的荧光光谱的方法。荧光光谱可以用于研究水中溶解有机物的含量和类型，通常用于监测水体中的有机物污染和生态环境。散射光谱法通过测量光在水中的散射光谱来研究水的吸收特性。散射光谱与吸收光谱有关。漫反射法用来测量光在水面上漫反射的光谱，用光谱仪测量从水面反射的光谱。漫反射光谱与吸收光谱和透射光谱有关，可以提供有关水体颜色和水透明度的信息。通过研究散射光谱，可以了解水中悬浮颗粒和溶解有机物等对光散射和吸收的影响，这对于水体成像和水质监测具有重要意义。反射光谱法通过测量光在水面上反射的光谱来研究水的吸收特性。通过测量水面反射的光谱，可以了解水体的颜色和水的透明度。这种方法通常用于遥感和成像应用，如卫星遥感和无人机成像。

测量水对光的吸收具有重要的科学和应用意义，涉及多个领域，包括环境科学、水质监测、生物学、地球科学和光学研究。测量水对光的吸收可以提供关于水体质量的重要信息。水质监测是评估水体健康状况的关键手段之一，通过测量水对光的吸收光谱，可以了解水中溶解有机物、悬浮物、藻类等的含量和类型，从而判断水体的富营养化程度、水体浊度、藻类水华等情况。水对光的吸收研究是环境科学的重要组成部分，通过测量水体的光学性质，可以研究水体的透明度、颜色、透过深度和散射特性等，从而了解水体生态系统、水环境和地理环境的变化和演变。水对光的吸收特性对于水体成像和遥感应用具有重要意义，通过测量水体的光学特性，可以进行水体成像，如监测海洋、湖泊和河流的透明度、水深和悬浮物分布等，这对于海洋研究、环境监测和资源管理有重要意义。水对光的吸收研究对于水下生物学和生态学研究有重要意义，水体中的光照条件直接影响水下生物体的生态环境。通过测量水体的光学特性，可以了解水体中光能的分布和传播，从而研究水下生态系统和生物体的行为和生活。水对光的吸收也对地球科学研究有影响，在地球表面，光的吸收和散射会影响地表温度和能量平衡。通过测量水对光的吸收，可以了解地表反射率、地表温度等信息，对研究气候和地球表面过程有一定的帮助。水对光的吸收是光学研究的重要课题，了解水体的光学特性对于光学技术的发展和应用有重要意义。在光学通信、水下探测、光学成像等领域，了解水对光的吸收特性是设计优化光学设备的基础。

　　综上所述，测量水对光的吸收在多个领域都有重要的意义。通过测量水体对光的吸收特性，可以了解水体的光学性质、水质状况、水下生态系统和环境变化，为环境保护、资源管理、科学研究和技术应用提供重要依据。这些测量数据对于环境监测、水质评估、水资源管理和气候研究等具有广泛的应用价值。

　　4. 纯海水的吸收

　　光是一种电磁波，水对电磁辐射的吸收取决于水的状态。从化学角度，水分子是一种极化分子，极化分子具有较强的紫外及红外共振作用。在紫外光谱区，存在电子激发的紫外共振；在红外光谱区，存在分子激发的红外共振。因此，水对紫外及红外光谱区的吸收相对强烈，其中对红外光谱区的吸收最强。图 1.9 为纯海水的光谱吸收系数[46]。海水中的盐对可见光波长的吸收作用可以忽略，但是对紫外波长的吸收增强。

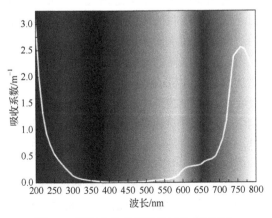

图 1.9　纯海水的光谱吸收系数(见彩图)

为了合理地解释光与水相互作用产生光谱的物理机制,建立了多种理论模型,如刚性/非刚性转子、简谐/非谐振子、转动模型及多原子分子振动、转动模型等。双原子分子线性简谐振动模型给出的分子振动频率位于中红外波段,刚性转子模型和转动模型一般用于研究气态分子与光的相互作用机理。

水分子是光与水相互作用的基础,由氢氧两种元素组成,由于 sp 电子杂化,水分子由两个氢原子和一个氧原子构成 V 型结构,如图 1.10 所示。常温常压下,水分子中较大的氧原子以 104.5°±0.3° 的夹角、95.84pm±0.05pm 的氢氧键长键合较小的氢原子。由于水分子是由 3 个原子构成的 V 型结构,所以水分子有 9 个自由度: 3 个平动自由度,3 个转动自由度,

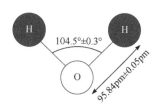

图 1.10　水分子结构参数

还有 3 个振动自由度。前两者与外界环境有关,后者是水分子内部自由度,但如果受到环境的影响,则会发生平移。

水分子基本振动可以分为伸缩振动和弯曲振动两种类型,其特点是振动过程中分子质心保持不变,整体不转动,所有原子都是同相运动。每个基本振动代表一种振动方式,都有自己的特征振动频率,并产生相应的红外吸收峰。水分子的跃迁模式主要包括旋转跃迁、分子获得振动能量量子的振动跃迁和分子被提升到激发电子态的电子跃迁。气态水对光的吸收主要来自水分子 O—H 键的振动模式,其中旋转跃迁发生在光谱的微波和远红外区域,振动跃迁发生在中红外和近红外区域,电子跃迁发生在真空紫外区域。与冰的吸收光谱类似,尽管液态水中没有旋转跃迁,但在微波区域会产生吸收,尤其是可见光谱中的弱吸收,使水呈淡蓝色。

(1) 旋转跃迁。微波和远红外线的吸收,分子获得一定量的旋转能量。环境温度和压力下的水蒸气在光谱的远红外区域引起吸收,从大约 50μm 到微波区域的更长波长。

(2) 旋转光谱。水分子具有不对称的顶端,即具有三个独立的惯性矩。由于分子的低对称性,在光谱的远红外区可以观察到大量的跃迁。

(3) 振动跃迁。分子获得振动能量量子的振动跃迁,是水呈蓝色的主要内因。水分子的振动模式如图 1.11 所示,水分子具有三种基本的分子振动,包括 O—H 对称拉伸振动、O—H 非对称拉伸振动和 H—O—H 横向或剪切振动(弯曲振动)。拉伸振动是指原子沿着键轴方向伸缩拉伸,使键长发生周期性变化的振动。拉伸振动的力常数比弯曲振动的力常数大,因此同一基团的拉伸振动常在高频端出现吸收,周围环境的改变对频率的变化影响较小。由于振动耦合作用,原子数 $n \geqslant 3$ 的基团振动分为对称拉伸振动和非对称拉伸振动,一般非对称拉伸振动频率更大。弯曲振动是指基团键角发生周期变化的振动,或分子中原子团对其余部分做相对

运动。弯曲振动的力常数小于拉伸振动,因此同一基团的拉伸振动在其伸缩振动的低频端出现。

对称拉伸振动　　　非对称拉伸振动　　　横向或剪切振动

图 1.11　水分子的振动模式

研究多原子分子时,通常把多原子的复杂振动分解为许多简单的基本振动,这些基本振动数目即分子的振动自由度,简称为振动自由度。每个振动自由度都是分子的一种振动形式,并有其特征的振动频率,理论上振动自由度与吸收峰数目相等。水分子的振动自由度为 $3n - 6 = 9 - 6 = 3$,水分子有非对称拉伸振动(吸收峰 2.662μm)、对称拉伸振动(吸收峰 2.734μm)和弯曲振动(吸收峰 6.27μm)三种模式,因此水分子有 3 个红外吸收峰。通常将分子的振动吸收峰分为基频峰和泛频峰,泛频峰包括倍频峰、合频峰和差频峰。倍频峰指振动能级由基态向第二、三振动激发态的跃迁,即高次谐波。水对蓝色波段光的吸收需要激发基本跃迁波段的高次谐波,由于这种谐波的分布密度很小,因此水对蓝色波段光的吸收相对较少。O—H 振动会使气态水在 2.734μm 和 2.662μm 产生强吸收带,液态水会在红外光谱产生强吸收带,在 2.898μm、2.766μm 和 6.097μm 处能观察到液态水的峰值。对于气态水,H—O—H 弯曲振动会在 6.269μm 处产生强吸收带。对于液态水,在 1.950μm、1.450μm、1.200μm 和 0.970μm 的近红外范围内产生吸收带,吸收强度基本弱于 O—H 振动。冰的吸收光谱与液态水的吸收光谱相似,吸收峰位于 2.941μm、3.105μm 和 6.17μm[47]。

(4) 电子跃迁。分子被提升到激发电子态的电子跃迁发生在真空紫外区。气态分子的振动伴随着旋转跃迁,产生振动-旋转光谱。此外,振动谐波和组合带出现在近红外区域。对于液态水,旋转跃迁被淬灭,但吸收带仍然会受到氢键的影响。在结晶冰中,振动光谱同样受到氢键的影响,并且存在能够引起远红外吸收的晶格振动。

在 200~800nm 的光谱内,假设研究目标是清澈的天然水,其中盐或其他溶解物质的吸收可以忽略不计,唯一存在散射的是水分子和盐离子,并且没有发生非弹性散射。基于以上条件,Smith 和 Baker[47]间接地确定了纯海水光谱吸收系数的上限 $a_w(\lambda)$:

$$a_w(\lambda) \leqslant K_d(\lambda) - \frac{1}{2} S_w(\lambda) \tag{1.4}$$

其中,$S_w(\lambda)$表示纯海水的光谱散射系数;$K_d(\lambda)$表示清水中的扩散衰减函数。

由于 $K_d(\lambda)$ 未考虑拉曼散射的影响，$a_w(\lambda)$ 会有所不同。Smith 和 Baker[47]估计的 $a_w(\lambda)$ 的精度在 +25%～−5%(300～480nm) 和 +10%～−15%(480～800nm)。另外，Zaneveld 和 Pegau[48]研究发现，温度 T 对水吸收系数有微弱影响，n 为水的折射率，波长 600nm 处，$\partial n/\partial T \approx 0.0015/(m \cdot K)$；波长 750nm 处，$\partial n/\partial T \approx 0.01/(m \cdot K)$。

5. 可溶有机物质的吸收

可溶有机物质是水中溶解且吸收蓝光和紫外光的所有有机化合物的总称。在可溶有机物质对光吸收的影响过程中，透射率的减小总是伴随着峰值透射率朝着波长较长的方向移动，表现为海水的颜色从蓝色变为绿色，直至变为棕色，这是由于可溶有机物质增加了选择性吸收。正是这个原因，这些成分一般被称为黄色物质或有色的溶解有机物。

可溶有机物质的吸收系数可表示为[49]

$$a_{CDOM}(\lambda) = a_{CDOM}(\lambda_0) \exp[-s(\lambda - \lambda_0)] \tag{1.5}$$

式中，$a_{CDOM}(\lambda_0)$ 表示波长为 λ_0 的吸收系数，通常波长范围为 350～700nm；s 表示吸收系数的光谱斜率，通常为 (−0.014～−0.019)/nm，在传统水体中，取 −0.014/nm。可溶有机物的吸收系数如图 1.12 所示[50]，黄色物质在红色波段吸收得很少，随波长的减小快速增加，在蓝色和紫外波段吸收十分明显。黄色物质的重要来源是腐烂的陆生植物，因此它的浓度在湖泊、河流及沿海中最高，是蓝色波段的主要吸收源。

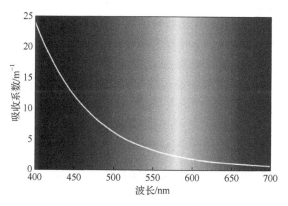

图 1.12　可溶有机物的吸收系数(见彩图)

赤潮是海洋水体中某些微小的浮游植物、原生动物或细菌在一定的环境条件下突发性增殖和聚集，引发一定范围和一段时间内的水体变色现象。赤潮最早因海水变红而得名，但其实赤潮不一定都是红色。因形成赤潮的生物种类和数量不同，赤潮海域水体会而呈现红、黄、绿、褐等色，如缢虫形成的赤潮呈紫褐色，异弯藻形成的赤潮呈酱褐色,夜光虫形成的赤潮呈砖红色。赤潮是在特定环境条件下产生的,产生的一个最重要原因是海洋污染。大量含有各种含氮有机物的废污水排入海水中,促使海水富营养化,这是赤潮藻类大量繁殖的物质基础。国内外研究表明,海洋浮游藻是引发赤潮的主要生物,全世界4000多种海洋浮游藻中有260多种能形成赤潮,其中有70多种能产生毒素。这些毒素有些可直接导致海洋生物大量死亡,有些甚至可以通过食物链传递,造成人类食物中毒。

6. 浮游植物的吸收

海洋中的浮游植物是海洋食物链最基础的一环,通过光合作用吸收光和二氧化碳并释放氧气。有些浮游植物还会通过化学过程发出荧光,影响海水的颜色,更是与海洋的生态环境相互影响。浮游植物细胞是可见光的强吸收剂,在决定天然水的吸收特性方面起着重要作用。

人们很早就意识到浮游植物是决定大部分海水光学特性的粒子。浮游植物的吸收发生在光合色素中,其中最主要的是叶绿素。叶绿素和相关色素对蓝色和红色波段的光有很强的吸收作用,当它们的浓度很高时,将主导海水的吸收光谱。叶绿素存在于所有光合植物中,包括叶绿素a和叶绿素b,叶绿素a对光的吸收要远高于叶绿素b。叶绿素粒子尺寸通常比可见光波长大,对入射光会产生衍射。虽然大粒子在很小的散射角有很强的散射,但是大角度的散射作用很微弱,因此较大的浮游植物对体散射函数的贡献较少。浮游植物叶绿素吸收光谱如图1.13所示,叶绿素的吸收光谱在蓝光和红光波段附近,对绿光波段吸收很少,其中叶绿素a在430nm和665nm处达到吸收峰值[51]。Atkins等[52]认为,蓝绿光衰减系数的变化是浮游植物中叶绿素、类叶红素和叶黄质等的吸收所致。Yentsch等[53-54]认为浮游植物中的光合色素(如叶绿素、类胡萝卜素、藻胆蛋白等)对蓝色波段光的吸收在海洋光学和生物地球化学过程中具有至关重要的作用。这些光合色素在

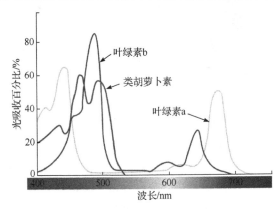

图1.13 浮游植物叶绿素吸收光谱(见彩图)

蓝光波段（约 440nm）表现出显著的吸收特性，不仅直接影响光的衰减系数，还决定了浮游植物的光合作用效率和初级生产力。

类胡萝卜素是吸收紫光和蓝绿光的另一种关键色素。在光合作用中，类胡萝卜素有助于捕获光能、吸收多余的能量并将其以热量的形式散发出去。研究人员发现，建立浮游植物的光学吸收特性模型必须结合所在区域及季节，通常采用参数 $a_{ph}^*(\lambda)$ 对模型进行优化。Bricaud 等[55]将 $a_{ph}^*(\lambda)$ 表示为总叶绿素浓度(TChl)的幂函数：

$$a_{ph}^*(\lambda) = A(\lambda)[\text{TChl}]^{-B(\lambda)} \tag{1.6}$$

式中，$A(\lambda)$ 和 $B(\lambda)$ 为通过测量不同浮游植物光学特性估算的波长特定系数，$A(\lambda)$ 表示每叶绿素浓度单位的 $a_{ph}^*(\lambda)$，$B(\lambda)$ 表示 $a_{ph}^*(\lambda)$ 随叶绿素浓度增加而产生的变量。

7. 悬浮颗粒物的吸收

悬浮颗粒物的吸收光谱与可溶有机物相似，可以用指数函数描述：

$$a_p(\lambda) = a_p(\lambda_0)\exp[-s_p(\lambda - \lambda_0)] \tag{1.7}$$

式中，指数衰减系数 s_p 比可溶有机物衰减系数 s 要小，通常为 $(-0.0116 \sim -0.0130)$/nm，平均值为 -0.0123/nm[56]。

8. 水汽的吸收

水汽广泛存在于大气的对流层和海洋表面，由于水汽随高度、温度、气压等变化，难以用可靠的公式很好地描述其变化。水汽在 $0.72\mu m$、$0.81\mu m$、$0.94\mu m$、$1.10\mu m$、$1.38\mu m$、$1.87\mu m$、$2.70\mu m$、$3.20\mu m$ 附近均有吸收。

1.5.3 水体对光的散射作用

光的散射是传播中的光波通过不均匀介质时，一部分光波偏离原方向传播的现象。光的散射特性相对于吸收较为复杂，主要表现为水及其中的物质使光的传播方向发生了变化，改变了光场的能量分布，使目标清晰度、对比度降低。当光入射到水中时，经过光与水的物质相互作用，会发生弹性散射和非弹性散射。弹性散射不会使光发生频移，但是散射特性与水体的属性、水中悬浮颗粒的尺寸和密度等有关。在海水中引发激光弹性散射的散射元主要是水分子、浮游植物、悬浮颗粒及湍流。光与水发生的另一类散射是非弹性散射，会使光的频率相对于入射光的频率发生偏移。非弹性散射分为两类：拉曼散射与布里渊散射。拉曼散射与物质的分子结构有关，布里渊散射是由多普勒效应引起的。海水中的布里渊散射特性与温度、盐度密切相关，通过分析海水的布里渊散射特性，可以构建海水的温度场和盐度场模型。光在海水中的散射机制主要包括瑞利散射与米氏散射(Mie scattering)，两种机制具体可反映在海水成分对光的散射上。在海水中，引起光散射的主要物质是悬浮粒子和纯海水。

体积散射函数可以反映水体介质中小体积元在不同方向散射作用下的强度分布，表示光波在水中传播单位距离后单位立体角内的辐射强度与入射平面辐照度之比，可以表示为[57]

$$\beta(\theta) = \frac{\mathrm{d}I(\theta)}{E\mathrm{d}V} = \frac{P(\theta)}{P(0)\Omega l} \tag{1.8}$$

式中，$\beta(\theta)$为小体积元的单位辐照度，$(\mathrm{m} \cdot \mathrm{sr})^{-1}$；$\theta$ 为散射角；$\mathrm{d}I(\theta) = P(\theta)$，为散射角 θ 方向上单位立体角内的散射光强度，$\mathrm{W} \cdot \mathrm{sr}^{-1}$；$P(0)$为散射角为 0 时的散射光功率；$E$ 为入射平面辐照度，$\mathrm{W} \cdot \mathrm{m}^{-2}$，表示单位面积上接收的入射光功率；$V$ 为光波传播的路径长度 l 和立体角 Ω 的乘积，$(\mathrm{m} \cdot \mathrm{sr})^{-1}$。水体光的散射系数定义为

$$b = 2\pi \int_0^\pi \delta(\theta)\sin(\theta)\mathrm{d}\theta \tag{1.9}$$

体散射函数可以反映水体的散射特性，是水下成像研究中散射作用的基础。

一般认为入射光子与水中随机分布的粒子相互碰撞时，弹性散射方向与传播方向夹角小于 90° 称为前向散射，弹性散射方向与传播方向夹角大于 90° 称为后向散射。水下前向散射引起的光强损耗远大于后向散射，会造成激光脉冲信号在时域、空域上展宽和偏振特性的改变，将极大影响光的传播距离和状态。在涉水成像方面，水体对光波的前向散射将造成图像分辨率下降和图像模糊，后向散射将造成图像对比度降低。

偏振特性是光的重要特性之一，表征电场在光传输方向上的振动情况。光在物质相互作用和跨介质传播过程中，其偏振特性会因为物质的形状、材料、粗糙度不同而按照一定规律发生改变，因此可以利用光偏振特性的变化反演出物质信息。例如，平面波在多重散射介质中的传输中，其退偏程度取决于初始的偏振状态和粒子大小。当发生瑞利散射时，线偏振光的退偏程度小于圆偏振光；当发生米氏散射时，线偏振光的退偏程度大于圆偏振光；当散射粒子直径远大于波长时，线偏振光的退偏程度大于圆偏振光。

水体衰减系数由吸收系数 a 和散射系数 b 共同决定，其表达式为

$$c(\lambda) = a(\lambda) + b(\lambda) \tag{1.10}$$

分别定义 I_0 和 $I_{(d)}$ 为初始位置和传播距离 d 后的光场强度，当光波强度衰减到原来的 1/e 倍时，即 $I_0 / I_{(d)} = 1/e$，则光波传播距离为

$$d = \frac{-1}{c(\lambda)} \ln\left(\frac{I_{(d)}}{I_0}\right) = \frac{1}{c(\lambda)} \tag{1.11}$$

定义 L 为衰减长度，表示光波强度衰减到原来的 $1/e$ 时的传播距离，单位为 m，则衰减长度等于衰减系数 $c(\lambda)$ 的倒数。涉水光学领域可以采用衰减长度的倍数衡量特定衰减系数下的探测距离。图 1.14 展示了可见光波段在不同水质中的传输衰减情况。一般将海水分成四种水质：纯海水；洁净的大洋水(纯净水)，在纯水的基础上增加溶解盐；近岸海水，在大洋水的基础上考虑水中大量的浮游生物、碎屑和矿物质成分；海港海水，在近岸海水的基础上考虑溶解物和大颗粒悬浮物质，海港海水更加浑浊。

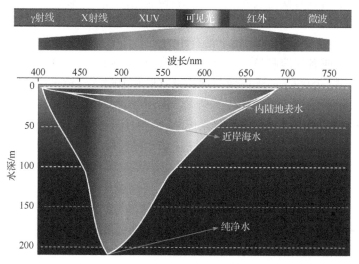

图 1.14　不同水质下可见光谱中不同波长的衰减(见彩图)

即使最纯净的水也会表现出复杂的吸收光谱和折射率波动，进而引起大量散射。海水中大量存在的各种盐类会产生紫外线的额外吸收，并且盐浓度的微小变化会使折射率变化，增加散射量的波动。爱因斯坦(Einstein)与斯莫鲁霍夫斯基(Smoluchowski)的 Einstein-Smoluchowski 理论[58-59]解释了散射与分子数密度波动和折射率波动有关，纯水对光的散射主要是由于分子数密度的涨落，以及各向异性水分子运动方向的变化，折射率发生改变。

此后，众多学者开展了相关研究，建立的散射模型中，分子数密度的涨落被认为与液体密度和温度有关。与液体密度的影响相比，温度产生的影响占比不到 1%。

天然水体中大量存在各种溶解物质的混合物，溶解物质对光的散射包括有机物和无机物对光的散射，从蓝光到紫外线区域对光会产生强烈吸收。这些混合物来源于各种生物体的新陈代谢和分解，一部分从陆地浸出并通过河流和地表水带到海洋，另一部分由病毒、细菌和浮游生物分解产生，是影响可见光光谱随海洋深度变化的主要因素。

所有天然水体中都存在大量悬浮颗粒，由浮游生物、石英、沙子、淤泥等组成，是水中散射的主要来源，散射量远大于折射率波动引起的散射。米氏散射是一种麦克斯韦方程组的解，由德国物理学家 Mie 于 1908 年提出[60]，用来描述平面电磁波被均相球形粒子散射后的现象。米氏解形式上是球谐函数的无穷级数，分层球体或者无限长圆柱散射行为的麦克斯韦方程组解也可以用米氏解描述。此外，只要散射的几何体可以表达成径向和角向的分离变量方程，米氏解依然适用。米氏解这个术语有时候指代的是这一类解和描述方式的统称，而非一个单独的物理理论或者法则。更广义地讲，米氏散射的公式是在散射粒子尺寸约等于入射波长(而非远大于或远小于)的情境下最有用的公式。在大气中，米氏散射(有时也称为非原子散射或者气溶胶粒子散射)发生在低于 4500m 的高度，此处有大量尺寸约等于入射波长的粒子。米氏散射理论没有尺寸上限，当粒子尺寸远大于入射波长时，米氏散射的描述收敛于几何光学。在地球的大气层，光线的实际散射是这几种散射形式的结合。当只有少量米氏散射的时候，天空会呈现出高饱和度的蓝色或者蓝绿色。当米氏散射大量存在于云彩中的时候，太阳旁边的天空看起来似乎是白热的。

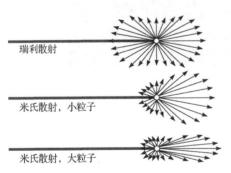

图 1.15 瑞利散射和米氏散射示意图

英国物理学家瑞利于 1871 年通过理论计算推导，获得关于分子散射的严格解，即瑞利散射定律。该定律从电子论出发，解释了光的散射机理，但是该定律仅适用于粒子尺寸远远小于波长的情况，当粒子尺寸与波长接近时，该理论则不再适用。米氏散射适用于大尺寸各向同性球形粒子散射的精确解，但是该理论对非球形粒子产生的光散射现象无法做出合理解释。瑞利散射和米氏散射如图 1.15 所示。

散射特征取决于无量纲尺寸参数 x:

$$x = \frac{2\pi r}{\lambda} \tag{1.12}$$

其中，r 为粒子的半径; λ 为入射光的波长。可以看出，光的散射不仅与散射元的尺度大小、密度有关，而且与入射光的波长有关。当 $x \gg 1$ 时，发生几何散射(geometric scattering)，投影面积散射光; 当 $x \approx 1$ 时，发生米氏散射，大部分的入射光线会沿着前进的方向进行散射，主要由大气中的微粒如烟、尘埃、小水滴和气溶胶等引起；当 $x \ll 1$ 时，发生瑞利散射，通常粒子尺寸小于波长的 1/10[61]。

瑞利散射光的强度和入射光波长 λ 的四次方成反比：

$$I(\lambda)_{\text{scattering}} \propto \frac{I(\lambda)_{\text{incident}}}{\lambda^4} \tag{1.13}$$

式中，$I(\lambda)_{\text{scattering}}$ 为散射光的光强分布函数；$I(\lambda)_{\text{incident}}$ 为入射光的光强分布函数。因此，波长较短的蓝光比波长较长的红光更易发生瑞利散射。

瑞利散射适用于尺寸远小于光波长的微小颗粒和光学的"软"颗粒(其折射率接近 1)。当颗粒尺度相似或大于散射光的波长时，通常用米氏散射理论、离散偶极子近似等方法处理。

瑞利散射可以解释白天的天空多为蓝色。白天，尤其是太阳在头顶时，当太阳光经过大气层，与半径远小于可见光波长的空气分子发生瑞利散射。蓝光比红光波长短，瑞利散射较激烈，被散射的蓝光布满了整个天空，从而使天空呈现蓝色。紫光虽然波长较蓝光更短，散射较激烈，能量也较高，但人眼对不同颜色的敏感度不同，以黄绿色敏感度最高，往两边呈钟形分布。换言之，人眼对蓝色的敏感度远大于紫色，所以天空看起来仍是蓝色。因为人所见的太阳光多为直射光而非散射光，所以颜色基本上未改变，仍呈现白色——波长较长的红黄色光与波长较短的蓝绿色光(少量被散射)的混合。

瑞利散射也可以解释日出或日落时云朵多为红橙色。当日出或日落时，太阳几乎在视线的正前方，此时太阳光在大气中要经过相对较长的路程，看到的直射光中的蓝光大量被散射，只剩下红橙色的光。因此，太阳附近呈现红色，云朵也因反射太阳光而呈现红橙色，天空则呈现较为昏暗的蓝黑色。事实上，月球的天空即使在白天也是黑的，便是因为其并无大气层，缺乏瑞利散射[62]。

固有光学特性是仅与水体成分有关而不随光照条件变化的海水光学特性。光在海水中传输时的固有光学特性如图 1.16 所示，在长度为 Δl 的水体中，一束强度为 $I_0(\lambda)$ 的单色光入射，未改变传输方向的透射光强为 $I_t(\lambda)$，$I_s(\lambda)$ 为各个方向的总散射光强，$I_s'(\lambda)$ 为水环境中存在的同向散射增益。假设没有发生非弹性散射，即没有光子在散射过程中发生波长变化，根据能量守恒定律，入射光强 $I_0(\lambda)$ 可以表示为[63]

$$I_0(\lambda) = I_s(\lambda) + I_t(\lambda) - I_s'(\lambda) \tag{1.14}$$

当光线入射到不均匀的介质中时，如乳状液、胶体溶液等，与介质中的粒子发生碰撞，如果粒子足够小，由于介质的折射率不均匀而产生散射光，散射光强 $I_s(\lambda)$ 与入射光的波长 λ 有关。图 1.16 展示了不同波长的入射光与介质中粒子发生碰撞后的散射光方向。这种光学现象可以用瑞利散射函数 $S(\lambda, \theta)$ 在数学上进行描

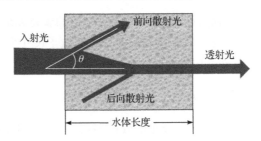

图 1.16　光在海水中传输时的固有光学特性示意图

述，表示入射光向 θ 方向散射的比率：

$$S(\lambda,\theta)=\frac{I_s(\lambda)}{I_0(\lambda)}=\left|\frac{n^2-1}{n^2+2}\right|^2 x^6\frac{\left(1+\cos^2\theta\right)}{2k^2r^2}=8\left|\frac{n^2-1}{n^2+2}\right|^2\frac{\pi^4 a^6}{\lambda^4 r^2}\left(1+\cos^2\theta\right) \quad (1.15)$$

式中，$S(\lambda,\theta)$ 表示每单位入射辐照度在每单位体积水中的散射强度，也可以理解为单位体积微分散射截面；θ 为散射角；n 为空气的折射率；k 为波数；a 为颗粒半径；r 为反射系数，$r=(n-1)/(n+1)$。可以看出，对于非常小的粒子，瑞利散射为粒子半径的六次方，与波长的四次方成反比[64]。

对 $S(\lambda,\theta)$ 在所有方向进行积分，就可以得到单位辐照度入射到单位体积水的散射功率，也就是光谱散射系数：

$$S(\lambda)=\int S(\lambda,\theta)\mathrm{d}\Omega=2\pi\int_0^\pi S(\lambda,\theta)\sin\psi\,\mathrm{d}\psi \quad (1.16)$$

式中，Ω 为立体角；ψ 为散射角。

由于在自然水体中，散射在入射方向是关于方位角对称的，该积分在 $[0,\pi/2)$ 为前向散射，$[\pi/2,\pi]$ 为后向散射。图 1.17 给出了极坐标下 440nm、550nm、680nm 的瑞利散射系数，可以看出，较短波长的蓝光比较长波长的绿光与红光散射更多。

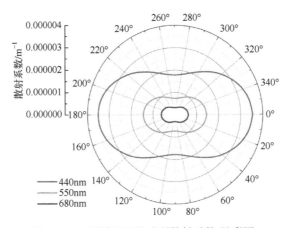

图 1.17　不同波长下的瑞利散射系数(见彩图)

1. 纯海水的光散射

如前所述，纯水介质的光散射是水的微观密度波动和成分波动引起的折射率随机变化的结果。该理论在应用过程中要求粒子之间相互独立，没有相互作用，波动引起的光散射与温度有关。在极纯的海水中，密度波动可以认为仅与纯水分子有关，$S_w(\theta, \lambda)$ 完全由纯水散射引起。根据瑞利散射理论，体积散射函数可表述为

$$S_{\text{Ray}}(\theta, \lambda) = S_{\text{Ray}}\left(\frac{\pi}{2}, \lambda_0\right)\left(\frac{\lambda_0}{\lambda}\right)^4\left(1 + \cos^2\theta\right) \tag{1.17}$$

在海水中，不同离子浓度的随机波动造成了折射率较大的波动，产生了较大的散射。光的体积散射函数 $S_w(\theta, \lambda)$ 表示为

$$S_w(\theta, \lambda) = S_w\left(\frac{\pi}{2}, \lambda_0\right)\left(\frac{\lambda_0}{\lambda}\right)^{4.32}\left(1 + \frac{1-\delta}{1+\delta}\cos^2\theta\right) \tag{1.18}$$

式中，λ_0 为实际入射光的波长；δ 为散射角为 $\pi/2$ 时两个线偏振分量的强度之比，即退偏度。由于海水具有一定的各向异性，δ 通常取 0.0899；如果介质的响应是各向同性的，则该值为零。

总散射系数 $S(\lambda)$ 是体积散射函数在所有立体角上的积分，单位为 m^{-1}，散射角为 90° 时，表示为[55]

$$S_w(\lambda) = \frac{8\pi}{3}S_w\left(\frac{\pi}{2}, \lambda_0\right)\left(\frac{\lambda_0}{\lambda}\right)^{4.32}\frac{2+\delta}{1+\delta} = 16.055\left(\frac{\lambda_0}{\lambda}\right)^{4.32}S\left(\frac{\pi}{2}, \lambda_0\right) \tag{1.19}$$

纯海水由纯水加上不同的可溶解盐组成，图 1.18 为纯海水的散射系数，其中海水的盐度为 3.5%～3.9%。对于波长为 370～450nm 的光，水分子散射造成的光强衰减为 20%～25%。严格意义上，瑞利散射理论中定义的散射基于非常小的各向异性球形颗粒，而爱因斯坦-斯莫卢霍夫斯基散射理论定义的是小尺寸分子数密度波动与折射率的相关波动共同引起散射，两种理论得到的散射模型基本一致。

2. 悬浮颗粒的光散射

海水中的悬浮颗粒能散射入射光，使光在水下扩散，所以海水在很多区域看起来是浑浊的。尤其是在近海海水中，常见的颗粒物主要是矿物质和黏土颗粒物，具有很大的光折射率，对光的散射很强。因此，在实际涉水环境中，很难有满足理论上体散射函数的纯水。当水中存在少量颗粒时，散射系数会大幅增加，其中主要是正向散射。悬浮颗粒的散射通常采用米氏散射理论，其理论的物理基础与瑞利散射理论类似，但是瑞利散射理论将粒子等同于单个偶极子，而米氏散射理

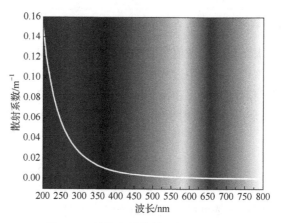

图 1.18　纯海水的散射系数(见彩图)

论考虑位于粒子内的多个电偶极子和磁偶极子。对于尺寸远大于光波长的粒子，采用物理光学的衍射原理结合几何光学原理就能够对这种情况下的散射机制进行解释，这里不再赘述。对于尺寸等于或略大于光波长的粒子，根据米氏散射理论，此类散射主要发生在光束轴小角度内的前向，散射强度随着角度的增加而不断减小。Hodkinson 等[62]的研究表明，混合大小的球形颗粒悬浮液中小角度散射主要是衍射形成的，较大角度的散射主要是由于外部反射和折射透射。

因此，总体积散射函数 $S_p(\theta,\lambda)$ 可以表示为

$$S_p(\theta,\lambda) = S(\theta,\lambda) - S_w(\theta,\lambda) \tag{1.20}$$

米氏散射理论与透射、反射、衍射定律的透明球体散射角分布如图 1.19 所示。散射最强时，散射角为 0°，即前向散射。当散射角大于 15°时，需要考虑粒子表面的折射和反射。

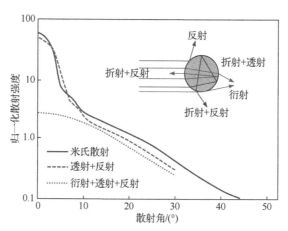

图 1.19　米氏散射理论与透射、反射、衍射定律的透明球体散射角分布

米氏散射的通解对于任意大小的球体、折射率、波长都是精确有效的，主要用于计算消光系数 Q_e、电子散射系数 Q_s、电子吸收系数 Q_a。

$$Q_e = Q_s + Q_a \tag{1.21}$$

散射系数和消光系数可以表示为无穷级数形式：

$$Q_s = \frac{2}{x^2} \sum_{n=1}^{\infty} (2n+1)\left(\left|a_n\right|^2 + \left|b_n\right|^2\right) \tag{1.22}$$

$$Q_e = \frac{2}{x^2} \sum_{n=1}^{\infty} (2n+1)\mathrm{Re}(a_n + b_n) \tag{1.23}$$

式中，a_n 与 b_n 为米氏散射系数，取决于频率；Re 为复数和的实部。

粒子的散射系数可简化为

$$s_m = Q_s N \tag{1.24}$$

式中，s_m 为粒子的米氏散射系数；N 为粒子数。

从式(1.24)可以看出，粒子的米氏散射不仅与粒子尺寸有关，而且与粒子数密度和粒子单位面积的散射系数有关。米氏散射理论为涉水环境固有光学特性分析与建模提供了理论基础与框架，被广泛用于现代海洋光学研究中，如微生物颗粒的光学特性研究。

3. 湍流形成的光散射

根据米氏散射理论，绝大部分的散射为前向散射，即散射角 θ 趋近于 0。当散射角 $\theta < 1°$ 时，散射量持续增加可能是湍流形成的。湍流引起的折射率波动 Δn 可以表示为

$$\Delta n = \left(\frac{\partial n}{\partial T}\right)\Delta T + \left(\frac{\partial n}{\partial T}\right)\Delta S \tag{1.25}$$

式中，ΔT 和 ΔS 分别表示温度 T 和盐度 S 的波动。

在天然水域中，温度和盐度波动通常在千分之一量级。光在水中传播时，折射率波动产生的角度偏差非常小，因此海洋中湍流引起的散射强度在总散射强度中占比较小，但是湍流引起的随机折射率波动随着时间的积累将不可忽视，如在水下成像会显著降低成像质量[65]。

另外，湍流能够让颗粒物悬浮在海水中，当颗粒物的黏性足够强时，这些悬浮颗粒将结合在一起形成絮状物，进一步增大对光的散射。

4. 非弹性散射

在粒子碰撞过程中，粒子间除有动能交换外，粒子内部状态在碰撞过程中也

有所改变或转化为其他粒子，称为非弹性散射，如图 1.20 所示。非弹性散射中，散射光子能量减小的散射称为斯托克斯散射，散射光子能量增加的散射称为反斯托克斯散射。散射光能量的改变与介质中的声子有关，光学声子参与的称为拉曼散射，声学声子参与的称为布里渊散射。在拉曼散射中，光子因一阶相邻原子之间键的振动和旋转跃迁而发生散射；布里渊散射则是由大尺度、低频声子引起的光子散射。声学声子能量较低，因此布里渊散射频移较小；光学声子能量略高，因此拉曼散射频移较大。拉曼散射与布里渊散射都有斯托克斯线和非斯托克斯线。通常，散射光中的大部分光是瑞利散射，拉曼散射和布里渊散射都非常弱。

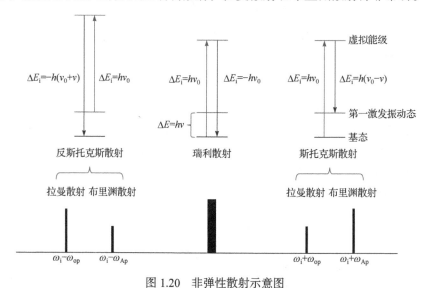

图 1.20　非弹性散射示意图

ΔE 表示散射过程中的能量变化；ΔE_i 表示入射光子在散射过程中的能量变化；
h 表示普朗克常量；v_0 表示入射光的频率；v 表示散射光的频率；ω_i 表示入射光的角频率；
ω_{op} 表示拉曼散射中光学声子的频率；ω_{Ap} 表示布里渊散射中声学声子的频率

布里渊散射是光与水相互作用产生的一种非弹性散射，实际上是由多普勒效应引起的，是光与介质中物质波的相互作用(如电致伸缩和磁致伸缩)。由于布里渊散射是一种非弹性散射，与弹性散射能够直接反映水中粒子本身的信息(如粒子大小、密度等)不同，布里渊散射与水的温度、盐度、密度等有关。这些参数会随机涨落，并以声速向各个方向运动，形成声子。当光与声子相互作用产生散射时，声子运动的多普勒效应使得散射光发生频移，出现频率大于和小于入射光中心频率的两个散射光，其频率对称地分布在入射光中心频率的两侧。

利用布里渊散射技术，测量海水温度可利用 Fry 等[66]的方法来实现，基于海水中布里渊散射频移量的大小，反演出海水中的温度参数。海水中的折射率和声速都是关于海水温度和盐度的函数，通过检测海水布里渊散射频移量的大小，可

以反演出海水温度和盐度的分布。海水表层附近的折射率与海水盐度、温度和波长的经验公式表示为[67]

$$n(S,T,\lambda) = n_0 + S\left(n_1 + n_2 T + n_3 T^2\right) + n_4 T^2 + \frac{n_5 + n_6 S + n_7 T}{\lambda} + \frac{n_8}{\lambda^2} + \frac{n_9}{\lambda^3} \quad (1.26)$$

式中，S 表示海水盐度；T 表示海水温度。布里渊散射频移量表示为

$$\nu = \frac{\lambda \cdot \Delta \nu_B}{2n} \quad (1.27)$$

海水的温度与布里渊散射频移量和接收布里渊散射信号功率之间的关系式为

$$T = \frac{\lambda^6 P_B \Delta \nu_B^2}{\eta \pi^2 \varepsilon^2 P^2 P_0 k_B R} \quad (1.28)$$

式中，P_B 表示海水中布里渊散射功率；P_0 为海水中入射光功率；η 为常数，约为 0.0017；ε 为海水相对介电常数；P 为普克尔光弹系数；k_B 为玻尔兹曼常数；R 为激光在海水介质中的最小空间分辨率；T 为海水温度；$\Delta \nu_B$ 为布里渊散射频移量。

综上所述，海水中布里渊散射频移量主要受到海水中温度和盐度的影响，利用海水中布里渊散射频移量和布里渊散射功率，能够实现对海水温度和盐度的测量。通常，海水温度的变化对布里渊散射功率的影响较大，而海水盐度的变化对其影响较小。水及其中物质的散射和吸收特性见表 1.5，简要汇总了海水对光的衰减过程中各种因素的作用及波长的依赖性。

表 1.5 水及其中物质的散射和吸收特性

物质名称	吸收		散射	
	光学特性	与波长相关性	光学特性	与波长相关性
纯水	常温常压下不变	影响显著	常温常压下不变	$\lambda^{-4.32}$
可溶有机物质悬浮颗粒	随温度、光照等变化影响显著	从短波长开始吸收系数逐渐增大	随尺寸、形状变化影响显著	影响显著

1.5.4 水体对光的折射作用

光经过不同介质的过程中，由于折射率的不同而发生折射。自然水体中由于湍流的存在，光在传播时会持续发生折射现象。湍流指具有无规律及紊乱特征的水运动，水温、盐度等参数变化造成折射率动态实时变化，对光通信系统、激光雷达、水光学传感等的目标指向产生严重的影响。海水湍流也会引起辐照度变化，即光强闪烁，导致接收到的光信号衰减到可检测的强度阈值以下，从而降低无线光通信系统和激光雷达性能，继而给测量带来巨大偏差。因此，深入研究水体中

湍流对光的折射作用，对光的水下传播具有十分重要的意义。

　　湍流折射率谱能够基本描述海水湍流的光学特性。由于处于湍流状态的流体运动是随机无规律的，所以通常采用统计数学方法来描述海洋湍流。2000 年，Nikishov 等[68]建立了同时包含温度和盐度变化的海水湍流折射率变化空间功率谱的数学解析模型，广泛地运用于研究光波在各向同性、均匀、稳定分层的海水湍流介质中的传输特性。

1.6　跨介质涉水环境中光的反射与折射

　　光的跨介质反射和折射是光线从一种介质传播到另一种介质时发生的现象，分别对应光线碰到边界时一部分光线反射回原介质和一部分光线进入新的介质并改变传播方向。

　　"一道残阳铺水中，半江瑟瑟半江红"，我国唐代诗人白居易浪漫、生动地描绘了光的反射和色散现象；"潭清疑水浅，荷动知鱼散"，唐代储光羲则生动描绘了光的折射现象。1704 年，牛顿(Newton)出版了他的第二部科学巨著《光学》(Opticks)[27]，在这部划时代的著作中，牛顿通过棱镜和凸镜详细分析了光的折射现象。

1.6.1　水面的光谱反射特性

　　水面的光谱反射特性是指水体对入射光不同波长的反射能力。水面的反射特性受多种因素影响，包括入射光的波长、光的入射角度、水体的浊度、颜色和表面状况等。水体对不同波长的光有不同的反射率，在可见光谱范围内，蓝光和绿光较少被吸收，更容易反射，因此水体呈现蓝绿色。红光和近红外光在水中被吸收较多，反射较少。水体的反射特性还与光线的入射角度有关，当光线垂直入射时，反射最弱；当光线接近水面平行入射时，反射最强。这也是为什么在入射角度较小的情况下，如斜阳时，水面反射的光线更为明显。水体中的悬浮物质和溶解物质可以影响水的浊度，浊度升高，水体对光的吸收和散射增加，反射率减小。水面的粗糙度和波浪情况也会影响反射特性。在风平浪静的情况下，水面较为平整，反射率较大；风大浪急时，水面的粗糙度增加，光线在水面上散射，减小反射率。光照条件的变化也会影响水体的反射特性。例如，天空云量多的时候，入射光的强度会降低，使水面的反射率变化。

　　在可见光谱范围(波长 400～700nm)内，水的反射特性如下。

　　(1) 蓝光(400～500nm)：蓝光在水中的传播距离较长，因为水对蓝光的吸收相对较少，因此蓝光在水面上的反射率较大，水呈现蓝色。

(2) 绿光(500～600nm)：绿光在水中的传播能力也较好，水体对绿光的吸收相对较少，因此绿光的反射率也较大，这是许多湖泊和海洋呈现绿色的原因。

(3) 红光(600～700nm)：红光在水中被吸收得相对较多，因此在水面上的反射率较小。这解释了为什么深水体看起来较暗，是因为大部分红光被吸收了。

(4) 近红外光(700～1100nm)：近红外光在水中被吸收得相对较多，因此在水面上的反射率也较小。

1.6.2 冰雪的光谱反射特性

冰雪的光谱反射特性是指冰雪对入射光不同波长的反射能力。冰雪是一种具有高度反射性的地表覆盖物，其光学特性受多种因素的影响，包括波长、入射角度、晶体结构、粗糙度及雪的物理状态等。冰雪在可见光和近红外光谱范围内通常表现出高反射率。在可见光谱范围内，冰雪对蓝光和绿光的反射率较大，因此呈现明亮的白色；对于红光和近红外光，冰雪的反射率较小，因此看起来较暗。冰晶体的各向异性指的是它在不同方向上的光学性质不同。例如，冰晶体在平行于光线传播方向的平面上具有不同的折射率，而在垂直于光线传播方向的平面上具有相同的折射率。这使冰晶体具有双折射现象，即使在无色光下，冰雪也可能呈现出彩虹色。雪晶的晶体结构和形状会影响其光学特性，不同的晶体结构会使光线在雪晶内部的散射和折射发生变化，影响其反射率和透射率。雪的粒径和密度也是影响反射特性的重要因素，大颗粒的雪可能会更强烈地散射光线，从而增加反射率；密实的雪层可能会使光线在雪层内部多次散射，增加光的透射率，降低反射率。入射角度也会影响冰雪的反射率，入射角度越小，反射率越大，这是冬季早晨和傍晚太阳较低时冰雪看起来更亮的原因。

冰雪的光谱反射特性在遥感技术中得到了广泛应用。使用多光谱和高光谱遥感数据，可以监测冰雪的分布、厚度、老化状态、季节变化等，在气候变化、自然灾害预警、水资源管理和环境保护等方面具有重要意义。

1.6.3 水面的光学特性

水面的光学特性包括光线在水体中传播和相互作用的过程，涵盖了折射、反射、吸收、散射等现象。这些光学特性对于理解水体的组成、性质、质量及生态系统等方面具有重要意义。

海洋或湖泊上空大气中的大部分太阳光抵达水面，一部分会被水面反射到大气中，剩余部分折射进入水中。进入水中的光子有时也会从水下碰撞气-水交界面，其中一些光子穿过水面返回大气，另一部分再次反射回水中。当气-水交界面是一个水平面时，光子穿透水面时发生反射和折射现象，严格遵守几何光学法则。气-水交界面将空间分成了折射率为 n_a 的大气和折射率实部为 n_w 的水体，n_a 近似值为 1，n_w 近似值为 1.34。入射光波长为 589.3nm 时，不同盐度和温度条件下水的折射率见表 1.6。

表 1.6　不同盐度和温度条件下水的折射率

盐度/%	温度			
	0℃	10℃	20℃	30℃
0.0	1.3400	1.3360	1.3298	1.3194
0.5	1.3498	1.3463	1.3390	1.3284
1.0	1.3400	1.3557	1.3482	1.3374
1.5	1.3695	1.3652	1.3572	1.3464
2.0	1.3793	1.3746	1.3665	1.3554
2.5	1.3892	1.3840	1.3757	1.3644
3.0	1.3990	1.3934	1.3849	1.3734
3.5	1.4088	1.4028	1.3940	1.3824
4.0	1.4186	1.4123	1.4032	1.3914

光线从空气入射到水中，遵循菲涅耳定律。入射光线、反射光线和折射光线各自与法线形成的夹角分别为 θ_i、θ_r 和 θ_t。入射光线与反射光线的方向根据反射定律，有 $\theta_i=\theta_r$。入射光线与折射光线的方向由斯涅尔定律约束，$n_1\sin\theta_i=n_2\sin\theta_r$。

不同入射角度的光线从大气入射到水和从水入射到大气的反射系数如图 1.21 所示。当入射角度≤30°时，无论是由大气入射还是由水体入射的光线，反射率都在 0.02～0.03。当光线从大气入射到水中，入射角度等于布儒斯特角时，p 光反射率为 0，即完全折射，s 光部分反射；当入射角度大于布儒斯特角时，反射率逐渐快速增大。当光线从水入射到大气中，入射角度≥48°(临界角)时，光线无法穿透气-水交界面进入大气。因此，对于入射到水中的光或者从水下发出的光，相对而言难以"逃离"水体[69]。

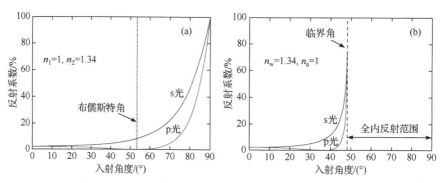

图 1.21　不同入射角度的光线从大气入射到水(a)和从水入射到大气(b)的反射系数

1.7 光对水的非线性作用

光与水的物质相互作用过程中,当光强小于水体的击穿阈值时,光与水的相互作用会产生受激拉曼散射、振动散射和布里渊散射等非线性过程。当光强大于水体的击穿阈值后,多光子激发、逆轫致吸收及电子碰撞雪崩电离会将水体击穿,产生等离子体辐射。水下光学击穿现象的实验研究始于 1968 年,巴恩斯(Barnes)等[70]首先观察到水下激光诱导的等离子体闪光现象。不同水质的吸收系数 a、散射系数 b 和衰减系数 c 见表 1.7。

表 1.7 不同水质的吸收系数、散射系数和衰减系数

水质类型	a/m^{-1}	b/m^{-1}	c/m^{-1}
纯海水	0.0405	0.0025	0.043
纯净水	0.114	0.037	0.151
近岸海水	0.179	0.219	0.298
海港海水	0.266	1.824	2.190

在实验研究中,判断激光是否使液体产生击穿通常有两种标准:对于激光脉冲宽度为纳秒至皮秒量级的激光,以等离子体闪光作为标志;对于脉宽为皮秒至飞秒量级的激光,由于闪光现象已经弱化到无法直接用肉眼观察,通常以产生空泡为判别依据。空泡空化现象是激光击穿液态物质时伴随的物理现象之一。通常,激光诱导等离子体具有非常高的温度,在水体中会使激光焦点附近的水体汽化。因此,激光诱导等离子体膨胀时对其周围介质做功,其动能就会转变成空化气泡的势能。随着空化气泡不断膨胀,气泡内的温度与压力下降,直到气泡内压力小于外围的水压。此后,在外围水压作用下,气泡开始收缩,使得气泡中的压力和温度达到与激光击穿时压力和温度相当的程度。随后受压气泡将再次膨胀、收缩,像阻尼振子一样,膨胀收缩数次,直至所有能量都被消耗掉,气泡最终消失。如果气泡周围存在固体壁面,则气泡在溃灭阶段还将产生高速射流或逆射流现象。另外,在水中凹形固体表面进行纳秒级激光击穿与在平面或凸面附近产生主空化气泡不同,凹面使发散的冲击波再次聚焦,并在声学焦点附近引起二次空化。

不同脉冲宽度激光与水的相互作用过程区别很大。飞秒激光脉冲与水的初始强非线性相互作用过程中,会产生致密的热电子等离子体;皮秒脉冲会使电子和分子发生热化,使水进入一个极端过热的阶段;纳秒脉冲会产生水蒸气的剧烈超音速膨胀,这反过来推动了周围介质中冲击波的形成。因此,研究激光与水的物

质相互作用机理中的非线性过程，在水下激光切割、焊接、熔覆等激光工业领域和激光临床医学领域具有十分重要的意义。

基于光对水的非线性作用研究，已经发现飞秒激光可用于诱导人工降雨、云通道清理、诱导形成水凝物等。Kolesik 等[71]建立了粒子对飞秒激光传输影响的模型。在实验室研究发现，超短脉冲激光光丝与粒径 95μm 的水滴作用后能够继续传输[72]。在激光医学领域，光致空化效应在激光眼科手术和泌尿科手术中的正、负面影响已引起了人们的足够关注。眼睛的玻璃体是一种高度水合的透明凝胶，水含量超过 98%。随着年龄的增长或近视，玻璃体凝胶会逐渐液化，患者眼前开始出现"漂浮物"，俗称飞蚊症，对视力和生活质量有负面影响。科学家使用纳秒激光诱导纳米气泡，以机械方式破坏兔子眼球标本玻璃体中的浑浊物，为找到眼睛玻璃体的安全使用脉冲激光铺平道路。

1.8　水色、海色和透明度

1.8.1　水色

水色是指水体表面呈现的颜色特征。水色是由水体中的溶解性有机物、颗粒物、浮游生物和光学特性等因素决定的。水的颜色受多种因素的影响，包括水质、溶解物质、浮游生物、水深和光照条件等。不同类型的水体，如海洋、湖泊、河流和池塘，会因水质和环境条件的不同而呈现各种颜色。水体的颜色可以反映水质和环境变化，对于环境监测和水质评估具有重要意义。在水色遥感中，利用遥感技术获取水体表面的颜色信息，可以实现大范围水体的水色监测。

一般情况下，清澈无污染的水体呈现蓝色或绿蓝色。这是因为水吸收了红光、橙光和黄光，反射和散射了蓝光、绿光。当水中存在大量的悬浮物、泥沙、藻类或其他生物时，水的颜色会发生变化。例如，当水中有大量的悬浮颗粒物时，水的颜色可能变为浑浊的棕色或灰色；当水中有大量的藻类或浮游生物时，水的颜色可能变为绿色或蓝绿色。此外，水深和光照条件也会影响水的颜色。在浅水区，阳光可以透过水体并反射到海底，使水呈现浅蓝色或碧绿色；在深水区，由于光线的吸收和散射，水的颜色可能变得更深、更暗。

1.8.2　海色

海色是指海洋表面的颜色特征。海色是海洋中的水质、颗粒物、溶解有机物、浮游生物、地形和光学特性等因素决定的，不同海域会因地理位置、水质和环境条件的不同而呈现各种颜色。海色的变化对于了解海洋环境和生态系统具有重要意义。根据海色特征，可以判断海水的透明度、水体的营养状况、浮游植物和浮游动物的分布，以及海洋生态系统的健康状况。

在清澈透明的海洋中，由于光线在水中传播，海色为蓝色或青绿色。水分子吸收红外光，使得可见光中的蓝色和绿色成分相对较多，呈现蓝色或青绿色的特征。这种海色通常出现在远离陆地的开阔海域。含有大量藻类或悬浮颗粒物的海域会呈现绿色或深绿色，这通常表示海洋富营养化，有较多的浮游植物或颗粒物。含有大量溶解性有机物或悬浮颗粒物的海域会呈现棕色或浑浊的颜色，这通常是大量河流输入、悬浮物搬运或沉积造成的。含有大量藻类或浮游生物的海域会呈现红色或棕红色，这通常表示海洋出现藻类暗潮或浮游生物大量繁殖的现象。

世界上有四个海以海色命名，即红海、黄海、黑海和白海。海色是指岸边或者船上的观察者看到的海洋颜色，由海水表面反射光谱和海洋的向上辐照度光谱组成。由于反射光谱中对天空的反射光占很大一部分，因此常常会因天空颜色和海面状况的变化而变化。

1.8.3 透明度

水的透明度是指光线在水中传播时的能见程度，也可以理解为水体对光的穿透性。透明度越高，表示水体中的物质较少，光线能够更好地穿透，使水看起来更清澈。水的透明度受到多种因素的影响，包括水质、溶解物质、悬浮物、藻类、浮游生物和污染物等。当水质良好、无污染时，透明度通常较高。相反，当水中存在大量的悬浮物、泥沙、藻类或其他生物时，透明度会降低，使水变得浑浊。

透明度的测量通常使用透明度计或海水透明度盘(塞奇盘，Secchi disk)进行。透明度计通过测量光线穿过水体的深度来确定透明度。海水透明度盘则是一种圆盘，将其下沉至水中，其消失时所在的深度即为透明度。透明度是水质的重要指标，对水生生物的生存和繁衍具有重要影响。高透明度的水体能够提供更好的光照条件，促进水生植物的光合作用和水生动物的视觉感知。此外，透明度对潜水活动、水上运动和水下观察等有重要意义。

我国近海的海水透明度因地理位置和环境条件的差异而有所不同，包括沿岸地形、潮汐和海流、陆源输入、气候条件等。总体而言，在远离海岸的区域，海水透明度较高。

需要注意的是，海水透明度会受到陆源输入和海洋环境污染的影响。河流输入、颗粒物、有机物、藻类和人类活动带来的污染物等都会对海水的透明度产生一定影响，使海水变得浑浊。我国近海的海水透明度在不同海域和季节之间存在一定的变化，一些海域具有较高的透明度，其他一些沿岸海域可能受到陆源输入和人类活动的影响而透明度较低。准确的透明度数据可以参考相关的科学研究、海洋观测数据或当地海洋管理机构提供的报告和信息。

大海的颜色是海面反射光和海水散射光的颜色决定的。赤道附近海域呈现深蓝色或靛蓝色是因为该区域生物生产力较小，一方面水分子对短波长的蓝光散射强度大于长波长的红光，另一方面太阳光中的红光到黄光极易被海水吸收，主要剩余蓝光继续被海水散射。在高纬度和沿岸海域，海水中存在大量浮游植物，植物中的叶绿素吸收红光和蓝光，海水呈现绿色。沿岸海域由于陆地植物分解产生浅黄色物质而呈现淡绿色，由于河流汇入带来大量泥沙等无机物，海水甚至呈现黄色。另外，海水的颜色也与海水深度有关。通常，海水浅的地方，短波长的光被散射较少，海水呈绿色；海水深的地方，短波长的光被散射较多，海水呈现深蓝色。

光与水的物质相互作用与跨介质传播机理的研究，在分析水的固有光学特性和表观光学特性基础上，涵盖了光在同一种均匀透明介质及两种介质分界面上的传播规律，从单一场景发展到跨域场景，能够为后续涉水视觉处理与分析奠定基础。

参 考 文 献

[1] 中华人民共和国中央人民政府.中国概况[EB/OL]. [2024-12-12]. https://www.gov.cn/guoqing/index.htm.

[2] 李学龙. 临地安防[J]. 中国计算机学会通讯, 2022, 18(11): 44-52.

[3] DUNTLEY S Q. Light in the sea[J]. Journal of the Optical Society of America, 1963, 53(2): 214-233.

[4] O'CONNOR J J, ROBERTSON E F. Thales of Miletus. MacTutor history of mathematics archive[D]. Scotland: University of St. Andrews, 2013.

[5] BOYER C B. A Short History of Mathematics[M]. Boston: Houghton, Mifflin Company, 1958.

[6] VENN J A. Alumni Cantabrigienses[M]. Cambridge: Cambridge University Press, 1922.

[7] RUSSELL C. Michael Faraday: Physics and Faith[M]. New York: Oxford University Press, 2000.

[8] FEINSTEIN S. Louis Pasteur: The Father of Microbiology[M]. New York: Enslow Publishers, 2008.

[9] BRUMBAUGH R S. The Philosophers of Greece[M]. New York: Thomas Y. Crowell Company, 1964.

[10] ALLAN D, SCHOFIELD R. Stephen Hales, scientist and philanthropist[J]. The Johns Hopkins University Press, 1983, 16(3): 352-353.

[11] GOLDBERG E. Forchhammer, Johan Georg[M]//GILLISPIE C C. Dictionary of Scientific Biography. Vol. 5. New York: Charles Scribner's Sons, 1978.

[12] ELSTRODT J. The life and work of Gustav Lejeune Dirichlet (1805—1859)[J]. Clay Mathematics Proceedings, 2007, 7: 1-37.

[13] THOMSEN H. Martin Knudsen. 1871—1949[J]. Ices Journal of Marine Science, 1950, 16(2): 155-159.

[14] ABRAMS I. The Nobel Peace Prize and the Laureates: An Illustrated Biographical History 1901—2001[M]. Nantucket: Watson Publishing International, 2001.

[15] 邹波涛, 颜色理论之争的背后: 从 "原型" 视角看歌德的自然哲学[J]. 自然辩证法研究, 2004, 20(7): 1-5.

[16] 钱树高. 阿基米德利用太阳拯救过叙拉古城吗? [J/OL]. (1995-05-27) [2024-12-12]. https://worldscience.cn/c/1995-05-27/632275.shtml?utm_source=chatgpt.com.

[17] 刘睿著. 智慧的觉醒[M]. 北京: 中国友谊出版公司, 2021.

[18] 维特鲁威. 建筑十书[M]. (美)罗兰, 英译. (美)豪, 注、绘. 陈平, 中译. 北京: 北京大学出版社, 2012.

[19] 杨俊光.《墨经》研究[M]. 南京: 南京大学出版社, 2002.

[20] MACHAMER P, MILLER D M. Galileo Galilei[M]//ZALTA E N, NODELMAN U. Stanford Encyclopedia of Philosophy. Palo Alto: Stanford University, 2021.

[21] MCDONOUGH J K. Descartes' Dioptrics[M]//NOLAN L. The Cambridge Descartes Lexicon. Cambridge: Cambridge University Press, 2010.

[22] HUYGENS C. Treatise on Light: In Which Are Explained the Causes of That Which Occurs in Reflexion, & in Refraction. And Particularly in the Strange Refraction of Iceland Crystal[M]. London: MacMillan and Company, 1912.

[23] GEST H. The discovery of microorganisms by Robert Hooke and Antoni van Leeuwenhoek, fellows of the Royal Society[J]. Notes and records of the Royal Society of London, 2004, 58(2): 187-201.

[24] 高鹏. 从量子到宇宙: 颠覆人类认知的科学之旅[M]. 北京: 清华大学出版社, 2017.

[25] FRAUNHOFER J. New modification of light by the mutual influence and the diffraction of [light] rays, and the laws thereof[J]. Memoirs of the Royal Academy of Science in Munich, 1821, 8: 3-76.

[26] FARA P. Newton shows the light: a commentary on Newton (1672) 'A letter … containing his new theory about light and colours…'[J]. Philosophical Transactions of the Royal Society A: Mathematical, Physical and Engineering Sciences, 2015, 373(2039): 20140213.

[27] NEWTON I. Opticks, or, a Treatise of the Reflections, Refractions, Inflections & Colours of Light[M]. North Chelmsford: Courier Corporation, 1704.

[28] HUYGENS C, YOUNG T, FRESNEL A. The Wave Theory of Light[M]. New York: American Book Company, 1900.

[29] YOUNG T. Experiments and calculations relative to physical optics[J]. Philosophical Transactions, 1804, 94: 639-648.

[30] FRESNEL A. Mémoire sur la diffraction de la lumière[J]. Mémoires de l'Académie des sciences de l'Institut de France, 1818, 5: 339-475.

[31] MAXWELL J C. On a method of making a direct comparison of electrostatic with electromagnetice force; with a note on the electromagnetic theory of light[J]. Proceedings of the Royal Society of London, 1868(16): 449-450.

[32] 吴寒松. 史上著名的物理实验: 赫兹的电磁波实验[J]. 物理之友, 2015, 31(10): 48.

[33] COMPTON A H. A quantum theory of the scattering of X-rays by light elements[J]. Physical Review, 1923, 21(5): 483.

[34] DE BROGLIE L. Recherches sur la théorie des quanta[D]. Migration-université en cours d'affectation, 1924.

[35] HEISENBERG W. Über den anschaulichen Inhalt der quantentheoretischen Kinematik und Mechanik[J]. Zeitschrift für Physik, 1927, 43(3): 172-198.

[36] PLANCK M. On the law of distribution of energy in the normal spectrum[J]. Annalen der Physik, 1901, 4(553): 1-6.

[37] EINSTEIN A. Über einen die Erzeugung und Verwandlung des Lichtes betreffenden heuristischen Gesichtspunkt[J]. Annalen der Physik, 322(6): 1-196.

[38] KAO K C, HOCKHAM G A. Dielectric-fibre surface waveguides for optical frequencies[J]. Proceedings of the Institution of Electrical Engineers, 1966, 113(7): 1151-1158.

[39] 康宁公司. 光纤创新[EB/OL]. (2023-11-07) [2024-12-12]. https://www.corning.com/optical-communications/cn/zh/home/products/fiber/optical-fiber-innovation.html.

[40] 吕吉尔. 查尔斯·H·汤斯(1915—2015)[J/OL]. 世界科学, 2015, (5), https://worldscience.cn/qk/2015/5y/kxrw/584016. shtml.

[41] 冯诗齐. 创造光的奇迹: 激光器问世前的幕后故事[J/OL]. 世界科学, 2012, (5), [2024-12-12]. https://

worldscience.cn/c/2012-05-05/585632.shtml.

[42] 王兆昱. 红宝石 "激发" 中国之光[N]. 中国科学报, 2024-09-11(004).

[43] MOREL A. In-water and remote measurements of ocean color[J]. Boundary Layer Meteorol, 1980, 18: 177-201.

[44] BUNSEN R. Physikalische beobachtungen über die hauptsächlichsten geisir islands[J]. Annalen der Physik, 1847, 148: 159-170.

[45] RAMAN C A. A change of wave-length in light scattering[J]. Nature, 1928, 121: 619.

[46] KALLE K. Zum problem der meereswasser farbe[J]. Annalen der Hydrographie und Maritimen Meteorologie, 1938, 41: 1-13.

[47] SMITH R C, BAKER K S. Optical properties of the clearest natural waters (200-800nm)[J]. Applied Optics, 1981, 20: 177-184.

[48] ZANEVELD J R, PEGAU W. Temperature-dependent absorption of water in the red and near-infrared portions of the spectrum[J]. Limnology and Oceanography, 1993, 38: 188-192.

[49] MOREL A, SMITH R C. Relation between total quanta and total energy for aquatic photosynthesis[J]. Limnology and Oceanography, 1974, 19: 591-600.

[50] PISKOZUB J, STRAMSKI D, TERRILL E, et al. Influence of forward and multiple light scatter on the measurement of beam attenuation in highly scattering marine environments[J]. Applied Optics, 2004, 43: 4723-4731.

[51] VOSS K J. Use of the radiance distribution to measure the optical absorption coeffcient in the ocean[J]. Limnology and Oceanography, 1989, 34: 1614-1622.

[52] ATKINS W, POOLE H. Cube photometer measurements of the angular distribution of submarine daylight and the total submarine illumination[J]. ICES Journal of Marine Science, 1958, 23: 327-336.

[53] YENTSCH C S, RYTHER J. Absorption curves of acetone extracts of deep water particulate matter[J]. Deep Sea Research, 1959, 6: 72-74.

[54] YENTSCH C S. The influence of phytoplankton pigments on the colour of sea water[J]. Deep Sea Research, 1960, 7: 1-9.

[55] BRICAUD A, MOREL A, BABIN M, et al. Variations of light absorption by suspended particles with chlorophyll a concentration in oceanic (case 1) waters: Analysis and implications for bio-optical models[J]. Journal of Geophysical Research, 1998, 103: 31033-31044.

[56] BRICAUD A, BABIN M, MOREL A, et al. Variability in the chlorophyll-specific absorption coeffcients of natural phytoplankton: Analysis and parameterization[J]. Journal of Geophysical Research: Oceans, 1995, 100: 13321-13332.

[57] PETZOLD T J. Volume scattering functions for selected ocean waters[R]. La Jolla: Scripps Institution of Oceanography, 2007.

[58] EINSTEIN A. Über die von der molekularkinetischen theorie der wärme geforderte bewegung von in ruhenden flüssigkeiten suspendierten teilchen[J]. Annalen der Physik, 1905, 322: 549-560.

[59] VON S M. Zur kinetischen theorie der brownschen molekularbewegung und der suspensionen[J]. Annals of Physics, 1906, 326: 756-780.

[60] MIE G. Beiträge zur optik trüber medien, speziell kolloidaler metallösungen[J]. Annals of Physics, 1908, 330: 377-445.

[61] CHANG G, WHITMIRE A L. Effects of bulk particle characteristics on backscattering and optical closure[J]. Optics Express, 2009, 17: 2132-2142.

[62] HODKINSON J, GREENLEAVES I. Computations of light-scattering and extinction by spheres according to

diffraction and geometrical optics, and some comparisons with the mie theory[J]. Journal of the Optical Society of America, 1963, 53: 577-588.

[63] HULST H C, VAN DE HULST H C. Light Scattering by Small Particles[M]. New York: John Wiley and Sons, 1981.

[64] DEIRMENDJIAN D. Electromagnetic Scattering on Spherical Polydispersions[M]. Santa Monica: RAND Corporation, 1969.

[65] CHILTON F, JONES D D, TALLEY W K. Imaging properties of light scattered by the sea[J]. Journal of the Optical Society of America, 1969, 59: 891-898.

[66] FRY E S, EMERY Y, QUAN X, et al. Accuracy limitations on brillouin lidar measurements of temperature and sound speed in the ocean[J]. Applied Optics, 1997, 36: 6887-6894.

[67] QUAN X, FRY E S. Empirical equation for the index of refraction of seawater[J]. Applied Optics, 1995, 34: 3477-3480.

[68] NIKISHOV V V, NIKISHOV V I. Spectrum of turbulent fluctuations of the sea-water refraction index[J]. International Journal of Fluid Mechanics Research, 2000, 27(1): 82-98.

[69] KENYON K E. Wave refraction in ocean currents[J]. Deep Sea Research and Oceanographic Abstracts, 1971, 18(10): 1023-1034.

[70] BARNES P A, RIECKHOFF K E. Laser induced underwater sparks[J]. Applied Physics Letters, 1968, 13(8): 282-284.

[71] KOLESIK M, MOLONEY J V. Self-healing femtosecond light filaments[J]. Optics Letters, 2004, 29(6): 590-592.

[72] COURVOISIER F, BOUTOU V, KASPARIAN J, et al. Ultraintense light filaments transmitted through clouds[J]. Applied Physics Letters, 2003, 83(2): 213-215.

第 2 章　几何光学及成像定律

2.1　几何光学的基本概念和基本定律

2.1.1　几何光学的基本概念

在可见光谱范围内，不同波长的颜色不同。单色光是指具有单一波长(频率)的光线或光波。在光谱学中，光线可以分解为不同波长的成分，单色光是由一种特定波长的光组成的。这种光线可以是某种光源(如激光器或单色光源)产生的，也可以是经过滤波器等光学元件选择的特定波长的光。

几何光学是光学的一个分支，主要关注光线的传播和反射，忽略了光的波动性质，适用于光线传播距离相对较短、光线角度较小的情况。

1. 光源

在物理光学中，光源指的是发出或产生光的物体、装置或过程。与几何光学不同，物理光学考虑了光的波动性质，涉及更复杂的光与物质相互作用、干涉、衍射、偏振等现象。

在几何光学中，光源是指产生光线的物体或装置，可以是自发的辐射光，或者是反射、散射、透射其他光源的光线。光源是光学问题一个重要的起点，其特性和性质会影响光线的传播和行为。

2. 光线

在物理光学中，光线仍然是一个重要的概念，但与几何光学不同，物理光学更加注重光的波动性质和粒子性质。光线在物理光学中可以被视为一组波峰和波谷，用来描述光的传播、干涉、衍射和偏振等现象。

在几何光学中，光线是用来表示光传播路径的一条虚拟线段，有助于描述光在直线传播、反射和折射时的行为。几何光学是一种简化的光学模型，假设光线是直线。利用几何光学的发光点和光线的概念，能够把复杂的能量传输和光学成像问题，转换为简单的几何运算。

3. 波面

在物理光学中，波面是光波传播过程中表示波阵面或波前的概念。波面是垂直于波传播方向的一组点，这些点在同一时刻具有相同的相位。波面的形状和位置描述了光波的传播状态和性质。

在几何光学中，波面是用来描述光传播状态的一个概念，与物理光学中的波面概念不同，它更加简化和近似。在几何光学中，波面被视为一组垂直于光传播方向的等相位面，用来表示光线在传播过程中的状态。

4. 光束

在物理光学中，光束是指一组平行或近似平行的光线，它们在同一方向上传播，具有相同的相位和波前特性。光束是对光线传播的一种整体描述，用来分析和描述光的传播、聚焦、成像，以及与物质相互作用的行为。

在几何光学中，光束是一组平行或近似平行的光线，它们在同一方向上传播，并被视为一个整体来分析光的传播、反射、折射和成像等问题。几何光学是一种近似模型，假设光线是直线，不考虑光的波动性质，因此光束在这种模型下可以被简化为平行传播的光线组合。

2.1.2　几何光学的基本定律

几何光学是研究光线在光学系统中传播和反射的分支学科，建立在光线近似和无穷小假设的基础上，用几何方法来描述光的传播路径和形成的像。几何光学的基本定律是描述光线传播和反射规律的核心原则，对于理解光的行为及光学系统的设计和分析具有重要意义。

光的传播可以归结为三个实验定律：直线传播定律、反射定律和折射定律。入射光线、反射光线和折射光线与界面法线在同一平面内，形成的夹角分别称为入射角、反射角和折射角。光直线传播、反射和折射如图 2.1 所示。

图 2.1　光直线传播、反射和折射示意图

　　光的直线传播定律是几何光学的基本原理之一，描述了光在均匀介质中沿直线路径传播的行为。光的直线传播定律可以简要地表述为：在均匀介质中，光线传播的路径是一条直线。这意味着在没有外界干扰的情况下，光线会沿着一条笔直的路径传播，不会发生自发的弯曲或弯折。光的直线传播定律适用于均匀、各向同性的介质，这意味着介质在不同方向上的性质是相同的。在这样的介质中，光线在不受外界力作用的情况下会沿直线传播。当光线从一个介质传播到另一个介质，或者遇到界面、透镜等光学元件时，就可能会发生折射、反射等现象，需要考虑用其他定律和规则来描述。

　　反射定律是几何光学中最基本的定律之一，描述了光线在光滑表面上的反射行为。光的反射定律可以简要地表述为入射角等于反射角。具体地说，入射光线、反射光线和法线(垂直于反射面的线)在同一平面内，入射角(入射光线与法线的夹角)等于反射角(反射光线与法线的夹角)。这意味着光线在反射时会保持入射角和反射角相等的关系。

　　折射定律描述了光线从一种介质射入另一种介质时的折射行为。根据斯涅尔定律，入射光线、折射光线和法线在同一平面内，入射角与折射角之间的正弦比与两种介质的折射率之比保持恒定。这一定律解释了为什么光线穿过界面时会发生偏折，也是透镜和棱镜等光学元件工作原理的基础。

　　费马定律也被称为费马原理或费马最短时间原理，最早由法国科学家费马(Fermat)在 1662 年提出，光传播的路径是光程取极值的路径[1]。费马定律表述了光线传播的最短时间路径原则，即光线在两点之间传播的路径是所用时间最短的路径。费马定律可以简要地表述为：光线从一个点传播到另一个点时，它会选择一条路径，使得沿这条路径的传播时间最短。这就意味着在光学系统中，光线在两个点之间传播的路径是满足最短时间原则的路径。

2.2　理想光学系统

2.2.1　理想光学系统的概念

　　光学系统大多用于对物体成像，未经严格设计的光学系统只有在近轴区域才能成完善像。实际光学系统要求对一定大小的物体，以一定宽度的光束成近似完善的像。为了估计实际光学系统成像质量是否符合完善成像条件，需要建立一个模型，使其满足物空间的同心光束，经系统后仍为同心光束，或者说物空间一点通过系统成像后仍为一点，称这个模型为理想光学系统。

　　理想光学系统理论在 1841 年由高斯(Gauss)提出，1893 年阿贝(Abbe)进一步发展了理想光学系统理论[2]。由于计算理想光学系统各个参量之间的关系常为一阶线性方程,因此也称其为"一阶光学",理想光学系统理论也称为"高斯光学"。

2.2.2　理想光学系统的物空间和像空间

在几何光学中,物空间和像空间用于描述光线在光学系统中传播和成像的过程,分别代表物体和图像在光学系统中的位置、大小和特性。

物空间是指光学系统中物体的实际位置和特性构成的空间范围。在物空间中,考虑物体的大小、形状、方向和位置等因素。物体发出的光线经过透镜、反射镜等光学元件的作用,沿着直线传播,并最终聚焦在像平面上,形成一个倒立的、实际大小的图像。物空间中物体和光线的特性决定了成像系统的参数和性能,如焦距、视场角、放大倍数等。

像空间是指光学系统中图像形成位置和特性构成的空间范围。当光线聚焦在像平面上时,可以观察到在该平面上形成的图像。这个图像是物体的光信息在成像系统中的投影,通常是倒立的,并且大小与物体的实际大小成正比。像空间中的图像包含了物体的几何信息,但忽略了光的波动性和衍射效应,因此是在几何光学框架下得到的近似结果。

在物空间和像空间之间,存在着成像过程中的关键关系,称为像差方程。这个方程描述了物体和图像之间的几何关系,涉及物体距离、像距离、焦距和像差等参数。通过解像差方程,可以确定透镜的位置和参数,以实现所需的成像效果。像差方程的分析和优化是几何光学中的重要任务,能够帮助人们预测和控制图像的质量和特性。

在实际应用中,物空间和像空间的关系是成像系统设计和分析的基础。通过精确地描述物体在物空间中的位置和特性,可以推导出图像在像空间中的形成规律,从而指导成像系统的优化和调整。例如,通过调整透镜的曲率和位置,可以改变光线的传播路径,进而影响图像的大小和焦点位置。同时,分析物空间和像空间还可以帮助理解成像系统的局限性和误差来源,从而提出相应的校正措施和改进方法。

2.2.3　透镜

1. 透镜的概念

透镜是一种广泛用于光学系统的装置,主要功能是对光线进行聚焦或分散。透镜通常由玻璃等透明材料制成,但在处理其他电磁辐射时,也会使用类似的装置,如微波透镜可以由石蜡等材料制成。放大镜、眼镜等都属于透镜的范畴,这些透镜一样具有聚焦和分散光线的作用。

透镜可分为两类:一类是中央较厚而边缘较薄的凸透镜,另一类是中央较薄而边缘较厚的凹透镜。当透镜的球面半径远小于其宽度时，称为薄透镜，薄透镜的几何中心称为透镜的光心。值得注意的是，透镜的形状不一定是固定的，使用特定材料制作可以改变形状的透镜，可以提高成像的清晰度和景深。此外，使用镜头组同样可以实现相同的效果，这类似于澳大利亚摄影师弗雷泽(Frazier)采取的方法，这种方法在提升成像清晰度和景深方面与改变透镜形状是等效的。

透镜作为光学系统中的核心元件之一，广泛应用在摄影、显微镜、望远镜等领域。它不仅可以改变光线的传播方向和焦点，还可以改善成像质量和景深，为科学研究、医疗诊断、工业制造等提供了强大的工具。应用不同形状和材料的透镜，能够创造出丰富多样的光学效果，满足各种应用需求。

2. 透镜的历史

我们今天熟知和佩戴的"耳挂式眼镜"起源于18世纪初，与以往的眼镜设计相比，早期的"耳挂式眼镜"或带有镜腿的眼镜具有独特的优点，采用鼻托和镜腿通过耳朵将眼镜稳固在特定位置。通常镜腿末端附有金属戒环，以提供更高的舒适度。1784年，富兰克林(Franklin)同时使用近焦镜片和远焦镜片发明了双光眼镜，是现代变焦镜片的前身，称为"富兰克林眼镜"[3]。

随着时间的推移，眼镜设计不断演进，逐渐适应了人们对视力矫正的不同需求。阿贝(Abbe)于1860年提出了阿贝正弦条件(Abbe sine condition)[4]，这一条件描述了透镜或其他光学系统在离开光轴区域上产生与光轴上一样清晰的影像必须满足的条件[5]。阿贝的贡献不仅体现在理论层面，还影响了光学仪器的实际设计。他革新了显微镜等光学仪器的构造，协助创立了卡尔·蔡斯(Carl Zeiss)公司。该公司不仅成为光学仪器的主要供应商，而且推动了光学仪器研究与发展的进程[6]。

这些历史性的事件展示了人类在光学领域的持续探索和创新，从古代维京人的水晶透镜到中世纪的眼镜[7]，再到阿贝的光学理论和仪器设计，这些成就为光学技术的发展铺平了道路，对今天现代光学理论和应用的繁荣发展产生了深远影响。

3. 透镜结构

球面透镜具有独特的构造特点，球面的曲率保持恒定，即透镜的前表面和后表面都是球形的一部分。每个表面可以是凸面(向外凸起)、凹面(向内凹陷)或者是平面(完全平坦)。球面透镜的光轴由连接透镜前后表面球心的直线组成，这条光轴几乎总是会经过透镜的物理中心，无论在何种情况下，这种排列都保持不变。与之不同的是，非球面透镜的曲率半径会随着中心轴的变化而变化。这种特性赋予了非球面透镜更为灵活的光学性能，使其能够更好地校正光学像差。具有更佳曲率半径的非球面透镜，可以在成像过程中实现更精确的像差修正，从而获得更高质量的图像。

透镜的设计和制造是光学系统中至关重要的环节。通过调整透镜的形状、曲率和材料，可以实现不同的光学效果，如聚焦、分散、放大等。球面透镜由于构造简单，在一些应用场景中仍然广泛使用。在需要更高级的光学性能时，如消除像差，非球面透镜能够根据特定需求设计表面的曲率，从而实现更为精细的光学修正和成像效果。

透镜的分类依据主要是基于两个光学表面的曲度。双凸透镜(或凸透镜)的两个表面都向外凸起，双凹透镜(或凹透镜)则指的是透镜的两个表面都呈现凹陷状态。当其中一个表面平坦的时候，透镜的分类则取决于另一个表面的曲度。如果透镜的一个表面凸起，而另一个表面凹陷，这种透镜被称为凸凹透镜，又常被称为新月透镜。

透镜的主光轴是连接两个表面中心的直线，也被称为主轴或光轴。透镜的中心被称为光心。对于双凸透镜或平凸透镜而言，一束经过校准或平行的光线以与光轴平行的方向通过透镜，会在透镜的后方聚焦于光轴上的一个点，该点被称为焦点，与透镜的一定距离为焦距。这种透镜被称为正透镜、凸透镜或会聚透镜。凸透镜由于能够将光线聚焦，因此在一些情况下可用于点燃火源。此外，许多设备中装有凸透镜，以形成物体放大的图像。

对于双凹透镜或平凹透镜，一束经过校准或平行的光线以与光轴平行的方向通过透镜，会在透镜的后方散开。这种透镜被称为负透镜、凹透镜或发散透镜。这种透镜后散开的光线，看起来就像是从透镜前方光轴上的一个点发射出来的，这个点也被称为焦点，与透镜的距离同样为焦距。与正透镜不同的是，凹透镜的焦距是负值。因其能够发散光线，凹透镜形成的图像通常较小，视野更广，常被用于制作近视眼镜。

对于凸凹透镜，会聚或发散光线取决于这两个表面的相对曲率。如果这两个曲面的曲率相等，则通过的光线既不会会聚也不会发散。透镜的这些特性取决于其形状和构造，为光学系统的不同需求提供了灵活的选择。

2.2.4　成像特点

物体到透镜光心的距离称为物距，物体经过透镜所成的像到透镜光心的距离称为像距。凸透镜与凹透镜的成像满足：

$$\frac{1}{u}+\frac{1}{v}=\frac{1}{f} \tag{2.1}$$

式中，u 为物距；v 为像距；f 为焦距。凸透镜成像规律如表 2.1 所示。

表 2.1 凸透镜成像规律

物距 u	像距 v	成像性质	凸透镜应用
$u>2f$	$f<v<2f$	倒立缩小	照相机、人眼
$u=2f$	$v=2f$	倒立等大	影印机
$f<u<2f$	$v>2f$	倒立放大	幻灯机、投影仪、放映机
$u=f$	$v=\infty$	不成像	灯塔、探照灯
$u<f$	$v>u$	正立放大的虚像	放大镜

2.3 光学系统的像差

光学系统的像差是光学领域中一个重要且复杂的概念，在光学系统的设计、优化和应用中具有关键作用。像差指的是光线在透镜、反射器等光学元件中传播时产生的图像与理想图像之间的差异。这种差异可能是光学元件的形状、曲率、折射率及制造和组装过程中的不完美引起的，进而影响图像的清晰度、准确性和质量。光学系统对单色光成像时产生单色像差，主要分为球面像差(球差)、彗形像差(彗差)、像散差(像散)、像面弯曲(场曲)和畸变。

2.3.1 球差

球差(spherical aberration)是光学系统中一种常见的像差，是球面透镜或反射器曲率不均匀引起的现象，导致不同位置的光线在焦平面上的聚焦位置不同。这会使得成像图像的中央区域和边缘区域出现不一致的焦点位置，从而影响图像的清晰度和质量[5]，如图 2.2 所示。

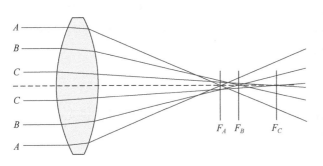

图 2.2 球差示意图

A、B、C 表示距离光轴中心不同距离平行入射到透镜的光线；F_A、F_B、F_C 表示不同位置的光线焦点

球差会导致中央光线和边缘光线在焦平面上形成不同的焦点位置，使得图像

的不同部分处于不同的焦距。球差会使图像出现模糊、扩散和失真,特别是在边缘区域。不同位置的光线聚焦位置差异会导致图像的细节无法清晰呈现,因此球差会降低系统的分辨率。另外,中央光线和边缘光线在焦平面上的聚焦位置差异会导致图像的中心和边缘区域在清晰度和细节上存在差异。

球差的产生主要是由于球面透镜或反射器的曲率不均匀和光线入射角的变化。边缘光线与透镜或反射器表面的交角较大,而中央光线与反射器表面的交角较小,导致折射角变化,从而影响光线的聚焦性质。球面透镜的曲率半径在透镜的每个点上都相同,但由于不同位置的光线入射角不同,其折射效果不同,从而聚焦位置不一致。球面透镜上的球面焦点位于透镜的光学中心,但实际成像通常在一个平面上进行,使中央光线和边缘光线在成像平面上产生不同的焦点位置。

为了减少或纠正球差,通常采取以下方法。①使用非球面透镜或反射器,其曲率半径不同于球面透镜,可以根据光线入射角度调整曲率,从而实现更一致的聚焦性质。②将多个透镜组合在一起,每个透镜负责矫正特定类型的像差,可以减少球差的影响。③在数字成像和图像处理中,可以使用数字矫正技术来减少球差对图像的影响,通过对图像进行后期处理来消除模糊和失真。④选择适当的光学材料和涂层,可以通过改变折射特性来抵消球差的影响。球差是轴上点唯一的单色像差。消球差系统一般只能使一个孔径(带)球差为零,通常对边缘孔径矫正球差。有的光学系统可以对两个孔径矫正球差,除了特殊的等光程面对特定光束呈完善像外,不能使所有孔径的球差同时为零。当边缘孔径的球差不为零时,光学系统球差有负值,球差存在时为"矫正不足",有正值球差存在时称为"矫正过头"。

2.3.2　彗差

彗差(coma),全称彗形像差,又称彗星像差,是光学系统中常见的一种像差,会导致图像中的点像散成呈彗星状的形状,类似彗星的尾巴,如图 2.3 所示。彗差是光线以斜角通过球面透镜或反射器时产生的,使得不同位置的光线在焦平面上聚焦位置不同。彗差导致焦平面上的点像不是准确的点,而是呈现一种从中心向边缘延伸的扇形或弯曲形状,类似彗星的尾巴。彗差使图像的边缘部分出现模糊和形状扭曲,影响图像的清晰度和准确性。

彗差的产生主要是由于光线以斜角入射球面透镜或反射器时,不同位置的光线经过透镜或反射器的不同位置,在焦平面上形成不同的焦点位置。当光线以斜角入射透镜或反射器时,不同位置的光线与透镜表面或反射器表面交角不同,折射或反射的路径不同,从而影响聚焦位置。球面透镜的曲率半径在不同位置上相同,但由于入射角变化,光线经过透镜时的折射不同,进而影响焦点位置。

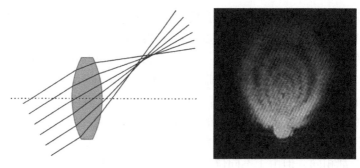

图 2.3 彗差

为了减少或纠正彗差,可以使用非球面透镜或反射器,根据光线入射角度来调整曲率。通过光学设计软件对系统进行优化,调整透镜或反射器的参数,以最小化或纠正彗差。通过组合多个透镜,可以部分抵消彼此的像差,从而减轻彗差的影响。在数字成像和图像处理中,使用数字矫正技术来纠正彗差对图像的影响,从而在后期处理中消除模糊和失真。

2.3.3 像散

像散(astigmatism)是一种大倾角的窄光束带来的单色像差,是五种初阶像差之一,由光学系统缺陷引起。在两个相互垂直的平面中传播的光线聚焦在不同的焦点,两个焦点之间产生的影像会变得模糊,如图 2.4 所示。

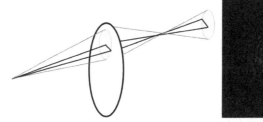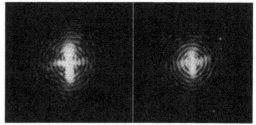

图 2.4 像散

第一个平面是切向平面,也称为子午平面,是主光轴与主光线所在的平面。第二个平面是弧矢平面,与子午平面垂直,并且与主光轴相交于入射光瞳。弧矢平面包含主光线,但不包含主光轴。存在像散时,子午平面中的光线与弧矢平面中的光线聚焦于不同的焦点,分别称为子午焦点与弧矢焦点。存在像散时,一个主光轴外点光源在子午焦点与弧矢焦点所成的像是一条小线段。

子午焦点上的像线段在弧矢平面内,即在弧矢平面方向无法合焦。一个在垂直于主光轴平面上的、以主光轴和该平面的交点为圆心的圆光源,在子午焦点上清晰。弧矢焦点上的像线段在子午平面内,即在子午平面方向无法合焦。一个在垂直于主光轴平面上的、以主光轴和该平面的交点为中心的发射线光源，在弧矢焦点上清晰。在两个焦点之间，所成的像是一个模糊的椭圆。存在像散时，最小弥散圆通常是最佳的、妥协的成像点。

2.3.4　场曲

场曲，也称为匹兹伐场曲，是光学系统中的一种像差，导致焦平面不是一个平坦的平面，而是一个曲面，如图 2.5 所示。换句话说，不同位置的光线在焦平面上的聚焦位置不同，使得焦平面呈现出曲率的特点。

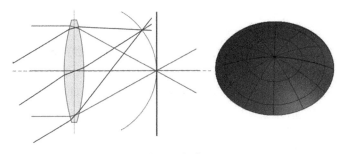

图 2.5　场曲

与理想情况下的平坦焦平面不同，场曲会使焦平面成为一个曲面，不同位置的光线聚焦位置不同。通常，场曲使得中央光线和边缘光线在焦平面上有不同的聚焦位置，这会影响整个图像的清晰度。特别是在广角摄影或广角光学系统中，场曲的影响更加显著，因为光线更倾向于以斜角进入系统。场曲的产生可以归因于光线在透镜或反射器中的折射或反射，以及透镜或反射器的形状，通常是透镜或反射器的形状造成不同位置的光线聚焦位置不同。

为了减轻或纠正场曲，设计和使用非球面透镜或反射器，根据光线入射角度来调整曲率。也可以将多个透镜组合在一起，部分抵消场曲的影响，从而实现更平坦的焦平面。通过光学设计软件对系统进行优化，调整透镜或反射器的参数，以最小化或纠正场曲。在数字成像和图像处理中，可以使用数字矫正技术来纠正场曲对图像的影响，在后期处理中消除模糊和失真。

2.3.5　色差

色差(chromatic aberration)是指在光学系统中，不同波长的光线折射、散射等性质的差异使成像位置、大小和颜色发生偏差的现象。简而言之，色差是不同颜色的光线在透镜或光学系统中的传播差异引起的现象，如图 2.6 所示。色差会导致图像边缘产生彩色边缘，即图像周围出现红色、蓝色等色彩。色差还可能导致图像中的不同区域出现颜色偏移，使得图像中的不同部分呈现不同的色彩。色差可以分散不同波长的光线，使得不同颜色的光线在不同位置聚焦，从而影响图像的清晰度和准确性[8]。

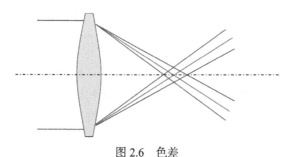

图 2.6　色差

色差产生的原因有很多，不同波长的光线在透镜或光学系统中的折射率不同，光线的折射角也不同，从而引起色散现象。透镜的形状、曲率等因素也会影响光线的折射，进而产生色差。透镜或光学系统使用的材料对不同波长的光线有不同的折射率，造成色散现象。

设计复合透镜系统，将多个透镜以特定方式组合，可以减少色差的影响。这种方法需要精确计算透镜的形状、曲率和材料，以实现色差的补偿。选择合适的材料，使得透镜或光学系统的折射率对不同波长的光线具有适当的分散性，以减轻色差。采用非球面透镜可以更精确地控制光线的折射，从而减少色差的产生。非球面透镜的曲率可以根据不同的波长进行优化。使用光栅或衍射元件来对光线进行衍射，通过不同的角度折射来减少色差。在光学元件表面涂覆特殊的涂层，以调整光线的折射率，从而矫正色差效应。

2.3.6　畸变

畸变(distortion)是光学系统中常见的一种像差，导致图像中的直线在成像过程中发生形状扭曲，不再保持直线状态。畸变分为两种主要类型：桶形畸变和枕形畸变，如图 2.7 所示。桶形畸变使直线朝图像中心凹陷，枕形畸变则使直线朝图

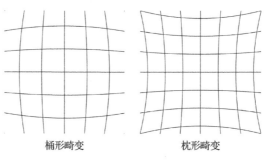

桶形畸变　　　　　　　　枕形畸变

图 2.7　光学系统成像畸变示意图

像中心突出。畸变会导致直线或平面在图像中出现形状的扭曲,使得原本的直线或平面在成像过程中变曲。畸变通常在图像的中心和边缘区域表现出不同的效应,在不同的区域产生不同的形状扭曲。

产生畸变的原因有很多。光通过透镜或反射镜时,曲率和形状可能导致不同位置的光线聚焦位置不同,从而产生畸变。不同材料的透镜可能会对光线产生不同的折射效应,导致畸变。透镜的厚度会影响光线的传播方式,进而影响畸变。

为了减轻或纠正畸变,可以采取以下方法。①通过光学设计软件对系统进行优化,可以调整透镜或反射器的参数,以最小化或纠正畸变。②在数字成像和图像处理中,可以使用数字矫正技术来纠正畸变对图像的影响,从而在后期处理中消除形状扭曲。③某些特殊的透镜配置和组合可以减轻畸变,但需要精确的设计和调整。在摄影和计算机视觉中,可以使用校正板或特定的校正算法来测量和纠正畸变。

2.3.7　张氏标定法

相机标定是计算机视觉和机器视觉领域中至关重要的一个步骤,通过确定相机的内部参数和畸变系数,使得相机采集到的图像数据能够更准确地映射到现实世界的物理坐标。张氏标定法是一种广泛应用的方法,因具有独特的优点而备受青睐。本小节将深入探讨相机标定的必要性、张氏标定法的优点及在计算机视觉领域的重要应用。

相机标定在计算机视觉和机器视觉领域中具有重要的意义。无论是图像处理、三维重建、目标跟踪还是虚拟现实,准确的相机参数都是实现精确测量和准确定位的基础。相机镜头、透镜、传感器等因素都会引入畸变,使得图像在成像过程中发生形状变化。此外,每台相机都有独特的内部参数,如焦距、主点坐标等,需要进行标定才能精确地进行图像处理和计算。相机标定的目的在于将图像中的像素坐标转换为真实世界的物理坐标,从而实现准确的测量和定位。

张氏标定法是张正友博士在 1999 年发表在国际顶级会议 "计算机视觉国际大会" (ICCV)上的论文 *Flexible camera calibration by viewing a plane from unknown orientations* 中,提出的一种利用平面棋盘格进行相机标定的实用方法[9]。随后,其论文 *A flexible new technique for camera calibration* 的引用次数超过 20000 次,地位可见一斑[10]。该方法介于摄影标定法和自标定法之间,既克服了摄影标定法需要高精度三维标定物的缺点,又解决了自标定法鲁棒性差的难题。标定过程仅需使用一个打印出来的棋盘格,并从不同方向拍摄几组图片即可,任何人都可以自己制作标定图案,不仅实用、灵活、方便,而且精度很高、鲁棒性好。

1. 张氏定标法的步骤

1) 标定板图像采集

张氏标定法的第一步是采集包含标定板的图像。标定板通常是一个已知尺寸和特征的平面图案,如棋盘格。为了获得准确的相机参数,需要在不同位置和姿态下拍摄多幅图像。这些图像用于计算确定相机内部参数和畸变系数,因此图像的质量和多样性对标定的准确性至关重要。

2) 检测角点

对于每一幅标定图像,需要通过图像处理技术检测标定板的角点。角点是标定板上棋盘格交叉点的位置,其像素坐标用于后续的标定计算。通常采用边缘检测、角点检测算法(如 Harris 角点检测)等方法来自动检测角点。

3) 坐标系建立

为了建立图像坐标和世界坐标之间的映射关系,需要建立一个坐标系。通常,选择标定板上某个角点作为世界坐标系的原点,然后将其他角点的世界坐标根据标定板的尺寸确定。

4) 计算相机矩阵

相机矩阵是描述图像坐标与世界坐标之间关系的重要参数。通过每幅图像的角点像素坐标和对应的世界坐标,可以使用线性方程组求解技术(如奇异值分解)计算出相机矩阵。

5) 相机矩阵分解

计算得到的相机矩阵是一个 3×3 的矩阵,包含相机的内部参数和旋转矩阵。需要对相机矩阵进行分解,得到相机的焦距、主点坐标和旋转矩阵。

6) 计算畸变系数

除了内部参数外,畸变系数也是相机标定的关键。张氏标定法考虑了径向畸变和切向畸变,需要计算这些畸变系数。将像素坐标转换为归一化平面坐标,然后应用畸变模型,可以计算得到畸变系数。

7) 评估标定精度

标定完成后,通常会对标定结果进行评估,以验证标定的准确性。一种常见的评估方法是计算重投影误差,即将世界坐标重新投影到图像平面,与实际检测到的角点像素坐标进行比较,评估标定参数的精度。

8) 畸变矫正

如果需要对图像进行畸变矫正,可以使用计算得到的畸变系数对图像进行处理,将图像中的形状扭曲恢复到真实几何形状。畸变矫正后的图像更适合后续的图像处理和计算。

2. 张氏定标法的缺点和限制

张氏标定法作为一种常用的相机标定方法，虽然在许多应用中表现出色，但也存在一些缺点和限制。

1) 需要标定图像

张氏标定法要求在不同位置和姿态下采集标定图像，以获得准确的相机内部参数和畸变系数。这可能涉及大量的数据采集工作，尤其是需要高精度标定时。采集和处理大量图像可能会耗费较多时间和资源，特别是在某些特定应用中，如实时标定或移动设备上的标定。

2) 对角点检测的依赖性

张氏标定法的准确性在很大程度上依赖角点的准确检测，角点检测可能受到图像质量、噪声、遮挡和光照变化等因素的影响。如果角点检测不准确，将会对标定结果产生较大的影响，甚至可能导致标定失败。

3) 对标定板的要求

该方法需要使用已知尺寸和特征的标定板，通常是棋盘格。选择适当的标定板并确保其质量是一个挑战。不同类型的标定板可能适用于不同的应用场景，对于一些特殊或复杂的情况，可能需要专门设计的标定板。

4) 无法处理非线性畸变

尽管张氏标定法采用了径向畸变和切向畸变的模型，但它无法处理更复杂的非线性畸变，如鱼眼镜头引入的高度畸变。在一些特定应用中，非线性畸变可能对标定精度产生显著影响，需要使用其他方法来处理。

5) 对相机运动的限制

张氏标定法假设相机运动是刚体运动，即相机的内部参数在运动中保持不变，这限制了该方法在一些动态场景下的应用，如快速移动的相机或变焦相机。在这些情况下，标定的准确性可能会受到影响。

6) 精度受限

尽管张氏标定法能够获得相对较高的标定精度，但在一些特定应用中，特别是需要亚像素级别精度的应用中，可能无法满足要求。在一些精密测量或高精度视觉任务中，可能需要更精细的标定方法。

7) 可能受到噪声和误差的影响

标定过程中，噪声、图像质量、角点检测误差等因素可能会对标定结果产生影响。

8) 无法适应特殊相机模型

张氏标定法基于针孔相机模型和径向、切向畸变模型，无法适应一些特殊的相机模型，如全景相机、多摄像头系统等。在这些情况下，可能需要使用其他标定方法或进行扩展。

张氏标定法作为一种流行的相机标定方法，能够通过多个角度和姿态下的标定图像，准确计算出相机的内部参数和畸变系数，从而获得高精度的标定结果。该方法适用于多种类型的相机，包括针孔相机、透镜相机和鱼眼相机等，使其在不同应用场景下取得优秀的标定效果。相比其他方法，张氏标定法对标定板的要求较为简单，只需要已知尺寸的特征明显的标定板，如棋盘格。该方法考虑了径向畸变和切向畸变，可以较为准确地校正这些畸变，获得更真实的图像。张氏标定法已经在计算机视觉领域得到了广泛的关注，有许多开源库和工具可以实现该方法，如 Python、C++、OpenCV 等。

2.3.8 调制传递函数

调制传递函数(modulation transfer function，MTF)是用于表征光学系统或成像系统性能的一个重要函数，在光学、图像处理和成像技术领域具有广泛的应用。调制传递函数描述了系统对不同空间频率的物体细节传递情况，是评价系统成像能力和图像质量的关键工具。

调制传递函数的概念源自光学领域，特别是在镜头、透镜、光栅等光学元件的设计和分析中具有重要作用。随着成像技术的发展，调制传递函数的应用逐渐扩展到其他领域，如数字图像处理、医学成像、无人机摄像等。

调制传递函数的基本原理是通过输入一组周期性的空间频率模式，观察输出图像的对比度变化，从而得到系统对不同空间频率的传递情况。调制传递函数通常以图形或曲线的形式展示，横轴表示空间频率，纵轴表示对比度变化或传递比例。在调制传递函数图中，能够传递高空间频率的系统被认为具有较好的图像细节传递能力，而对于低空间频率的传递能力较差的系统，则可能出现图像模糊或细节丢失的情况。

调制传递函数在光学设计中有着重要的应用，可以帮助光学工程师评估光学系统的成像性能，优化元件的设计参数，以达到更好的图像质量。在数字图像处理中，调制传递函数可以用于评价图像处理算法对不同空间频率细节的处理效果，帮助优化图像增强、去噪等算法的性能。

2.4　光　　能

2.4.1 发光强度

发光强度(luminous intensity)是用来描述光源在特定方向上单位立体角内放射出的光通量的物理量，通常用单位坎德拉(cd)表示。坎德拉是国际单位制中用来量度发光强度的单位，表示为每立体角内的光通量。发光强度衡量了光源在特定方向上的光辐射能力，在光学设计、照明工程和光度测量中具有重要意义。

在某一方向上一个很小立体角 $d\omega$ 内辐射的光通量为 $d\phi$，如图 2.8 所示，则

$$I = d\phi / d\omega \qquad (2.2)$$

式中，I 为点光源在该方向上的发光强度。

如果点光源在一个较大的立体角 ω 范围内均匀辐射，其总光通量为 ϕ，则在此立体角范围内的平均发光强度为常数。

发光强度关注光源在特定方向上的光辐射能力，因此具有明显的方向性特征。光源的发光强度在不同方向上可能会有显著的差异，这取决于光源的构造和特

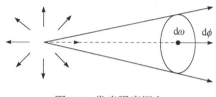

图 2.8 发光强度概念

性。通过比较光源在特定方向上的发光强度，可以判断哪个光源在特定方向上更亮，从而做出更合适的选择。发光强度是光度学中的一个重要参数，有助于研究光源的光辐射特性和光线的传播规律。光度学研究中的一些理论和现象，如光源的辐射分布和光的传播方向性，都与发光强度有关。在光学设计中，发光强度常用来描述光束的特性，尤其是定向光源的光束。

发光强度的单位坎德拉是根据人眼对不同波长光线的感知敏感性定义的，是国际单位制七大基本单位之一，符号 cd。光通量、光照度、光亮度等其他单位，都是由这一基本单位推导获得。

1979 年 10 月第十六届国际计量大会将坎德拉定义为：一个频率为 $5.400154 \times 10^{14} Hz$ 的单色辐射光源(黄绿色可见光)在某方向的辐射强度为每球面度 $1/683 W/sr$，该辐射源在该方向的发光强度为 1cd。以频率替代波长，可以避免空气折射率的影响，使定义更严谨。

1cd 的点状光源发出的总光通量为 4π lm。普通蜡烛的发光强度约为 1cd。早期，人们曾把 1W 白炽灯的发光强度称之为 1 烛光，如 25W 就称为 25 烛光。100W 白炽灯发出的光通量约 400π lm，换算后每瓦的发光强度约为 1cd。

2.4.2 光通量

光通量(luminous flux)是一种用于衡量光源总发光功率的物理量，通常以单位流明(lm)来表示。它反映了单位时间内通过特定表面的光的总能量，是光源产生的可见光总量。光通量的概念在照明工程、光学设计和光学测量中具有重要意义，能够帮助人们更好地理解和评估光源的强度和亮度，以及在不同照明应用中实现所需照度的能力。

　　光由多种波长组成，每一种波长的光通量均不同，总的光通量应该是各个组成波长的光通量之和。光通量与波长的关系如图 2.9 所示，设 $\phi(\lambda)$ 是光通量随波长变化的函数，一个微小的波段范围(dλ)内的光通量(图 2.9 中阴影面积)可以表示为

$$\mathrm{d}\phi(\lambda) = \phi(\lambda)\mathrm{d}\lambda \tag{2.3}$$

因此，总的光通量为

$$\phi(\lambda) = \int \phi(\lambda)\mathrm{d}\lambda \tag{2.4}$$

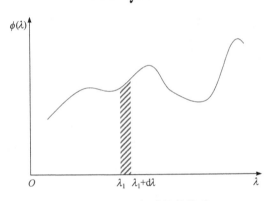

图 2.9　光通量与波长的关系

　　由基本单位坎德拉可以推导出光通量的单位流明(lumen)，符号为 lm。

$$\mathrm{d}\phi = I\mathrm{d}\omega \tag{2.5}$$

　　式(2.5)的含义是，发光强度为 1cd 的点光源在单位立体角 1sr 内发出的光通量为 1lm，即 1lm = 1cd · sr。

　　光通量是基于人眼对不同波长的光的感知定义的。不同波长的光线在人眼中具有不同的感知亮度，光通量将这些不同的感知亮度综合起来，提供了一种综合性的亮度度量方式。在照明工程中，光通量是评估照明效果的重要指标之一，可以帮助照明设计师了解照明装置的光输出及在不同区域内产生的照度水平。通过调整光源的光通量，实现所需的照度水平，确保照明效果符合要求。光通量与光源本身的强度直接相关。较强的光源会产生更多的光通量，较弱的光源则会产生较少的光通量。因此，光通量可以用来衡量光源的整体光输出能力。光通量衡量的是通过特定表面的光线总能量，并不考虑光线的方向性。这意味着无论光线是如何分布的，只要通过该表面的光能量总量不变，光通量就保持不变。因此，它无法提供关于光的分布和方向性的信息。光通量与光源的发光颜色相关，因为不同颜色的光线在人眼中具有不同的感知亮度。光源的颜色温度和颜色性质会影响光通量的感知，光通量是一种常用于标准化和比较光源的指标。在照明产业和科

学研究中, 人们可以使用光通量来评估不同光源的性能, 以便进行更合理的选择和决策。

对于各向发光不均匀的点光源, 光通量和发光强度之间的关系可以由式(2.5)表示。总光通量可以表示为

$$\phi = \int I \mathrm{d}\omega = \int_0^\varphi \int_0^i I \sin i \mathrm{d}i \mathrm{d}\varphi \qquad (2.6)$$

式中, φ 和 i 表示两个相互垂直的方向角, 合起来表示立体角。

各向均匀发光的点光源, 在立体角 ω 内的总光通量为

$$\phi = I_0 \omega \qquad (2.7)$$

式中, I_0 为平均发光强度。向四周发散的总光通量为

$$\phi = 4\pi I_0 \qquad (2.8)$$

2.4.3　光照度

光照度(illuminance)简称照度, 用符号 E 表示, 衡量特定表面上单位面积内接收到的光通量, 通常以单位勒克斯(lux, lx)来表示, 即单位面积上接收的光通量大小, 可以表示为

$$E = \mathrm{d}\phi / \mathrm{d}S \qquad (2.9)$$

式中, $\mathrm{d}S$ 为被照明面元的面积; $\mathrm{d}\phi$ 为面元 $\mathrm{d}S$ 上接收的光通量。如果较大面积的表面被均匀照明, 则投射到其上的总光通量 ϕ 除以总面积 S 称为该表面的平均光照度 E_0:

$$E_0 = \phi / S \qquad (2.10)$$

光通量是衡量光源总发光功率的物理量, 而光照度则将光通量分布在特定区域上, 使人们能够了解这个区域内光的亮度分布情况。单位勒克斯表示每平方米的面积上接收到的光通量, 即光照度为 1lx 意味着每平方米接收到 1cd 的光通量。

光照度是描述环境亮度的重要指标。在日常生活和工作中, 人们常常会感知到不同环境的亮度差异。光照度提供了一种量化的方式来衡量这种亮度差异, 使人们能够更准确地描述和比较不同的照明环境。人眼对光的感知是非常复杂的, 不同波长的光线在人眼中有不同的亮度感知。光照度是根据人眼对不同波长光的感知敏感性定义的, 因此它能够更好地反映人类视觉系统的特性。在照明工程中, 光照度是评估照明效果的重要参数之一。适当的光照度水平可以确保视觉任务的完成和舒适性, 从而提高人们的工作效率和生活质量。在室内外照明设计中, 设计师需要根据不同区域的用途和要求确定合适的光照度水平。光照度的概念使得照明设计更具科学性和精确性, 可以指导光源的选择、布局和配置。光照度在光学测量中具有重要作用。光照度计可以测量光线在特定区域内的亮度, 用以验证

照明系统的性能是否符合标准要求。

2.4.4　发光强度、光通量、照度与亮度的关系

　　发光强度、光通量、照度与亮度之间存在一定的关系，它们共同构成了光的完整描述，如图 2.10 所示。光通量是所有方向上发光强度的总和，是光源整体发光能力的量度。可以说，光通量是发光强度的积分，考虑了光源在各个方向上的贡献。照度是光通量在单位面积上的分布，衡量单位面积上接收到的光强度。照度的大小与光通量成正比，还受到照射面积和距离的影响。亮度是人眼对光的主观感受，受到光线强度、波长和周围环境等因素的影响。照度越大，通常意味着人眼感知的亮度也会较大，但这并不是绝对的线性关系。

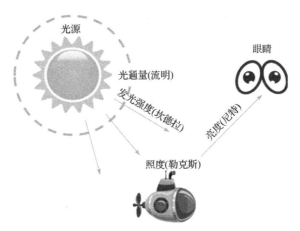

图 2.10　发光强度、光通量、照度与亮度的关系

2.5　颜　　色

2.5.1　颜色的特征及分类

　　颜色是日常生活中不可或缺的一部分，丰富了人们的视觉体验，影响人们的情感和心理状态。颜色是由光线的不同波长和频率引起的，通过视觉系统对这些光信号的感知而产生。

　　颜色的特征包括色调、饱和度、亮度、色温等。色调是颜色的基本属性，用来区分不同颜色之间的差异。通常以色轮上的位置来表示，包括红、橙、黄、绿、蓝、靛、紫等各种颜色。饱和度指颜色的纯度和强度，描述了颜色的鲜艳程度。高饱和度的颜色更鲜艳饱满，低饱和度的颜色则更接近灰色。亮度是指颜色的明暗程度，也称为色的明度。亮度与颜色的光强度相关，影响着人们对颜色的感知。

色温是颜色的一种特殊属性，与光源的发光特性有关。不同光源的色温会影响颜色的感知，如蓝调的白光和黄调的白光[11]。

常见的色轮包括红、橙、黄、绿、蓝、靛、紫，这些颜色在色轮上均匀分布，是颜色的基本分类。主要颜色之间混合而成的颜色被称为衍生颜色。例如，红色和黄色混合产生橙色，蓝色和绿色混合产生青色。颜色还可以根据给人的感觉分为暖色和冷色。暖色如红、橙和黄，通常给人一种温暖、活泼的感觉；冷色如蓝、绿和靛，通常给人一种冷静、清爽的感觉。在颜色学中，原色是无法由其他颜色混合而成的颜色，如红、绿、蓝。二次色是由两个原色混合而成的颜色，如紫(红+蓝)、橙(红+黄)等。补色是与某一颜色相互补充的颜色，如红和绿互为补色。颜色还可以根据在自然界中的出现方式来进行分类，如大地色、植物色、水色、天空色等，这种分类方式与人们对自然环境中颜色的认知和感知有关。

2.5.2 颜色辨认

颜色辨认是指人类感知和识别不同颜色的能力，是视觉系统的一个重要功能。人类的眼睛能够感知光的不同波长，从而产生各种各样的颜色感觉。颜色辨认在日常生活中极其重要，涉及物体的识别、环境的感知、交流和情感的表达等多个方面。下面详细介绍颜色辨认的相关内容。

颜色辨认的基础是人类的视觉系统对光的感知。光线由不同波长的电磁辐射组成，不同波长的光会产生不同的颜色感觉。人类的眼睛包含感光细胞，主要有视锥细胞和视杆细胞。视锥细胞负责白天明亮环境下的视觉，视杆细胞则负责夜晚或昏暗环境下的视觉。

颜色辨认的影响因素包括光源、颜色背景、色彩对比度、视觉疲劳、个体差异等。不同光源的光谱分布会影响人们对颜色的感知。光源的色温和光谱特性会影响物体的颜色外观，如白天阳光下的颜色和室内灯光下的颜色可能会有差异。颜色的背景也会影响对物体颜色的感知。同一个物体放在不同颜色的背景上，可能会产生不同的颜色印象。颜色的对比度指的是物体与周围环境颜色之间的差异程度。高对比度可以使物体更容易被辨认，低对比度则可能导致物体辨认困难。长时间盯着同一颜色或亮度不断变化的物体，可能导致视觉疲劳，影响对其他颜色的辨认。不同个体对颜色的敏感性和感知能力可能存在差异，包括性别、年龄、视力等因素。

2.6 照 相 系 统

照相系统是一种将光线转化为图像的设备或装置，用于捕捉和记录视觉信息，以便于保存、分享、分析和回顾。照相系统的发展源远流长，从最早的胶片相机到如今的数码相机和智能手机相机，不断推动着影像技术的进步和创新。照相系统通过光学、电子、计算机等多种技术的协同作用，实现了图像的捕捉、处理和存储，为人们提供了丰富多样的影像体验。

照相系统由多个关键组件构成，包括光学系统、传感器、图像处理等，每个组件都在整个系统的功能和性能中发挥着重要作用。

2.6.1　照相系统的光学系统

照相系统的光学系统是其中的核心部分，通过透镜、光圈、快门等组件，将来自被摄物体的光线聚焦到传感器上，从而实现图像的捕捉和记录。光学系统的设计和性能直接影响照片的清晰度、对比度、色彩准确性等方面，在照相机的发展中具有重要作用。

1. 照相物镜的光学特性

照相物镜是照相机中的关键光学元件，主要作用是将来自被摄物体的光线聚焦到相机传感器(或胶片)上，以产生清晰、准确的图像。通过折射和聚焦光线，物镜能够捕捉被摄物体的细节、纹理和特征，为摄影师呈现真实而生动的图像。此外，物镜还在控制景深、纠正像差、影响图像质量等方面发挥着关键作用，从而影响最终照片的质量和效果。不同类型和设计的物镜可以实现各种视觉效果，满足不同摄影需求，为摄影创作提供了重要的工具和可能性。

1) 焦距

焦距决定了物镜的聚焦能力，即物镜能够将光线聚焦到多远的距离。短焦距的物镜通常用于广角拍摄，能够捕捉更宽广的场景；长焦距的物镜适用于远距离拍摄，能够捕捉更远处的细节。焦距决定了图像的视角、景深和细节捕捉能力。一般而言，较短的焦距适合广角和风景摄影，中等的焦距适合人像和常规拍摄，较长的焦距适合远距离拍摄和细节捕捉。

在选择焦距时，需要考虑以下规律。

广角焦距(小于35mm)：广角物镜捕捉更宽广的场景，适合风景、建筑和室内摄影，产生的景深较大，能够使整个画面保持清晰，但会在近距离拍摄时引入畸变。

标准焦距(35~85mm)：标准物镜接近人眼的视角，适用于人像和日常拍摄，通常在视觉上不会引入明显的畸变，是许多摄影师的首选。

中长焦距(85~135mm)：中长焦物镜适用于人像摄影，能够更好地分离主体与背景，也常用于野生动物和运动摄影，捕捉远处的细节。

长焦距(135~300mm)：长焦物镜适合于远距离拍摄，能够捕捉远处的细节，通常用于体育、野生动物和航空摄影，但景深较小，需要仔细控制焦点。

超远焦距(300mm 及以上)：这些物镜适合于极远距离的拍摄，如天文摄影，能够捕捉遥远的细节，使用时需要稳定的支撑设备。

2) 光圈

光圈决定了物镜透光量的大小，即通过物镜进入相机的光线量。光圈的大小直接影响图像的曝光和景深。较大的光圈(小 F 值)可实现浅景深效果，将焦点放在主体上；较小的光圈(大 F 值)可实现大景深，使整个场景清晰。在选择光圈时，需要综合考虑拍摄环境、主题、所需效果及相机的性能等因素。

景深控制：光圈的大小直接关系到照片的景深，即前后景物体的清晰程度。较大的光圈(小 F 值)会产生浅景深，将焦点集中在主体上，背景模糊；较小的光圈(大 F 值)会产生深景深，保持更多的前后景物体清晰。

背景虚化：要在人像或近景拍摄中实现背景虚化效果，通常选择较大的光圈(小 F 值)，这有助于将主体与背景分隔开，营造出艺术性的效果。

全景清晰：对于风景、建筑等需要整体清晰的场景，选择较小的光圈(大 F 值)可以确保大部分物体保持清晰。

光线状况：在充足的光线下，可以选择较小的光圈，以避免照片过曝；在较暗的环境中，选择较大的光圈可以获得足够的进光量，避免照片过暗。

快门速度：光圈的选择也需要与快门速度相匹配，以避免拍摄抖动或运动模糊。较大的光圈可能需要较快的快门速度，较小的光圈则可能需要较慢的快门速度。

镜头特性：不同镜头在不同光圈下的表现会有差异。一些镜头在大光圈下可能会出现边缘畸变或光线散射，因此需要了解并考虑镜头的特性。

创意表现：光圈的选择还可以用于创造各种独特的效果，如星芒效果(使用小光圈)、逆光情况下的逆光光晕等。

手动与自动模式：现代相机通常具有自动模式和手动模式，摄影师可以根据情况选择合适的模式来调整光圈。在手动模式下，摄影师可以更精确地控制光圈大小。

3) 色散

色散是指不同波长的光线在透镜或物镜中以不同的角度折射或聚焦，使不同颜色的光线在焦平面上形成不同位置的聚焦点。这会导致照片中出现色彩偏移或彩色光晕，影响图像的清晰度和色彩准确性。折射系数(光的折射程度)随波长的变化而变化，这是发生色散的原因。光线在透镜或物镜中经过折射，不同颜色的光线会聚焦在不同的位置上，造成色差。为了减少或校正色散效应，光学设计师通常会采用多个透镜元素的复杂组合，如使用非球面透镜或特殊的玻璃材料。这些设计可以使不同颜色的光线更接近于同时聚焦在一个点上，从而提高图像的色彩准确性和清晰度。这种对色散的控制和校正可以在镜头制造过程中达到更高的光学性能，确保摄影师获得更优质的图像。

4) 畸变

照相物镜的畸变是光学系统中常见的一种现象，指透镜或物镜将光线聚焦到图像平面时，光线的折射和透镜形状等因素导致图像的形状失真。畸变可以影响照片的几何形状和尺寸，从而影响摄影师捕捉的实际场景的真实呈现。主要有两种类型的畸变：径向畸变和切向畸变。径向畸变分为桶形畸变和枕形畸变。桶形畸变发生在镜头的中心附近，使图像的中心部分拉伸，看起来像是放在一个桶里一样，中间比边缘窄。枕形畸变则恰恰相反，使图像的中心部分压缩，看起来像是枕头一样，中间比边缘宽。切向畸变则会使图像中的直线变曲，如直线可能会呈现弯曲或弯折的形状。

为了减少畸变，光学设计师会使用复杂的透镜组合、非球面透镜等技术。另外，数码图像处理也可以在后期进行畸变校正，通过数学算法来恢复图像的原始几何形状。畸变虽然在一定程度上可能影响图像的真实性，但在许多情况下，轻微的畸变并不会被注意到，尤其是在一般的摄影中。对于一些要求精确度和几何形状准确性的应用，如工程测量和科学摄影，畸变会被严格控制和校正。

5) 物镜的光学质量

物镜的光学质量决定了图像的分辨率和清晰度。高质量的物镜能够准确捕捉被摄物体的细节，产生更清晰锐利的图像。分辨率是指相机或镜头能够捕捉和呈现的图像细节水平。通常以像素为单位来度量，即图像单位长度(通常是英寸)内包含的像素数量。高分辨率意味着相机可以捕捉更多的细节，细小的物体和纹理可以更清晰地呈现在图像中。分辨率与相机的传感器大小、像素密度和镜头的光学性能等因素有关。清晰度是指图像中物体的边缘和细节的锐利程度。一个清晰的图像意味着物体的边界清晰明确，细节得以准确呈现。清晰度受到镜头的光学设计、透镜质量、对焦的精确性等多个因素的影响。一般来说，清晰度越高，图像越具有视觉冲击力和真实感。

在实际应用中，分辨率和清晰度是相互关联的，但并不完全相同。一个高分辨率的图像不一定具有高清晰度，因为清晰度还受到其他因素的影响，如镜头的透明度、对焦的准确性及光学镀膜等。高分辨率的相机和优质的镜头通常能够提供更高的清晰度。摄影师在选择相机和镜头时需要综合考虑分辨率、清晰度及其他因素，以满足拍摄需求。高分辨率的相机适用于需要大型打印或后期裁剪的情况，高清晰度的镜头可以帮助捕捉更多的细节和真实感。

6) 散光

散光是指光线在透镜或物镜中经过折射，不同波长的光线会聚焦在不同的位置上，导致图像的色彩失真和模糊。散光通常与透镜或物镜的折射率和波长有关，不同颜色的光线经过折射后会有不同的折射角度，从而产生散光现象。散光通常会导致色彩边缘模糊或出现彩色光晕，影响图像的清晰度和色彩准确性。为了减少散光效应，光学设计师会采用多透镜组合、非球面透镜或特殊的玻璃材料，使不同颜色的光线更接近于同时聚焦在一个点上，从而改善图像的质量。

在摄影中，散光可能在高对比度的情况下更为明显，如逆光或强光照射下。在一些情况下，摄影师可能会注意到散光现象，特别是在使用低质量或不适合特定摄影情景的镜头时。然而，在许多情况下，轻微的散光可能并不会引起过多的注意，尤其是在一般的摄影中。

7) 虚光和对比度

物镜的设计和镀膜技术会影响图像中的虚光和对比度。高质量的物镜可以减少虚光和增强图像对比度。虚光又称为光晕或镜头光晕，是指在照相过程中，光线在透镜内部反射、折射或散射后产生的光亮区域，常常表现为一个或多个亮斑、环状或放射状的图案。虚光可以是故意利用的创意效果，如太阳光直射镜头时形成的星芒效果，也可以是意外的光学现象，如逆光情况下产生的光晕。对比度是指图像中不同亮度区域之间的明暗差异程度。高对比度意味着图像中的明暗分界更为鲜明，暗部和亮部之间的差异更大。低对比度则表示图像中的明暗差异较小，整体感觉更柔和。在摄影中，合适的对比度可以强调主体，突出细节，或者创造出某种特定的情感。

虚光和对比度通常都受到镜头的光学设计和性能影响。虚光可能会在强光照射或逆光情况下更为明显，不同镜头的光学构造和镀膜等因素都会影响虚光的产生。有些摄影师特意在创作中利用虚光，以增加图像的艺术感。对比度则会受到镜头的透明度、折射率及透镜的光学设计等因素的影响。一些镜头可能会在高对比度场景下产生光晕和失真，从而降低对比度。高质量的镜头通常会在保持较高对比度的同时，还能够控制虚光和畸变等现象。

在摄影中，虚光和对比度可以用来增强创意效果，塑造图像的氛围。摄影师也需要根据具体情况选择合适的镜头和拍摄角度，以在保持所需虚光和对比度的同时，确保图像的质量和表现力。

8) 光学构造

光学构造是指镜头内部的透镜元素排列和组合方式，以实现特定的光学性能和图像效果。不同的光学构造可以产生不同的景深、清晰度、虚化效果和畸变等特性。

单透镜构造：最简单的构造，使用单个凸透镜或凹透镜来聚焦光线。这种构造可能会引起严重的畸变和散光，一般不用于高质量摄影镜头。

双凸透镜构造：由两个凸透镜组成，通常用于一些便携型相机或低成本镜头。在这种构造中可能会出现色差和畸变等问题。

复合透镜构造：使用多个透镜元素的组合，以实现更高的光学性能。例如，一个典型的复合透镜构造可以包括凸透镜、凹透镜、非球面透镜等，以减少畸变、色差和散光等光学问题。

逆变望远构造：正透镜和负透镜交替排列，以增加光路长度，实现望远效果。这种构造常见于长焦距镜头，如长焦摄影和望远镜。

变焦镜头构造：由多个透镜元素组成，通过调整透镜元素的位置来实现焦距的变化，从而实现变焦效果。这种构造适用于变焦镜头，可以在不换镜头的情况下调整拍摄距离。

特殊构造：一些高级镜头可能采用非常复杂的透镜组合和设计，如超级广角、鱼眼、移轴摄影等，以实现特定的拍摄效果和创意。

2. 照相物镜的类型

照相物镜作为摄影中的核心元素，其基本类型的多样性和特点在摄影领域扮演着重要角色。从定焦到变焦，从广角到微距，每种类型都为摄影师提供了独特的拍摄体验和创作可能性。

1) 定焦镜头

定焦镜头也称为原始镜头，具有固定的焦距，无法调整放大倍率。这种类型的镜头专注于在特定的焦距上提供卓越的图像质量和光学性能。由于没有变焦功能，定焦镜头通常较为紧凑，适用于需要特定拍摄效果的情况，如人像、风景、微距等。定焦镜头的优势在于其清晰度和色彩还原能力高，成为许多摄影师的首选。定焦透镜的原理基于光的折射和聚焦。光线通过透镜时会发生折射，根据透镜的曲率、形状和材料，光线会在透镜内部聚焦或发散。定焦透镜的设计旨在将光线聚焦到成像平面上，形成清晰的图像。

定焦透镜的设计涉及多个因素，包括透镜的曲率、厚度、材料和透镜组合。定焦透镜可以是凸透镜或凹透镜，取决于需要聚焦还是发散光线。透镜的曲率半径和形状会影响聚焦点的位置和图像质量。透镜材料的折射率和色散性质对于透镜性能至关重要。材料的色散性质影响图像是否会出现色差，因此需要选择合适的材料来最小化色差。透镜的尺寸和厚度也会影响光的折射和聚焦。设计者需要确保透镜的尺寸适合照相机的构造，并且透镜厚度应该符合光线的折射规律。定焦透镜的设计需要考虑如何减少畸变和色差。非球面透镜的应用可以在一定程度上校正这些问题，提高图像质量。透镜设计中的光圈会影响景深和背景虚化效果。光圈的大小可调整进入透镜的光线量，从而影响图像的明暗和焦深区域。镀膜技术的应用可以减少反射和提高光透过率，从而增强透镜的性能。透镜的表面涂层有助于减少光线损失，提高图像对比度和清晰度。在设计过程中，通常会使用光学设计软件进行模拟和验证。这些工具可以预测透镜的光学性能，帮助设计者优化参数和参数组合。

2) 变焦镜头

变焦镜头具有可调节的焦距，可以在不更换镜头的情况下实现不同的放大倍率。变焦镜头的设计目标是在一个镜头内涵盖多个焦距范围，从广角到长焦。这种灵活性使得摄影师能够在不同情境下自如切换，适应不同的拍摄需求。变焦镜头通常较大且在较长焦距时可能降低图像质量，因此在设计时需要权衡不同的因素。变焦镜头的原理基于光学的折射和聚焦，通过调整不同透镜组合的位置来改变光线的折射角度，从而实现焦点的变化。变焦镜头通常由多个透镜组成，每个透镜都有不同的光学性能，可以在不同的焦距下实现清晰的图像。通过调整透镜的位置，变焦镜头能够在广角和长焦之间实现连续的焦距变化，从而实现不同放大倍率的拍摄。设计一个高性能的变焦镜头需要考虑多个因素，包括光学性能、机械结构、自动对焦、图像稳定等。

设计者致力于优化透镜的数量、形状和材料，以实现在各种焦距下呈现卓越的图像质量。现代变焦镜头通常搭载自动对焦功能，这需要巧妙设计精确的自动对焦系统，以确保在变焦过程中能够迅速而精准地对焦。特别是在使用长焦镜头时，较低的快门速度可能导致图像模糊。为此，一些变焦镜头配置了图像稳定技术，有效地减少了抖动和模糊的风险。变焦镜头的光圈大小对景深和背景虚化效果具有显著影响。在设计过程中，必须认真思考如何实现光圈的精准控制，以便在不同的拍摄环境中满足需求。此外，变焦镜头需要应对色散和畸变等光学问题，这可能会影响图像的质量。通过采用特殊的透镜元素和非球面透镜等先进技术，设计者能够有效地减少这些问题的影响，从而进一步提高图像的清晰度和色彩还原度。为了进一步增强图像质量，镀膜技术被广泛应用于变焦镜头中。通过在镜片表面施加特殊涂层，可以显著减少反射，提升透过率，从而有效提高图像的对比度和清晰度。

3) 广角镜头

广角镜头具有较短的焦距，可以捕捉更广阔的景象。这种类型的镜头适用于拍摄广阔的风景、建筑物和环境，能够在有限的空间内呈现更多的画面细节。然而，广角镜头可能会引入透视扭曲，需要摄影师在构图时注意透视的影响。广角镜头的原理基于光的折射和聚焦，通过特殊的透镜设计来扩展视角，使更多的景象能够被捕捉到成像平面上。广角镜头通常具有较短的焦距，使光线能够从更广阔的范围进入镜头，然后在成像平面上聚焦形成图像。由于视角的扩展，广角镜头能够在有限的空间内呈现更多的画面内容，从而创造出引人入胜的视觉效果。设计一个高性能的广角镜头需要考虑多个因素，包括光学性能、畸变校正、色散处理、图像清晰度和视觉效果等。

广角镜头的透镜组合需要精心设计，以实现广阔视角和卓越图像质量。设计者必须综合考虑透镜的形状、曲率、材料及组合方式，以获得最佳的光学性能。在广角镜头的设计过程中，常常会出现桶形畸变或枕形畸变等问题，这些畸变会影响图像的几何形状。为了解决这一问题，设计者需要采取措施，如应用非球面透镜元素或进行后期校正，以减少或消除畸变对图像的影响。同时，色散问题也是设计广角镜头时需要特别关注的一个方面。色散会导致光线在不同波长下的聚焦点不一致，从而影响图像的色彩还原。选用特殊的透镜材料和精心设计的方法，可以有效减少色散对图像的影响，确保色彩还原的准确性。高图像清晰度和分辨率是广角镜头设计的追求目标。透镜的表面质量、先进的镀膜技术及对畸变和色散的有效控制，都对图像的清晰度和细节表现产生直接影响。通过综合运用这些技术手段，设计者能够创造出图像更加清晰锐利、细节更丰富的广角镜头，提供令人赏心悦目的视觉体验。广角镜头常常用于强调景深和近景效果，这使得设计者需要深入思考如何精确优化景深范围，使前景和背景都能得到适当的呈现。采用精心设计镜头组合和光圈控制等手段，可以创造出独特的视觉效果，为图像增添立体感和视觉吸引力。

4) 微距镜头

微距镜头具有能够近距离捕捉小物体细节的能力。这种类型的镜头适用于拍摄昆虫、花朵、珠宝等需要高度细节呈现的主题。微距镜头的原理基于光的折射和聚焦，通过特殊的透镜设计来实现对微小主题的放大观察。微距镜头通常具有较短的焦距和高放大倍率，使得光线能够在透镜内聚焦后形成高放大倍率的图像。设计一个高性能的微距镜头需要考虑多个因素，包括光学性能、对焦范围、图像稳定、色散处理、畸变校正、机械结构等。

微距镜头的透镜组合需要经过精心设计，以实现高放大倍率和卓越的图像质量。设计者在此过程中必须兼顾透镜的形状、曲率、材料及透镜组合方式，以确保达到最佳的光学性能。为了实现微小主题的清晰呈现，微距镜头需要精准的对焦机制，常常通过特殊的对焦设计来满足近距离拍摄的对焦需求。高放大倍率也带来了抖动的挑战，影响图像的清晰度。为了应对这一问题，一些微距镜头采用了图像稳定技术，以减少抖动和模糊，从而确保图像的质量。同时，微距镜头还需要处理色散问题，以维持图像的色彩准确性。采用特殊的透镜材料和设计方法，色散的影响得以有效降低。畸变是另一个需要关注的光学挑战，微距镜头必须解决这一问题，以保持图像的几何形状准确。设计者可以采用非球面透镜元素或进行后期校正，以减少甚至消除畸变对图像的影响。此外，微距镜头的机械结构也扮演着至关重要的角色，必须稳固可靠，以支撑透镜组合的重量。设计者需要仔细考虑透镜的尺寸、重量、对焦机制、镜头接口等因素，以确保微距镜头在操作时能够稳定可靠地实现设计目标。

3. 照相物镜的研究历史

照相物镜的研究历史是摄影和光学领域中一段充满创新和演进的故事。从早期望远镜到现代高级镜头设计，数百年的努力和探索已经改变了人们看待世界的方式。光学研究可以追溯到古代，但直到 17 世纪人们才开始深入探索光的性质和行为。早期光学研究主要集中在望远镜的设计和制造。荷兰利伯希(Lippershey)于 1608 年申请了望远镜的专利，这被认为是望远镜的起源[12]。赫维略(Hevelius)的望远镜使用凸透镜和凹透镜的组合，使远处的物体看起来更大更清晰。这一早期光学设备为后来照相物镜的发展奠定了基础。17 世纪末期，荷兰科学家惠更斯(Huygens)基于望远镜原理提出了凹凸透镜的设计，用于放大景物并投影到平面上，这可以看作是早期照相物镜的雏形[13]。当时的透镜制造技术和光学理论尚未成熟，照相物镜的质量和性能仍然相当有限。

19 世纪初期，科学家开始深入研究光线的折射和透镜的性质。随着光学理论的发展，科学家开始深入研究光线的行为。法国数学家拉格朗日(Lagrange)[14]和拉普拉斯(Laplace)[15]等人在光学方面的研究为照相物镜的设计提供了基础。拉格朗日提出了拉格朗日光学原理，这在后来的光学设计中发挥了重要作用。与此同时，人们开始尝试用光线通过镜头来记录景物，从而引发了照相技术的诞生。

在 19 世纪 30 年代，第一个商业化的照相机问世，人们开始尝试使用透镜来记录景物[16]。当时的镜头设计仍然较为简陋，成像质量受限。镜头的构造主要受限于望远镜的原理，图像的质量不稳定，色差和畸变较为严重。一些科学家和工程师开始探索改进镜头设计，以提高照相物镜的性能。另外，人们开始尝试使用多透镜系统来实现焦距的变化。英国的杰克逊(Jackson)在 1833 年设计了一种名为"式样变焦镜头"的装置，通过调整多个透镜的位置来实现变焦效果[17]，但当时的技术水平限制了这些尝试的成果。

19 世纪 40~50 年代，一些早期的照相镜头设计开始出现。英国数学家布尔(Boole)在 1849 年提出了一个基于透镜的照相系统，用于在平面上记录景物[18]。此外，英国工程师萨顿(Sutton)也尝试了一些改进，使用一组透镜元素来减少色差和畸变，提高了图像的清晰度和色彩准确性[19]。19 世纪末，随着科学和技术的进步，照相物镜的设计和制造变得更加精细。光学家蔡司(Zeiss)等[20]开始生产高质量的镜头。此外，镜头的涂层技术也得到了改进，以降低反射、提高光线透过率。

20 世纪初，光学制造技术的进步推动了镜头设计的演进。非球面透镜的引入有助于减少畸变，特殊玻璃的使用则有助于改善色差。此外，新的镀膜技术能够降低反射，提高光线透过率，进一步提高图像的质量。制造技术的改进使得镜头设计变得更加复杂，透镜元素的组合和表面形状的优化开始成为焦点。在这个时期，一些著名的镜头制造商如蔡司、尼康等开始崭露头角。另外，变焦镜头的研究和实验进一步加强。德国的鲁道夫(Rudolph)在 1927 年设计了一种名为"Ziess Varob"的变焦镜头原型，这是一个重要的突破，为后来的变焦镜头设计奠定了基础[21]。

20 世纪 20 年代，镜头涂层技术的引入显著改善了镜头的光学性能。涂层可以降低反射，提高透光率，减少光线损失，从而增强图像的清晰度和对比度。这一技术的应用为镜头的设计和制造提供了新的可能性[22]。

20 世纪中叶，非球面透镜的广泛应用成为一个重要的光学设计趋势。非球面透镜可以更好地纠正畸变，进一步提高图像质量。光学设计师通过计算机模拟和实验验证，探索了更复杂的非球面曲面形状，以实现更高的光学性能。另外，变焦镜头开始得到广泛应用。这些镜头允许摄影师在不更换镜头的情况下调整焦距，从而实现远近景的拍摄。变焦镜头的设计涉及复杂的透镜组合和机械构造，要求高度的光学和工程技术。第二次世界大战时期，光学技术高速发展，变焦镜头开始出现，用于侦察、导航和射击等。这一时期的研究为日后民用变焦镜头的发展提供了经验和技术支持，如佳能和蔡司推出了早期的变焦镜头产品。然而，这些镜头仍然比较笨重，成像质量有限。

20 世纪下半叶，随着计算机技术的发展，计算机辅助设计和模拟技术的应用使镜头设计变得更加精确和高效。通过计算机模拟，光学设计师可以预测镜头的性能，优化透镜组合和表面形状，加速设计和改进过程。液体晶体元件和电子控制系统的应用进一步推动了变焦镜头的发展，使镜头变得更加便携和易于操作。

20 世纪末，数字摄影技术的兴起带来了镜头设计的新挑战。光学设计师不断探索新的材料、涂层和制造工艺，以满足数字摄影的需求。数字传感器的引入使得变焦镜头需要适应不同的成像尺寸和传感器格式。高分辨率的需求及对色散和畸变等光学问题的更高要求，推动了变焦镜头设计和制造技术的持续创新。当今，变焦镜头已经成为摄影领域不可或缺的一部分。高级光学设计、复杂的透镜组合、优化的电子控制和先进的材料应用，使得现代变焦镜头在保持成像质量的同时，实现了更小巧、更轻便的设计。

照相物镜的研究历史是一个持续不断的创新过程，充满科学家、光学家和工程师的努力。从早期的简单设计到多元素复合透镜，每一次突破都为摄影艺术和科学带来了新的可能性，为人们捕捉世界的美丽和奇迹提供了更强大的工具。

2.6.2　照相系统的传感器

照相系统的传感器是数字摄影领域中的核心元件之一，起着将光信号转化为数字图像的关键作用。

1. 原理

照相系统传感器的原理基于光电效应，利用半导体材料中的光敏元件，如光电二极管或光电晶体管，将入射光线转化为电荷或电流。当光线击中传感器表面时，光子的能量被转换为电荷，并且根据光的强度和频率生成不同的电信号。这些电信号随后被转化为数字信号，形成最终的数字图像。

传感器的表面覆盖着一层光敏材料，常见的是硅或其他半导体材料。当光线照射到这层光敏材料上时，光子的能量被吸收，从而引发光电效应。不同光强度和频率的光子会激发出不同数量的电子。这些光子的能量激发了光敏元件中的电子，使它们从原来的能级跃迁到导带中。随后，这些被激发的电子在光敏元件内产生了电荷。在光线持续照射的情况下，被激发的电子会逐渐在光敏元件内积累，形成电荷，电荷的积累量与入射光的强度成正比。传感器中的电荷积累后，需要将其读取并转换为电流信号，通常是通过将电荷从传感器的感光区域移动到输出端来实现的。这个过程产生了电流信号，其强度与光的强度成正比，因此能够准确地反映光线的强度变化。

为了将电流信号转换为数字信号，需要进行模数转换。模数转换器将连续变化的电流信号转换为离散的数值，这些数值代表电流的强度，进而生成最终的数字图像。生成的数字图像可以经过进一步的处理，如去噪、增强和压缩等，以获得最终的图像输出。这些处理步骤能够提升图像的质量，使得图像更加清晰、真实，并符合摄影师的创意和要求。总之，照相系统传感器的工作原理基于光电效应，将光线的能量转化为电荷、电流，最终生成数字图像，为数字摄影技术提供了关键的能力和基础。

2. 类型

照相系统传感器是现代数字摄影的核心技术之一，负责将光线转化为数字信号，进而生成图像。传感器的类型主要包括电荷耦合器件(charge-coupled device，CCD)、互补金属氧化物半导体(complementary metal-oxide-semiconductor，CMOS)传感器等。

CCD 是最早应用于数字摄影的传感器类型之一。它通过将光子转化为电荷，并将电荷逐行传递至传感器的一侧进行读取。CCD 传感器通常具有较低的噪点和高的图像质量，尤其在低光条件下表现出色彩准确性和动态范围方面的优势。CCD 读取速度较慢，消耗功耗较高，限制了其在高速摄影和视频中的应用[23]。

CCD 技术是由美国贝尔实验室的博伊尔(Boyle)和史密斯(Smith)于 1969 年共同发明的[24]。当时，贝尔实验室正致力于发展影像电话和半导体磁泡存储器等技术。博伊尔和史密斯将这两种创新技术结合在一起，提出了一种新设备的概念，他们将其命名为电荷"气泡"器件(charge "bubble" devices)。其特点在于可以沿着半导体表面传递电荷，最初尝试作为记忆设备，只能通过"注入"电荷的方式将信息存储到寄存器中。后来，他们意外地发现光电效应能够在这种器件的表面产生电荷，并形成数字图像。1971年，贝尔实验室的研究人员成功使用简单的线性器件捕捉图像，从而正式诞生了 CCD 技术。随后，飞兆半导体公司(Fairchild Semiconductor)、美国无线电公司(Radio Corporation of America，RCA)和德州仪器(Texas Instruments，TI)等公司纷纷加入这一创新技术的研究与开发中。飞兆半导体公司率先在 1974 年推出了 500 单元的线性 CCD 设备和 100×100 像素的平面 CCD 设备，标志着 CCD 技术进入了商业化阶段[25]。这项突破性的发明使得数字成像领域取得了巨大的进步。由于博伊尔和史密斯的杰出贡献，他们于 2006 年获得了查尔斯·斯塔克·德雷珀奖(Charles Stark Draper Prize)[26]，以表彰他们在 CCD 技术发展中的卓越贡献。2009 年，这两位科学家因对 CCD 技术的创新和突破性影响共同荣获了诺贝尔物理学奖[27]，进一步肯定了他们在现代图像传感领域作出的伟大贡献。

CMOS 传感器基于集成电路设计工艺，能够在硅晶圆上制造出 NMOS 和 PMOS 两种基本器件。NMOS 使用 n 型掺杂的源极和漏极，栅极电压为正时导通；PMOS 使用 p 型掺杂的源极和漏极，栅极电压为负时导通。由于 NMOS 和 PMOS 在物理特性上相互补充，因此被称为 CMOS 传感器。这种工艺通常用于制造静态随机存取内存、微控制器、微处理器，以及其他数字逻辑电路系统。CMOS 传感器具有出色的能量效率，仅在晶体管需要切换开关状态时消耗能量，因此节省电力且发热量较少，这种特点使得 CMOS 成为最常见和基础的半导体器件制造工艺。

1963 年，飞兆半导体公司首次发明了 CMOS 传感器[28]。1968 年，美国无线电公司梅德温(Medwin)团队开发出了第一个 CMOS 集成电路[29]。早期的 CMOS 器件尽管功耗比常见的晶体管-晶体管逻辑电路要低，但操作速度较慢，因此主要应用于降低功耗、延长电池使用时间。如今，CMOS 在数字影像设备中被广泛应用，特别是在高分辨率的数字摄影机和数码相机、那些具备大片幅规格的数码单反相机中，CMOS 传感器的应用更加普遍。此外，消费型数码相机和带有照相功能的手机也开始采用堆叠式有源像素传感器或背面照射式有源像素传感器，从而显著提升成像质量。与传统 CCD 相比，CMOS 传感器在每个像素上都集成了放大器，因此具有较高的数据传输速度。尽管在用途上与过去主要用于固件或计算工具的 CMOS 电路有很大差异，但其基本工艺仍然采用 CMOS，只是将其功能从纯粹的逻辑运算转变为接收外界光线并将其转化为电能，然后通过芯片上的数字模拟转换器将获得的图像信号转换为数字信号输出。

随着科技的不断进步，CMOS 技术为数字影像领域带来了革命性的变化，使影像捕捉和处理的效率大幅提升，同时充分利用了 CMOS 低功耗、高集成度和快速数据传输的优势，用户能够更加轻松地拍摄高质量的照片和视频，而且在低光条件下表现出色。与此同时，CMOS 传感器的持续创新推动了医疗影像、安防监控、工业检测等领域的发展。

2.6.3　照相系统的图像处理

　　照相系统的图像处理在数字摄影和图像捕捉领域扮演着至关重要的角色，涵盖了从图像获取到最终呈现的全过程，通过各种算法和技术对图像进行增强、修复、变换和分析，以提高图像质量、实现艺术效果和满足不同应用的需求。图像处理的起点在于图像的获取。传感器技术，尤其是 CMOS 传感器和 CCD，构成了数字摄影的核心。传感器的类型、尺寸和特性在图像质量和性能方面扮演着重要角色。在图像获取过程中，各种原因(如低光条件、高 ISO 设置)可能引入噪点。为了在减少这些噪点的同时保留图像细节，图像处理中运用去噪算法。中值滤波、小波变换、机器学习等是常见的去噪方法[24]。

　　图像处理可以增强图像的对比度、色彩和亮度，还可以调整色调和饱和度。这些调整通过直方图均衡化、曝光补偿、色彩校正等手段实现，从而获得更为生动和引人入胜的图像效果。锐化技术能够突出图像的边缘和轮廓，使图像更富清晰度和细节。相反地，模糊操作则为实现特定的艺术效果或者在某些情境下降低噪点的干扰提供了可靠方法。图像处理进一步应用于图像的合成与修复。合成多个图像(如全景图像的合成)、修复受损图像(如去除撕裂、划痕或其他破损)甚至恢复老旧照片，都属于图像处理的范畴。此外，图像处理能够实现各种几何变换，如旋转、缩放、翻转、透视变换等，用于纠正透视畸变、调整图像尺寸，或者创造出引人注目的视觉效果。图像处理在图像分割与识别领域也有所应用。图像分割将图像划分为不同区域，为对象检测和识别提供基础。随着机器学习和深度学习技术的发展，它们在图像识别领域发挥着越来越重要的作用。同时，图像处理也为图像赋予了各种特效和艺术效果，如黑白转换、老照片效果、漫画化等，以赋予图像不同的风格和情感。

　　21 世纪初，计算机视觉和深度学习的崛起为图像处理领域带来了革命性的变化。深度学习模型如卷积神经网络，在图像分类、对象检测、图像分割等任务中取得了显著成就。卷积神经网络通过多层卷积和池化操作，能够从图像数据中自动学习特征，并在图像分类、目标检测等任务中表现出色。生成对抗网络、扩散模型等技术的出现，使计算机可以生成高度逼真的图像，这为摄影师创造虚拟场景和艺术效果提供了崭新的可能性。通过训练深度神经网络，图像编辑软件可以实现更加精细的图像编辑，如风格迁移、图像重建等，从而让用户可以实现更加个性化的图像创作。同时，深度学习技术也在自动化图像编辑和优化方面取得了重要进展。照相系统可以训练深度神经网络，自动对图像进行去噪、增强、修复等操作，从而为摄影师节省了大量的后期处理时间，同时又保持了图像的高质量。此外，智能摄影设备的应用也在摄影创作中发挥了巨大作用，自动对焦、自动曝光、场景识别等功能都有助于摄影师捕捉到更加优质的照片。图像分割和语义分析也是深度学习技术在照相系统图像处理中的重要应用方向。图像分割技术可以将图像分成不同的区域，从而有助于图像的理解和分析。语义分析则可以识别图像中不同物体的语义信息，为图像的解释和应用提供更多的上下文信息。这些技术的应用使得照相系统能够更好地理解和处理图像内容。

　　综上所述，计算机视觉和深度学习技术在 21 世纪初照相系统图像处理中的应用已经取得了显著的成就。从人脸识别、图像生成到增强现实，这些技术不仅让照相系统更加智能化和高效化，也为摄影师创作出更具创意和高质量的作品提供了有力的支持。伦理和隐私问题需要在技术应用过程中得到充分的考虑和解决，以确保技术的应用能够更好地造福人类社会。

参 考 文 献

[1] ZIGGELAAR A. The sine law of refraction derived from the principle of Fermat-prior to Fermat? The theses of Wilhelm Boelmans S.J. in 1634[J]. Centaurus, 1980, 24(1): 246-262.

[2] ABBE E. Neue Apparate zur Bestimmung des Brechungs und Zerstreuungsvermögens fester und flüssiger Körper[J]. Jenaische Zeitschrift für Naturwissenschaft (in German), 1874, 8: 96-174.

[3] 蔡司光学. 了解视觉, 眼镜的历史: 从 "阅读石" 的起源到生活配件[EB/OL]. (2021-11-12) [2024-12-12]. https://www. zeiss.com.cn/vision-care/eye-health-and-care/understanding-vision/the-history-of-glasses.html?utm_source= chatgpt. com.

[4] MANSURIPUR M. Abbe's sine condition[J]. Optics and Photonics News, 1998, 9(2): 56-60.

[5] SMITH T T. Spherical aberration in thin lenses[J]. Scientific Papers of the Bureau of Standards, 1922, 18: 559-584.

[6] 蔡司光学. 卡尔·蔡司、恩斯特·阿贝和奥托·肖特——获得巨大成功的一支团队: 他们的构想改变了世界 [EB/OL]. (2020-10-16) [2024-12-12]. https://www.zeiss.com.cn/vision-care/eye-health-and-care/understanding-vision/carl-zeiss-ernst-abbe-and-otto-schott-a-winning-team.html.

[7] ABBE E. On the estimation of aperture in the microscope[J]. Journal of the Royal Microscopical Society, 1881, 1(3): 388-423.

[8] THIBOS L N, BRADLEY A, STILL D L, et al. Theory and measurement of ocular chromatic aberration[J]. Vision Research, 1990, 30(1): 33-49.

[9] ZHANG Z. Flexible camera calibration by viewing a plane from unknown orientations[C]. Kerkyra: Proceedings of the Seventh IEEE International Conference on Computer Vision, 1999.

[10] ZHANG Z. A flexible new technique for camera calibration[J]. IEEE Transactions on Pattern Analysis and Machine Intelligence, 2000, 22(11): 1330-1334.

[11] BERLIN B, KAY P. Basic Color Terms: Their Universality and Evolution[M]. Berkeley: University of California Press, 1969.

[12] KING H C. The History of the Telescope[M]. New York: Dover Publications, Inc., 1955.

[13] KUBBINGA H. Christiaan Huygens and the foundations of optics[J]. Pure and Applied Optics: Journal of the European Optical Society Part A, 1995, 4(6): 723.

[14] 曾宪源. 科学家的勤奋: 记法国数学、力学家拉格朗日的治学精神[J]. 力学与实践, 1982, 4(3): 69-70.

[15] HAHN R. Pierre Simon Laplace, 1749-1827: A Determined Scientist[M]. Cambridge: Harvard University Press, 2005.

[16] Science Museum Group. Voigtlander daguerreotype camera. 1990-5036/6956 Science Museum Group Collection Online[EB/OL].　　[2024-12-12].　　https://collection.sciencemuseumgroup.org.uk/objects/co8078527/voigtlander-daguerreotype-camera.

[17] LISTER J J. XIII. On some properties in achromatic object-glasses applicable to the improvement of the microscope[J]. Philosophical transactions of the Royal Society of London, 1830, (120): 187-200.

[18] BURRIS S. George Boole[EB/OL]. (2021-12-29) [2024-12-12]. https://plato.stanford.edu/entries/boole/.

[19] Historic Camera. Thomas Sutton[EB/OL]. (2012-02-07) [2024-12-12]. https://historiccamera.com/cgi-bin/librarium2/pm.cgi?action=app_display&app=datasheet&app_id=1705&.

[20] WIMMER W. Carl Zeiss, Ernst Abbe, and advances in the light microscope[J]. Microscopy Today, 2017, 25(4): 50-57.

[21] Media Wiki. VAROB f = 5cm 1：3.5[EB/OL]. (2015-02-03)[2024-12-12]. https://wiki.l-camera-forum.com/leica-wiki.en/index.php/VAROB_f_%3D_5_cm_1：3.5.

[22] MACLEOD A. History of optical coatings and OSA before 1960[R]. Washington, D.C.: Optical Society of America.

[23] BOYLE W S, SMITH G E. Charge coupled semiconductor devices[J]. The Bell System Technical Journal, 1970, 49(4): 587-593.

[24] Nokia Bell Labs. Charge-coupled device. The breakthrough that enabled digital imaging: From DSLR cameras to medical endoscopes[EB/OL]. [2024-12-12]. https://www.bell-labs.com/about/history/innovation-stories/charge-coupled-device/.

[25] FANG M. Charge coupled Device (CCD)[EB/OL]. (2010-06-24) [2024-12-12]. https://www.science20.com/mei/blog/charge_coupled_device_ccd.

[26] HILL M. CCD inventors win NAE's Draper Prize[EB/OL]. (2006-06-05) [2024-12-12]. https://www.photonics.com/Articles/CCD_Inventors_Win_NAEs_Draper_Prize/a24094.

[27] The Nobel Prize in Physics 2009. NobelPrize.org. Nobel Prize Outreach 2025. Tue[EB/OL]. [2025-02-18]. https://www.nobelprize.org/prizes/physics/2009/summary/.

[28] National Inventors Hall of Fame. Frank Wanlass[EB/OL]. [2024-12-12]. https://www.invent.org/inductees/frank-wanlass.

[29] 电子元件技术网. CMOS 是什么[EB/OL]. (2013-05-20) [2024-12-12]. https://baike.cntronics.com/abc/1869.

第 3 章　涉水光学数据获取

信息能够反映自然界的事物特征和本质，人类可通过获得、识别自然界的不同信息来认识和改造世界。涉水光学数据获取主要对涉水环境的物质及其物理参数进行精密测定和描述，是掌握涉水环境的有效方式。涉水光学数据获取的主要途径包括光学传感技术、光谱测量技术和光学成像技术。

3.1　光学传感技术

光学传感技术依据光学原理，通过光学技术感知环境信息，然后通过数据采集系统进行数字化采集和调节。光学传感技术按照光学作用距离可以分为光学遥感技术和光学原位传感技术。

3.1.1　光学遥感技术

遥感(remote sensing)广义是指用间接的手段获取目标状态信息的方法。一般多指用人造卫星或飞机对地面进行观测，通过电磁波(包括光波)的传播与接收，感知目标的某些特性并加以进行分析的技术。实际应用中，遥感技术被广泛应用于资源调查、地表环境监测、人类活动监测等多个方面。图 3.1 为卫星光学遥感示意图。

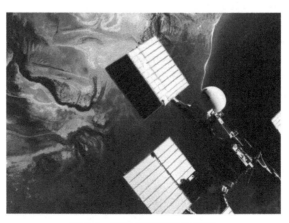

图 3.1　卫星光学遥感示意图

遥感的最大优点是能在短时间内取得大范围的数据，信息可以通过图像与非图像方式表现出来，以及代替人类前往难以抵达或危险的地方观测。遥感技术主要用于航海、农业、气象、资源、环境、行星科学等领域。

遥感的产生最早可以追溯到 19 世纪，伴随照相技术的产生而出现。法国人纳达尔(Nadal)1858 年从气球上拍摄了巴黎的航空照片，开启了遥感技术的先河[1-2]。1957 年，世界上第一颗人造卫星升空，为遥感技术提供了新的平台，使得遥感技术可以周期性、大范围监测地表动态变化过程[3]。同时，多光谱扫描仪、热红外传感器、雷达成像仪等传感器的出现使得遥感技术可以从多角度探测地物。另外，计算机技术的发展使得海量图像的存储、处理、分析成为可能[4-6]。"遥感"作为更加广义和恰当的名词，很自然地于 20 世纪 60 年代出现。1972 年 7 月 23 日，美国发射第一颗地球资源卫星，后改成陆地卫星(Landsat)[7]。1982 年，装载专题制图仪(TM)的 Landsat 4 升空，将光谱波段提升到 7 个波段，空间分辨率提升到 30m[8]。1986 年，法国 SPOT 卫星升空，其搭载的成像仪空间分辨率提升为 10m。现今，卫星传感器探测能力达到米级至亚米级。

美国的光学遥感卫星技术处于世界领先水平，拥有连续对地观测长达 40 年的 Landsat 系列卫星(1972 年开始)，世界上第一颗提供高分辨率卫星影像的商业遥感卫星 Ikonos(1999 年)[9]，世界上最先提供亚米级分辨率的商业卫星 QuickBird(2001 年)，标志着分辨率优于 0.5m 的商用遥感卫星进入实用阶段的 Geoeye 卫星(2008 年)[10]，代表美国商业遥感卫星最高水平的 WorldView 系列卫星(2007 年开始)，还有表现非常出色的微小型光学遥感卫星，如 SkyBox 公司的 SkySat 系列卫星(2013 年开始)[11]。

遥感作为一门对地观测综合性技术，主要有以下几个方面的特点。

(1) 非接触性。遥感技术通过使用传感器在航空器或卫星上获取地球表面信息，无须直接接触地表。这种非接触性使得遥感能够覆盖广阔的区域，包括人类无法进入或危险的地区，如沙漠、高山、热带雨林等。

(2) 多光谱观测。遥感设备可以捕获地球表面发出或反射的不同波段的电磁辐射，波段包括可见光、红外线、热红外等，每个波段对应不同的地表特征。通过分析这些光谱信息，可以提取地表物体的光谱特性，如植被类型、土地利用/覆盖、水体特征等。

(3) 高光谱观测。与多光谱相似，高光谱遥感能够分析大量非常接近的连续光谱波段。相比于传统的多光谱遥感，高光谱遥感具有更高的光谱分辨率，可以提供更精细的光谱信息。这对于细微的地表特征或材料的识别非常有用，如矿产勘探、污染物监测等。

(4) 高时空分辨率。遥感数据具有不同的时空分辨率。时空分辨率是指遥感数据能够捕获的最小区域和最小时间间隔，高时空分辨率的遥感数据可以提供更详细的地表信息，如建筑物、道路、农田等。它还可以跟踪和观测快速变化的地表现象，如自然灾害发生后的变化、城市扩张过程等。

(5) 多源数据融合。遥感数据可以与其他地理数据进行融合，如地理信息系统数据、地面测量数据等。将遥感数据与其他数据集融合，可以产生更全面、准确和可靠的地表信息。数据融合有助于综合分析和解释地表现象，提供更深入的见解。

(6) 长时间序列观测。遥感具有长期、连续观测的能力。卫星遥感系统可以提供多年乃至几十年的观测数据，形成长时间序列。这种观测能力使得研究人员能够分析和评估长期的环境变化、资源利用和人类活动对地球表面的影响。

(7) 延展性。遥感技术可以应用于多个领域和学科，包括地球科学、环境监测、气候变化、农业、城市规划等。通过使用遥感数据，研究人员可以获得对地表环境和过程全面、定量和时效的了解。

遥感的分类有很多种，具体包括以下几个方面。

(1) 根据成像方式分类：主动式遥感，主动发射电磁波并接收反射的信号，进行成像，以微波遥感为代表；被动式遥感，被动接收地物发射或反射的电磁波，以可见光遥感为代表。

(2) 根据能源波段分类：可见光遥感，利用可见光波段的电磁辐射来获取地表信息，包括植被、土壤、水体等可视特征；近红外遥感，利用近红外波段的电磁辐射，可用于植被生理参数估计、土壤湿度监测等；短波红外遥感，利用短波红外波段的电磁辐射，可用于研究岩矿、地质构造等；中红外遥感，利用中红外波段的电磁辐射，可用于火灾监测、物质识别等；热红外遥感，利用热红外波段的电磁辐射，可用于测量地表温度、火山活动监测等；微波遥感，使用微波波段的电磁辐射，可用于观测降水、土壤湿度、海洋风速等。

(3) 按照平台类型分类：航空遥感，使用飞机等搭载的传感器获取遥感数据，适用于小范围高分辨率观测；卫星遥感，利用卫星搭载的传感器获取遥感数据，可覆盖大范围地表区域，提供广域观测能力；无人机遥感，利用无人机搭载的传感器获取遥感数据，可实现更灵活、高精度的数据采集。

(4) 按照应用领域分类：地质与矿产勘探领域，利用遥感技术识别岩矿类型、地质构造等，辅助矿产勘探和资源评价；农业与林业领域，通过遥感数据监测农作物生长情况、土地利用类型、森林资源分布等，支持农业管理和林业保护；环境与气候领域，利用遥感技术监测自然灾害、水资源变化、污染物扩散等，支持环境保护和气候研究；城市规划与土地利用领域，运用遥感数据进行城市扩展监测、规划评估和土地利用分类，促进城市可持续发展；海洋与海岸带领域，运用遥感技术监测海洋环境变化、海岸线演变、潮汐动力学等，支持海洋资源管理和环境保护。

(5) 按照数据类型分类：光学遥感，利用光学传感器获取的图像数据，可提供丰富的地物信息，如颜色、纹理等；热红外遥感，利用热红外传感器获取的热辐射数据，可用于测量地表温度、热点检测等；雷达遥感，利用雷达技术获取的微波信号数据，可穿透云层和植被，适用于气象、水文等应用；激光雷达遥感，利用激光束发射器和接收器记录激光脉冲返回的时间和能量，用于高精度地形测量和三维建模。

(6) 按照应用空间尺度分类：全球遥感，全面系统地研究全球性资源与环境问题；区域遥感，以区域资源开发和环境保护为目的的遥感信息工程，通常按行政区划(国家、省份等)、自然区划(如流域)或经济区进行。

光学遥感技术逐渐成为人类获取全球涉水生物多样性、涉水生态系统结构、涉水矿产资源分布等信息的主要技术。随着航空航天技术和光学技术的发展，已经发展出机载遥感技术和卫星遥感技术。机载遥感技术是将光学设备搭载于各种航空器上，进行地表水文遥感。通过机载遥感技术，能够对火山爆发后空气中的羽流高度和传输进行测量。卫星遥感技术是指在卫星平台上利用可见光、红外、微波等探测仪器，通过扫描、感应、传输和处理，提供完全自动化的三维实时运动监测、识别地面物质的性质、探测运动状态和数据获取技术系统。可用于估算各类参数，如近地表土壤湿度、积雪、水质、地表水分布等水文参数。还有一种监测方式是激光合成孔径雷达，该技术利用天线组阵的方式进行高分辨率轨迹等速移动扫描并辐射信号，获得高分辨率的成像。其特点是对观测条件依赖性低，无需任何地面设备，分辨率精度可达到毫米级，能全天候工作，能有效地识别伪装和穿透掩盖物，通常搭载于海洋监测卫星，以满足海洋目标监测等多种需求。这两种方法都可提供鲁棒性的监测系统，更好地帮助理解内陆水资源及海洋系统。

在地球水资源领域中，遥感已成为海洋生态环境监测、水域管理、灌溉管理、研究积雪冰川和地下水等问题的主要技术。此外，遥感可以获取海洋光学特性参数的垂直分布信息、水体剖面信息、水体的垂直廓线、海洋次表面散射层等信息。通过各种污染物引起的水资源光学性质变化来评估湖泊和水库等水体的水质参数，包括温度、叶绿素含量、浊度、有色溶解有机物、溶解氧、pH、总有机碳和细菌含量等。通过合适的遥感装置和辐射模型，也可以获取地表以下水分的垂直分布和植被获取水分的能力，提前几个月预测旱地植被状况；用于海浪和海面风速探测、沿海水域近地表洋流的测量绘制，获得高分辨沿海生物群落地图；测量冰盖的表面高程和冰流的表面特征，监测冰流波动变化，测量南极冰架和邻近接地冰的表面高度变化，获得冰架厚度变化的程度和幅度，观测研究北大西洋的冰川退缩。利用遥感技术对内陆水资源和海洋生态环境进行实时监测已经成为当今信息时代的发展趋势。

世界主要的遥感卫星如下。

1. 美国 ICESat 系列卫星

2003 年，美国航空航天局(NASA)成功发射了 ICESat(ice, cloud, and land elevation satellite)，即冰、云和陆地高程卫星。ICESat 搭载了激光雷达系统，通过向地表发送激光脉冲并测量其返回时间来获取地表高程数据，可以精确测量全球冰盖(包括极地冰盖和高山冰川)的厚度变化，监测海洋冰川和冰川融化过程，以及观察陆地表面的高程变化[9-13]。

ICESat 可以准确测量极地冰盖的厚度变化，从而了解冰盖的质量平衡和演化情况，这对于研究气候变化、海平面上升及其对冰盖融化的影响具有重要意义。通过激光雷达系统，ICESat 可以测量海冰的厚度和密度分布，监测海冰的形成与消融过程，这对于海洋环境研究、航海安全和气候模型验证等方面都具有重要意义。ICESat 可以检测全球各地的高山冰川变化情况，包括冰川厚度、流速、质量平衡等参数，这对了解冰川消融的速度、原因及其对水资源供应和物种栖息地的影响具有重要意义。除了冰盖和海洋，ICESat 还可以用于测量陆地表面的高程变化，包括地壳运动、河流水位变化、湖泊水体面积变化等，这对于地质学、水文学和生态学等领域的研究具有重要意义[14]。

ICESat 是全球首颗对地观测激光测高卫星，在轨运行 7 年，于 2010 年 2 月结束科学任务，为冰盖高程测量、海冰厚度测量、植被及生物量测量等方面研究提供了重要支持。2018 年，NASA 发射了 ICESat-2(图 3.2)，主要用于在极地冰盖、海冰和森林植被方面提供高精度的高程测量及变化监测数据，对南北极海冰物质平衡变化、全球生物量估算具有重大的科学意义。ICESat-2 搭载了先进地形激光测高系统(advanced topographic laser altimeter system，ATLAS)，该系统使用激光器发射光脉冲，通过测量光脉冲返回的时间来计算地表的高程。相比于 ICESat 使用单个激光束，ICESat-2 使用 6 束绿光激光扫描地球表面，使其能够一次沿着多条路径扫描，因此分辨率更高。ICESat-2 首次将单光子探测技术引入地球高程探测，极大地提高了地形探测的数据获取率。由于采用光子计数体制，激光器的单脉冲能量仅为 40～120μJ，在同样系统功耗下，载荷设计了 6 个波束，激光重复频率高达 10kHz，足印间距仅为 0.7m，可实现 6 个条带的连续探测。ATLAS 的 6 个波束中，3 个波束较强，其他 3 个波束较弱，两者能量比约为 3：1，如此设计可适应不同反射率目标的测量，减少单次回波光子数过多导致的地表反射率反演失真。ICESat-2 较第一代的 ICESat 在探测能力和应用潜力方面有较大改进。一方面，ICESat-2 增加了交轨采样的密度，在轨道基础上解决表面坡度问题，激光器发射高频能量，增加沿轨采样密度，使光子计数探测器捕捉每个重复光斑的成功率达到 80%，所得地表高程精度可达到 0.1m；另一方面，ICESat-2 采样数量增加和 17.5m 直径的光斑显著提高了海冰出水高度与海面高程的探测精度。

图 3.2　美国 ICESat-2 卫星

美国航空航天局(NASA)使用该卫星测量极地冰的堆积高度及冰融化和下沉，并使用该卫星进行激光测高，绘制了格陵兰岛和南极冰盖整个接地边缘的变化。同时，收集了全球水位数据集，量化了 2018 年 10 月至 2020 年 7 月 227386 个水体的水位变化。该卫星也用于观测海洋富营养化，即叶绿素 a 指标。Cooley 等[15]利用该卫星进行遥感观测，量化了人类对全球地表水储存的影响，且可以高度精确获取水体的水位。

2. 美国 Landsat 系列卫星

Landsat 是 NASA 和美国地质调查局合作研发的系列地球观测卫星。1972 年首次发射以来，已经有多颗 Landsat 相继发射并运行。这个系列的卫星提供了连续的、长期的地球观测数据，对于监测地球表面的变化、资源管理、环境保护、气候研究等领域具有重要意义[16]。

Landsat 系列的首颗卫星是 Landsat 1(landsat 1 earth resources technology satellite，ERTS-1)，于 1972 年发射，之后相继发射了 Landsat 2 和 Landsat 3。这些卫星搭载了多光谱扫描仪，可以获取不同波段的可见光和红外线遥感影像，主要任务是获取地球表面的陆地覆盖数据，用于农业、林业、城市规划等领域的资源监测和环境研究。Landsat 4 和 Landsat 5 分别于 1982 年和 1984 年发射，搭载了更先进的传感器，包括多光谱扫描仪、热红外线扫描仪。热红外线扫描传感器具有更高的空间分辨率和更多的光谱波段，提供了更丰富和详细的地表信息，广泛应用于土地利用、地质勘探、环境管理和资源评估等研究领域。Landsat 6 于 1993 年发射，但由于发射时发生故障，卫星未能进入预定轨道且无法正常运行，因此未能产生有用的遥感数据。Landsat 7 于 1999 年发射，搭载了改进的图像传感器，具有更高的空间分辨率和更多的光谱波段。Landsat 8 于 2013 年发射，搭载了改进的成像仪和热红外传感器。经过历代发展，Landsat 技术水平稳步提高并初步实现商业化运营，在能源和水资源管理、森林资源监测、人类和环境健康、城市规划、灾后重建和农业等众多领域发挥重要作用。Landsat 9 于 2021 年 9 月 27 日发射，实现了更高的辐射分辨率(14 位量化)，允许传感器检测更细微的差异，尤其是在水或茂密森林等较暗区域。凭借更高的辐射分辨率，Landsat 9 可以区分给定波长的 16384 种色调。Landsat 8 提供 12 位数据和 4096 种色调，Landsat 7 以 8 位分辨率仅检测到 256 种色调，相比之下，Landsat 9 实现更准确的地表温度测量。Landsat 9 将扩展人类衡量全球陆地表面变化的能力，成为监测地球健康状况的重要组成部分[17]。

3. 德国 RapidEye 卫星

德国 RapidEye 地球探测卫星由五颗卫星组成，每颗卫星搭载了光学传感器，可以获取高分辨率、多光谱的遥感影像数据，主要用于农业、环境监测、土地利用规划等领域[18]。RapidEye 卫星系统由五颗具有相同设计和性能的卫星组成，排列在近圆轨道上，提供了高重访时间和全球覆盖的能力。每颗 RapidEye 搭载了五个相同的光学传感器，每个传感器对应一个波段，包括蓝色(440～510nm)、绿色(520～590nm)、红色(630～685nm)、红外(690～730nm)和近红外(760～850nm)。这种多光谱传感器设计使得 RapidEye 可以获取多光谱的遥感影像数据，用于不同地物的识别和分析。RapidEye 卫星系统提供了全色影像、多光谱影像和高级数据。全色影像主要用于地形建模和细节分析，多光谱影像通常用于土地利用规划、农业监测和环境变化分析。高级数据产品则通过对遥感影像进行处理和分析，提供更丰富的信息，如植被指数、土壤水分等[19]。

4. 美国 SkySat 卫星

SkySat 卫星主要由一系列小型卫星组成，每颗卫星都搭载了高分辨率光学传感器，用于获取地球表面的高质量遥感影像数据。SkySat 卫星是一组小型卫星，通过联合发射或单独发射进入太空。每颗卫星的体积小、重量轻，可以与其他卫星一起部署形成卫星星座。这种星座布局有助于提供更频繁的观测覆盖和快速数据更新能力。这些传感器具有较高的空间分辨率，通常在 0.9～1.0m。除了高分辨率的全色影像外，SkySat 卫星还可以获取多光谱影像数据[20]。

5. 美国 GeoEye-1 卫星

GeoEye-1 卫星系统利用高分辨率光学传感器捕获地表影像数据，以满足各种应用领域的需求。GeoEye-1 卫星是一组具有高分辨率光学传感器的遥感卫星。这些卫星通过单独发射进入太空，并以轨道方式运行。每颗卫星都具有精确的定位和姿态控制系统，以确保获取高质量的地表影像数据。GeoEye-1 卫星的主要特点是分辨率高，可提供详细的地表影像，通常分辨率在 0.5～1.5m。这意味着能够捕获非常小的地物和地貌特征，以满足高精度的地表监测和分析需求。除了高分辨率的全色影像外，GeoEye-1 卫星还能够获取多光谱影像数据，搭载了能够捕获不同波段的传感器，以获取地表在不同光谱范围内的反射率信息，这种多光谱数据对于环境监测、植被分析和资源调查等应用具有十分重要的意义[21]。

6. 美国 WorldView 系列卫星

WorldView 系列卫星是世界上最高分辨率的商业地球观测卫星系统之一，由多颗卫星组成，提供了极其细致和详尽的地表影像数据，广泛应用于各个领域。WorldView 系列的每颗卫星都单独发射并部署在轨道上，以实现全球范围的地表观测能力。WorldView 系列卫星以其卓越的分辨率而著名。WorldView-3 和 WorldView-4 具有非常高的空间分辨率，可达到 0.31m，WorldView-1 和 WorldView-2 具有 0.5m 的分辨率。这些卫星能够捕捉到非常小的地表特征，并提供高度详细的遥感影像。WorldView 系列卫星不仅可以获取全色(黑白)影像，还能够获取多光谱和超光谱数据。这些卫星搭载了能够捕获可见光和近红外等多个波段的传感器，以提供丰富的光谱信息。多光谱和超光谱数据对于地物分类、植被监测和环境研究等应用非常重要[22]。

7. 欧洲 Sentinel-2 卫星

Sentinel-2 是欧洲航天局(European Space Agency)的一颗地球观测卫星，旨在提供高分辨率、全球覆盖的多光谱影像。该卫星是欧洲环境监测计划 Copernicus 的一部分，为全球用户提供免费的开放数据。Sentinel-2 卫星由一对相互配对的卫星(Sentinel-2A 和 Sentinel-2B)组成，提供全球的地表观测覆盖。Sentinel-2 卫星搭载了高分辨率的多光谱传感器，能够捕捉从可见光到近红外的 13 个波段。这些波段覆盖了广泛的光谱范围，包括红外反射和短波红外区域，使它们能够提供丰富的光谱信息用于植被监测、土地利用分类、水体分析等。Sentinel-2 卫星的空间分辨率为 10m、20m、60m，这意味着它可以提供不同层次的细节捕捉能力。其中，10m 分辨率用于植被和土地利用等细节分析，20m 分辨率适用于水体监测和城市规划，60m 分辨率用于区域尺度的环境监测。Sentinel-2 卫星每隔 5 天对地表进行一次观测，这种重复周期使得用户能够及时获取和监测地表变化。此外，两颗卫星配对工作，可以进一步缩短数据获取的时间间隔[23]。

8. 法国 SPOT 与 Pleiades 卫星

SPOT(satellitepour l'observation de la Terre)卫星由法国国家空间研究中心开发和运营，是世界上最早的商业地球观测卫星之一，提供高分辨率的光学和雷达影像，广泛应用于地理信息、环境监测、农业、城市规划等领域，以其高分辨率影像而闻名。SPOT 系列卫星由多颗卫星组成，其中最新的版本是 SPOT 6 和 SPOT 7。SPOT 6 和 SPOT 7 具有最佳的分辨率，可达到 1.5m，这意味着它们可以捕捉到非常小的地表特征，并提供详细准确的遥感影像。SPOT 卫星搭载了多光谱传感器，能够同时获取可见光和红外波段的影像，数据覆盖了多个波段，包括红、绿、蓝、近红外等，可用于植被监测、土地利用分类、环境研究等应用。

Pleiades 是由法国国家空间研究中心和欧洲航天局合作开发的一对高分辨率光学卫星，用于地球观测。Pleiades 系列卫星提供高分辨率、精确和详细的影像数据，广泛应用于地理信息、城市规划、环境监测、农业等领域。Pleiades 系列卫星由两颗卫星组成，分别是 Pleiades-1A 和 Pleiades-1B。这两颗卫星以 180°相位差分的方式运行，可以提供立体视图和更高的定量分析精度。Pleiades 卫星以其出色的分辨率而闻名，可以提供全彩模式下的 0.5m 分辨率影像，以及多光谱模式下的 2m 分辨率影像。这种高分辨率使得 Pleiades 能够捕捉到非常小的地表特征，并提供精确的细节。Pleiades 卫星可以获取可见光和近红外波段的影像数据，覆盖了蓝、绿、红、近红外等波段。这些波段对于植被监测、土地利用分类和环境研究等应用非常有用。Pleiades 卫星具有较高的灵活性和快速响应能力，可以根据用户需求在不同区域和时间范围内进行定制数据获取，满足各种应用需要。Pleiades 卫星通过精确的几何校正和辐射校正，提供高质量的影像产品，这使得用户能够进行精确的测量、计算和分析[24]。

9. 印度 IRS

印度遥感卫星(Indian remote sensing satellite，IRS)是印度空间研究组织(ISRO)开发和运营的一系列卫星。IRS 使用先进的遥感技术，提供多光谱、高分辨率的影像数据，广泛应用于地球观测、农业、水资源管理、气候监测等领域。IRS 系列卫星搭载了先进的光学或雷达传感器，能够提供多种分辨率的影像数据，从 1.0~5.8m 不等。最新版本的 Cartosat 系列卫星具有更高的分辨率，可达到 0.6m，使得它们能够捕捉到非常小的地表特征，并提供精确的细节。IRS 搭载了多光谱传感器，能够获取可见光和红外波段的影像数据。这些传感器覆盖了多个波段，包括红、绿、蓝和近红外等，可用于植被监测、土地利用分类和环境研究等应用。除了光学传感器，部分 IRS 还搭载合成孔径雷达(SAR)传感器。SAR 具有独特的观测能力，可以在任何天气条件下获取地表影像数据，对地形、土壤湿度、冰雪覆盖等进行观测，广泛用于地质勘探、森林监测和海洋研究等领域[25]。

10. 韩国 KOMPSAT

KOMPSAT(Korea multi-purpose satellite)是韩国航空宇宙研究院(KARI)开发和运营的一系列多用途卫星。KOMPSAT 通过遥感技术提供高分辨率的地球观测数据,广泛应用于地质勘探、环境监测、城市规划等领域。KOMPSAT-3 和 KOMPSAT-3A 具有最高分辨率为 0.7m 的光学传感器,可捕捉到非常精细的地表特征;KOMPSAT-2 则具有 1m 的分辨率;KOMPSAT-5 是 SAR 卫星,具有更宽的覆盖范围和观测能力。KOMPSAT 搭载了多光谱传感器,可获取包括可见光、红外和短波红外等波段的多光谱影像数据,这些不同波段的数据被用于土地利用分类、植被监测、环境评估等。KOMPSAT-5 是一颗 SAR 卫星,具有独特的观测能力。SAR 可以在白天和夜晚、晴天和阴天等不同气候条件下获取高质量的地表影像,不受云层和大气干扰,广泛用于环境监测等[26]。

11. 意大利 PRISMA 卫星

PRISMA(precursore iperspettrale della missione applicativa)是意大利的一颗高光谱成像卫星,于 2019 年 3 月开始运行,主要用于地球观测和环境监测任务。PRISMA 卫星搭载了一个高光谱成像仪(hyperspectral imager,HSI),具有极高的光谱分辨率。HSI 可以在可见光与近红外波段(0.4~2.5μm)获取连续的高光谱数据,每个像素点可获取超过 200 个光谱波段的信息。这使得 PRISMA 卫星能够提供丰富的光谱特征,对地表物质进行详细的分类和分析。PRISMA 的空间分辨率为 5m,即每个像素代表地表上 5m 的区域。虽然相比一些高分辨率的卫星而言,这个分辨率相对较低,但结合其高光谱能力,PRISMA 卫星可以提供更详细的光谱特征,对地表物质进行更准确的识别和分析。PRISMA 卫星的主要应用领域包括环境监测、农业、地质勘探和城市规划等。在环境监测方面,PRISMA 卫星可以用于水质监测、遥感湿地和海洋生态系统等。在农业领域,它可以提供作物生长状况、土地利用和灾害评估等信息。在地质勘探方面,PRISMA 卫星可以帮助矿产资源勘探和地质灾害监测。此外,PRISMA 卫星还可用于城市规划、土地管理和气候变化研究等领域。PRISMA 卫星数据由意大利航天局负责接收、处理和分发。通过专门的数据处理算法,用户可以获取高质量的图像、光谱数据及其他衍生产品[27]。

12. 美国 EO-1 卫星

EO-1(Earth Observing-1)卫星是 NASA 开发的一颗地球观测卫星,于 2000 年推出,并在长达 17 年的时间里进行了一系列的地球观测任务。EO-1 卫星采用了一些新技术和先进的仪器,旨在测试和验证新的地球观测技术和应用。EO-1 卫星是 NASA 的技术验证任务之一,试验并验证新型传感器、成像技术和数据处理算法的可行性。这些技术和算法可以应用于其他地球观测卫星,以提高数据收集和分析的效率和准确性。EO-1 卫星搭载了三个先进的地球观测传感器,包括先进陆地成像雷达(ALI)、超光谱成像仪(HIS)和高速数据传输系统(FAST)。ALI具有多波段成像能力，可以提供高分辨率的地表影像，用于土地利用、城市规划和环境监测等。HSI可以捕捉大量的连续光谱波段，提供丰富的光谱信息，用于植被监测、水质评估和矿产勘探等领域。FAST用于实时数据传输，可以将卫星收集的数据迅速传送到地面站点，以支持实时应用和决策制订。EO-1卫星采用了自适应观测模式，可以根据任务需求和用户请求，在短时间内重新规划观测计划，这使得卫星能够快速响应灾害监测、环境事件和科学研究等需要实时数据的情况[28]。

13. 德国 EnMAP 高光谱卫星

EnMAP(environmental mapping and analysis program)高光谱卫星是由德国航空航天中心(DLR)开发的一颗地球观测卫星，其主要目标是获取地球表面的高光谱数据，并提供用于环境监测和资源管理的信息。EnMAP高光谱卫星搭载了一台高光谱成像仪，可以获取大量连续光谱波段的数据。与传统的多光谱成像相比，高光谱成像可以提供更为详细和准确的光谱信息，使得科学家和研究人员能够更好地了解地球表面的物质组成和环境特征。EnMAP高光谱卫星的光谱范围涵盖了波长420~2450nm，包括可见光和近红外区域。同时，它具有较高的光谱分辨率，可以分辨出非常细微的光谱特征差异，如不同植被类型、地表物质的化学成分等。EnMAP高光谱卫星的高光谱数据在许多领域具有广泛的应用价值，可以用于植被监测、土地利用分类、水质评估、矿产勘探、环境变化研究等。通过分析不同波段的光谱特征，可以提取地表物质的信息，帮助科学家和决策者更好地了解和管理地球的资源[29]。

14. 加拿大 RCM 卫星

RCM(RADARSAT constellation mission)是加拿大航天局推出的一个地球观测卫星项目，搭载了SAR传感器，利用微波信号进行地球观测。相比光学遥感，SAR可以实现全天候、全天时的观测，并且不受云层和大气干扰的影响。RCM卫星由三颗同构的卫星组成，可以同时或分别观测地球表面，从而提供更高的重复观测率和更大的覆盖范围。RCM卫星的主要观测能力包括高分辨率成像、广域覆盖和变化监测。通过SAR技术，RCM卫星可以提供高分辨率的地表图像，显示出地表特征的更多细节。同时，RCM卫星的广域覆盖能力和重访周期允许用户在短时间内获取多次观测，以便监测地球表面的变化并进行动态分析。RCM卫星的数据被广泛应用于多个领域，包括环境监测、资源管理、灾害响应、海洋观测、冰雪监测等。通过SAR技术提供的高质量影像和数据，用户可以进行土地利用分类、冰川变化监测、海岸线研究等工作[30]。

15. 意大利 COSMO-SkyMed 系列卫星

COSMO-SkyMed(constellation of small satellites for the mediterranean basin observation)是由意大利航天局和意大利国防部共同开发的一组雷达卫星系统,同样采用合成孔径雷达传感器进行地球观测。COSMO-SkyMed 系列卫星由四颗同构的卫星组成,按照一定的轨道布局运行,以提供连续的遥感数据支持。COSMO-SkyMed 系列卫星具有高分辨率、快速重访和灵活任务规划的观测能力,可以提供高分辨率的地表图像,捕捉地表物体的细节信息。同时,由于系列卫星具有快速重访周期,可以实现更频繁的数据获取,支持监测和变化检测等应用需要。COSMO-SkyMed 系列卫星的数据广泛应用于多个领域,用于土地利用与覆盖、城市规划、农业管理、环境监测、资源调查、灾害监测与应急响应等方面的工作[31]。

16. 德国 TerraSAR-X 卫星

TerraSAR-X 是德国航空航天中心推出的一颗合成孔径雷达卫星。TerraSAR-X 卫星搭载了 SAR 传感器,利用雷达波束进行地球观测。TerraSAR-X 卫星具备高分辨率、灵活调度和快速提供数据的观测能力,可以提供具有米级至亚米级分辨率的地表图像,捕捉地表物体的细节。同时,TerraSAR-X 卫星支持任务的快速规划和相应的数据获取,适应动态监测和紧急响应的需求。TerraSAR-X 卫星数据广泛应用于多个领域,包括土地覆盖分类、城市规划、农业管理、水文监测、地质勘探、环境保护等[32]。

17. 日本 ALOS

ALOS(advanced land observing satellite)系列卫星是日本宇宙航空研究开发机构(JAXA)推出的 SAR 卫星,搭载了 L 型频段雷达传感器进行地球观测。ALOS 提供高分辨率、多模式和灵活调度的观测能力,可以提供米级至亚米级分辨率的地表图像,在不同的观测模式下,可以满足不同应用需求,如广域覆盖、高精度监测等。ALOS 还能够生成精密数字高程模型数据。通过连续观测同一地区的地表,可以获得高精度的地表高程信息,为地形分析和地理建模提供支持。ALOS 的数据广泛应用于土地利用与覆盖、城市规划、农业管理、水文监测、环境保护等多个领域,用于地形测量、目标识别、灾害监测等,为不同行业提供遥感数据支持[33]。

18. 美国/德国 GRACE 卫星

GRACE(gravity recovery and climate experiment)卫星是由 NASA 和德国航空航天中心共同合作推出的一对卫星系统。GRACE 卫星通过测量地球引力场的微弱变化来监测地球的重力变化,通过精确的距离测量,探测地球质量分布的微小变化，并据此推断地球内部和表层的变化情况。GRACE 卫星由两颗卫星组成，分别命名为 GRACE-1 和 GRACE-2。它们处于相对轨道上，通过精确测量彼此之间的距离变化来推导地球的重力场变化。GRACE 卫星主要用于研究地球的气候变化、水循环、冰川融化、海平面上升等重要问题，能够监测陆地水分储存变化、冰川消融速度、地下水储量变化等，为科学家提供用于气候模型和自然资源管理的重要数据[34]。

由于传统光学遥感技术探测深度不足，为了探测更深的水下目标，科学家利用激光在水中产生声波，并在空中接收被水下目标反射或散射的声波来感知水下目标，即激光声遥感，该技术是激光技术与声学、电子学相结合发展起来的新技术(图 3.3)。激光声遥感技术的基本原理：激光与水体表面相互作用，在水中产生声波并向各个方向传播，当声波遇到海底、礁石或水中其他目标时，会发生反射或散射。作为一种新兴技术手段，激光声遥感系统的发射机和接收机均可搭载在飞行器上。与传统的舰载水声探测设备相比，机载激光声设备具有机动灵活、快速响应的优势，能够对舰船难以到达或存在危险的区域进行有效探测。

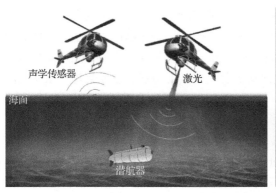 

图 3.3　激光声遥感示意图

激光声遥感技术分为两类基本技术途径：第一类"激光-声-声"遥感技术；第二类"激光-声-激光"遥感技术。激光声遥感起源于 20 世纪 80 年代，希克曼(Hickman)等开发了激光声学系统 ELAS，使用 5J 二氧化碳激光器作为光源，利用回波的不同频率特征，测出了位于 20m 水深的水雷。1987 年希克曼等将该技术进一步推广到了检测冰厚。随后，他们研制了直升机用的 ELAS，广泛用于反潜等场景[35]。

对地球水域进行遥感的一个障碍是，水环境的动态特性要求遥感技术具有更高的光谱分辨率和返回周期，但缺乏空间分辨率来捕捉较窄的内陆水体，特别是河流。另一个障碍是应对不同大气的影响。水体上空大气辐亮度的信噪比会因大气、水汽和气溶胶浓度的不同而发生很大的变化。为了准确估计水质参数，需要通过精确的大气校正来控制大气效应。另外，水体本身的动态特性增加了挑战性。变化的水文条件和原位遥感器的生物污垢会使模型开发所需的同步现场和卫星观测难以捕获。随着科学技术的进步，遥感综合信息处理能力和抗干扰能力有了极大提高。遥感技术以研制先进遥感数据获取、信息传输和处理装备，实现遥感系统全天候实时跨域工作，高效快速地获取高精度分辨率信息数据为目标，向多平台、多尺度、多光谱、全天候、高精度、高效快速融合、复合应用方向发展，具体表现在从紫外、可见光、红外、微波谱段逐渐向 X 射线和 γ 射线等多波段的方向扩展，从单一的电磁波向声波、引力波等多模式的方向扩展。随着遥感技术的不断进步和应用的不断深入，未来的遥感技术将在我国海洋经济中发挥越来越重要的作用。

3.1.2　光学原位传感技术

海洋生态环境在全球气候变化中起着重要作用。受人类活动的影响，海洋生态环境日益恶化，对海洋生态环境进行长时间、原位、准确监测至关重要。海洋生态传感技术是海洋生态环境监测技术的核心，发展海洋生态原位传感技术对于海洋环境监测、预防和减轻海洋灾害、缓解海洋经济发展与环境之间的矛盾具有重要意义。

现场取样并带回实验室研究分析的传统测量技术具有局限性，样品在采集、运输和保存过程中难免会因为温度、压力和光照的改变打破样品本身的动态平衡，样品的相关特性发生改变。同时，原始的实验室分析无法完成短暂的突发事件监测或者恶劣环境下的现场记录。因此，原位传感技术是实现涉水领域实时信息采集的有效途径。海洋原位传感器是用于实时或定期监测海洋环境参数的设备，直接安装在海洋中，通过收集和记录数据来获取海洋环境的信息。这些传感器通常安装在浮标、浮筒、海底浮球、水下航行器等装置上，可以在不同深度和位置获取海洋的物理、化学、生物信息。

1. 海洋原位传感器

涉水环境中需要重点测量的物理量一般包含叶绿素 a 浓度、浊度、CDOM、溶解氧含量等，常见的涉水环境传感器有海洋温度传感器、海洋盐度传感器、海洋 pH 传感器、海洋浊度传感器、海洋叶绿素传感器、海洋流速传感器、海洋声学传感器、海洋原位溶解氧传感器等。

海洋温度传感器是一种用于测量海水温度的传感器，通常采用热敏电阻和热电偶等原理。热敏电阻温度传感器是一种常见的海洋温度传感器，基于热敏电阻元件，其电阻随温度的变化而变化。当电阻变化时，可以通过电路测量得到温度。热电偶是两种不同金属焊接在一起形成的温度传感器。当两种金属的焊点接触到不同温度的介质时,会产生温差电势,从而可以通过电压变化来测量温度。红外温度传感器使用红外辐射技术来测量物体的表面温度,可以通过测量海水的红外辐射来得到海洋温度。石英晶体温度传感器的石英晶体频率随温度的变化而变化,通过测量晶体的频率变化,可以得到温度。海洋温度是海水的重要物理参数之一,对海洋环境和生态系统具有重要影响。海洋温度传感器通常安装在浮标、水下航行器、水下机器人或船只等平台上,可以在不同深度和位置进行海水温度测量。

海洋盐度传感器是一种用于测量海水盐度的传感器。海洋盐度表示海水中盐分的含量,是海洋的重要物理参数之一,对海洋环境和海洋生态系统的生物过程具有重要影响。海洋盐度传感器的工作原理和测量技术有多种,电导率法是测量海水盐度的常见方法,该方法基于海水中的盐度增加会使电导率增加的原理。传感器内部有一个电导率传感器,测量海水的电导率,并通过经验公式将电导率转换为盐度。折射率法是另一种测量海水盐度的方法,海水中的盐分会使折射率发生变化,因此通过测量海水的折射率来推算盐度。传感器内部有一个折射率传感器,用于测量海水的折射率,并将其转换为盐度。密度法基于海水中盐度增加会使密度增加的原理,传感器内部有一个密度传感器,测量海水的密度,并通过密度-盐度关系来计算盐度。这些海洋盐度传感器通常具有高精度和稳定性,能够在不同深度和位置对海洋进行实时或定期监测。

海洋 pH 传感器是一种用于测量海水酸碱度(pH)的传感器。海洋 pH 表征海水中的氢离子浓度,是一个描述海水酸碱性的指标。pH 是对数尺度,表示溶液的酸碱程度,pH 越小表示越酸,pH 越大表示越碱,中性溶液的 pH 为 7。海洋 pH 传感器通常安装在浮标、浮潜器、水下航行器、水下机器人或船只等平台上,可以在不同深度和位置进行海水 pH 测量。海洋 pH 传感器的工作原理和测量技术有多种,其内部包含一个 pH 敏感电极,该电极由玻璃或其他特殊材料制成。当 pH 传感器浸泡在海水中时,海水中的氢离子会与敏感电极的材料发生化学反应,产生电势差。通过测量电势差的大小,传感器可以得出海水的 pH。荧光 pH 传感器使用荧光探针来测量海水中的 pH,荧光探针是一种在不同 pH 条件下发出不同荧光信号的化学物质。通过测量荧光信号的强度或波长变化,可以得到海水的 pH。色谱法也可以用于测量海水的 pH,该方法基于海水中酸性物质和碱性物质的色谱特性,通过色谱仪来测量这些物质的浓度,进而计算出 pH。

海洋浊度传感器用于测量海水中的悬浮物质,通过散射或吸收原理来测量水体的浊度。浊度是衡量水质的一个基本指标,定量描述水体中悬浮颗粒物对光线透过的阻碍程度。作为水体清澈度的指标,浊度还表征了水域上层的热交换结构及水域水层之间的动态变化。溶解有机物是地球水体有机碳的储存库,也是水环境中生物体的主要营养物和碳源,对全球碳循环有重要的贡献。CDOM 监测有助于解释初级生产力突然降低、浮游植物转移和藻化等现象。

海洋叶绿素传感器用于监测海水中的叶绿素含量,以反映海洋生物量的变化。叶绿素 a 浓度是反映浮游植物数量乃至初级生产力水平最直接有效的指标,是水域浮游植物数量的重要检测项目。获取水域中叶绿素 a 的时空分布数据对研究水域生态系统中碳循环具有非常重要的意义,在赤潮监测与预警等方面也具有重要的应用价值。叶绿素与后向散射传感器可以同时获得叶绿素荧光信号和后向散射信号,对叶绿素浓度和后向散射系数进行高精度、快速测量。

海洋流速传感器是一种用于测量海水流速的传感器。海洋流速是指海水的流动速度,对海洋环流、海洋混合、气候变化、海洋生态系统等方面具有重要的影响。海洋流速传感器的工作原理和测量技术有多种,其中声呐测速法是一种通过发送声波脉冲来测量流速的方法。传感器发送声波脉冲,然后测量声波在水中传播的时间差,通过时间差和声波在水中的传播速度,可以计算出海水的流速。多普勒测速法利用多普勒效应来测量海水流速,传感器发射激光或微波信号,并接收反射回来的信号。海水流动引起信号的频率变化,通过测量频率变化,可以得出海水的流速。转速测量法通过测量旋转或运动机械部件的转速来推算海水流速。这种传感器通常使用船体上的旋转或运动部件,通过测量其转速或运动速度得出海水流速。

海洋声学传感器是一种使用声学技术来进行海洋环境监测和数据采集的传感器。声学传感器利用声波在水中传播的特性,可以用于测量海洋中的各种物理参数、生物信息和水下环境的特性。声速计用于测量水中声波的传播速度,是进行声学感知和声呐测量的关键。通过测量声波的传播时间和传播距离,可以计算出水中的声速,从而用于测量水温、盐度等物理参数。声呐测距仪用于测量水中物体与声呐传感器之间的距离,常用于测量海底地形、水深及水下结构物的位置和距离。声呐测速仪用于测量水中流速,可以通过测量声波的多普勒频移来推算水流速度和方向。声呐生物传感器用于监测水中的生物信息,如鱼群的分布、数量和行为。这些传感器常用于渔业调查和海洋生态学研究。水下声学通信设备在水下传输数据和信息,可以用于水下浮标之间的通信、水下机器人与地面控制中心之间的通信等。声呐浮标是一种带有声学传感器的浮标设备,可以用于实时监测海洋中的声学参数和环境变化。

海洋原位溶解氧传感器是一种用于在海洋中实时或定期测量水体中溶解氧含量的传感器。水域中的溶解氧含量是衡量海水水质状况、水域自净能力的重要指标,也是海洋生态环境评估、海洋科学实验和资源勘探的重要依据。溶解氧含量在海洋中是一个重要的环境参数,对海洋生态系统的健康和生物活动有着重要的影响,因此在海洋监测中准确测定溶解氧含量十分必要。海洋原位溶解氧传感器通常安装在浮标、水下航行器、水下机器人等平台上,可以在不同深度和位置进行溶解氧含量测量。海洋原位溶解氧传感器基于荧光猝灭原理，能够对海洋溶解氧含量进行高精度的长期原位监测。

2. 海洋光学原位传感器

海洋光学原位传感器是一类用于测量海水中光学参数的传感器设备，可以监测和记录海洋中的光学特性，包括透射、反射、辐射、散射等，从而提供有关海洋水体光学性质和光场分布的信息，通常用于海洋科学研究、海洋生态学、环境监测和遥感等领域[36]。

透射率传感器用于测量光线在海水中的透过程度。透射率传感器使用光源向水体发射光线，然后通过测量光线在水体中的传播距离和强度来计算透射率。通常，透射率传感器采用透射光子传感器，测量光线经过水体后剩余的光子数目，进而计算透射率。透射率传感器可以提供水体的清澈程度和悬浮物的浓度信息，对于监测海水的质量和水下能见度具有重要意义。

反射率传感器用于测量光线在海水表面的反射程度。反射率传感器使用光源向水体表面发射光线，然后测量光线从水体表面反射回来的强度，通过测量入射光和反射光的强度来计算反射率。反射率传感器可以用于研究海洋表面的光学特性，如用于测量海水表面的泡沫、油膜或浮游生物等。

辐射传感器用于测量海水中的辐射强度，包括太阳辐射和海水辐射。这类传感器使用光电二极管或光电倍增管来测量辐射强度，可以提供有关海洋能量传输和光合作用过程的信息，对于研究海洋生态系统和光合作用的效率具有重要意义。

散射传感器用于测量海水中的散射现象，即光线在水体中遇到悬浮物或溶解物时的偏离现象。散射传感器使用光源向水体发射光线，然后测量光线在水体中遇到悬浮物或溶解物时的散射强度。散射传感器可以提供关于海水中悬浮物浓度、颗粒物特性和光学性质的信息，对于理解海洋生态系统和水体浊度的变化具有重要意义。

荧光传感器使用激发光源来激发水体中的荧光物质，然后测量荧光物质发射的荧光信号。荧光传感器常用于测量水体中的叶绿素含量，从而反映水体的生物量和生态状态。由于物质的分子结构不同，不同物质具有特定的吸收光谱和发射光谱，因此可以根据物质荧光光谱鉴定物质种类，根据荧光强度进行定量分析。荧光分析法具有灵敏度高、选择性好、线性检测范围宽、重复性好、仪器设备简单等优点。

这些海洋光学原位传感器通常会配备在浮标、水下航行器、水下机器人等平台上，用于实时或定期采集数据。通过对海洋光学参数的监测，可以更好地理解海水的光学性质、水体的组成和性质、光的传播和相互作用过程。这些数据对于海洋环境的研究、资源管理和环境保护等方面具有重要意义，并且在遥感技术中也起着重要作用,帮助人们从卫星或飞机上获取更广泛的海洋光学信息。长时程、大空间范围涉水环境监测对人类认识海洋、理解海洋起着重要作用,研制具有自主知识产权的海洋光学原位传感器,将满足我国海洋观测领域对原位传感器的迫切需求,推动我国海洋观测技术的进一步发展。

水下光学原位传感技术面临的挑战是水环境监测要求原位传感技术具有长时程监测和大空间范围测量的工作能力,而目前的光学原位传感器可测量水域参量较少,无法满足对水域全方面多参量测量和监测的需求。需要研制高精度、高灵敏度、多功能、防污、可靠稳定的原位传感器和原位检测技术,实现对涉水领域的连续、实时观测,为测量涉水领域参量异常提供有效的观测研究技术手段。

3.2　光谱测量技术

光谱能够用来研究辨识水体及水中物质的结构、组成和状态,光谱测量技术极大提高了涉水测量的灵敏度和分辨率。光谱测量技术包含激光诱导击穿光谱技术和激光拉曼光谱技术,能够对多光子过程、非线性光化学过程、弛豫过程进行观测,已成为与物理、化学、生物学和材料学等密切相关的研究领域。

3.2.1　激光诱导击穿光谱技术

激光诱导击穿光谱(laser-induced breakdown spectroscopy,LIBS)技术通过超短脉冲激光聚焦样品表面形成等离子体,进而对等离子体发射光谱进行分析,以确定样品的物质成分和含量,可以实现对物质的原位、实时、连续、无接触检测。激光诱导击穿光谱技术原理如图 3.4 所示。超短脉冲激光聚焦后,能量密度较高,可以将任何物态(固态、液态、气态)的样品激发形成等离子体,LIBS 技术可以分析任何物态的样品,仅受到激光功率、摄谱仪和检测器的灵敏度、波长范围的限制。再者,几乎所有的元素被激发形成等离子体后都会发出特征谱线,因此 LIBS 技术可以分析大多数元素。如果要分析的材料成分是已知的,LIBS 技术可用于评估每个构成元素的相对丰度,或检测杂质的存在。相对其他分析技术,LIBS 技术具有多元素同时检测、结构简单、检测速度快、不受样品形态影响等独特优势。

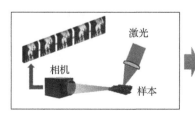
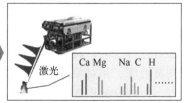

图 3.4　激光诱导击穿光谱技术原理(见彩图)

　　1962 年布雷希(Brech)和克罗斯(Cross)首次将激光作用于金属样品表面,获得了金属原子的发射光谱,标志着 LIBS 技术的诞生[37]。自此,LIBS 技术受到光谱测量领域研究人员的广泛关注,在更高维度、多通道、高分辨光谱分析等领域有了长足发展。

　　人类已完成了数十次与火星有关的探索任务,旨在研究火星地质演化的历史和寻找适合生命生存的环境。"好奇号"火星车配备了远程 LIBS 仪器,用于探测火星表面物质成分等信息。2020 年,NASA 发射了"毅力号"火星车,搭载了 LIBS 仪、拉曼光谱仪等先进探测设备,进一步丰富了火星车的探测能力。2021 年登陆火星的我国"祝融号"火星探测器,搭载了 LIBS 火星表面成分探测仪,用以分析火星表面和不同深度剖面上土壤矿物的化学元素组成。

　　涉水领域开展的 LIBS 研究主要集中在三个方面:海底沉积物和海岸污染物样品分析、海水化学成分分析、面向原位海底应用的水中固体靶分析。在深海,可对海底矿物、岩石、间隙水、冷泉或热液、微生物席和海底溢出气体等物质中的金属离子成分进行分析。在浅海,可对文物进行原位探测分析。LIBS 技术应用于海洋环境存在很多困难。在深海环境中,受到海水压力的影响,激光诱导等离子体的寿命将大大缩短,激光击穿海水将产生微粒,对激光造成的散射将会降低烧蚀效率。另外,海水中很多金属元素的浓度低于 LIBS 技术的检测限,海水的吸收和散射作用造成激发光能量和等离子体发射光随探测距离的增大而衰减,限制探测距离。由于海水及其中的粒子对激发光和等离子体辐射光的衰减,加之液体环境与等离子体能量交换快,等离子体寿命缩短,降低探测灵敏度。由于"动态击穿效应"的影响,激光烧蚀产生的等离子在聚焦点附近沿激光入射方向呈线形随机出现,等离子体光谱稳定性较差。另外,海水的成分比较复杂,难以对其中粒子浓度进行定量探测。因此,对海水的光学特性及水下激发等离子体光谱特性进行研究是提高 LIBS 技术原位探测能力的关键。

　　为了提高 LIBS 技术的检测能力和环境适应性,常用激光诱导击穿光谱信号增强方法,有以下几种:多脉冲法、火花放电法、微波增强法、空间约束法、磁场约束法、表面沉积纳米颗粒、加热样品等方法。其中,多脉冲法利用两束或多束激光对样品进行激发,可以显著提高 LIBS 的激发能力,适用于涉水领域。基本原理是先利用第一个激光脉冲对样品进行烧蚀,在等离子体膨胀冷却时,第二个激光脉冲对正在冷却的等离子体进行再度激发,进而对第二个激光脉冲诱导的等离子体辐射进行探测,此时等离子体具有更长的寿命、更强的光谱信号,有利于增强探测灵敏度。相对单脉冲技术,双脉冲技术的烧蚀效率、谱线强度和元素检测限都有一定程度的提高。

3.2.2　激光拉曼光谱技术

虽然光的非弹性散射早在 1923 年被奥地利物理学家斯梅卡尔(Smekal)预测,但直到 1928 年才被实际观察到。拉曼效应是用观察者名字来命名的,是印度科学家拉曼(Raman)利用太阳光观察到的。拉曼完成光的非弹性散射观测,并且获得了 1930 年诺贝尔物理学奖。拉曼散射(Raman scattering),也称拉曼效应(Raman effect),是一种光子的非弹性散射现象,是光波被散射后频率发生变化的现象[38]。

当光子打到直径大于自己波长的粒子时,会与其碰撞,使传播方向偏折。其中多数的光子发生弹性碰撞,因此散射出来的光子与入射前光子的波长、频率和能量相同,称为瑞利散射。还有一小部分散射的光子(约千万分之一)和介质分子之间发生非弹性碰撞,出现能量交换,因此散射后的波长、频率与能量会产生变化,称为拉曼散射。拉曼散射的原理是光线照射到分子并且与分子中的电子云和分子键产生交互作用,发生拉曼效应。对于自发拉曼效应,光子将分子从基态激发到一个虚能量状态。激发态的分子放出一个光子后返回到不同于基态的旋转或振动状态。基态与新状态间的能量差会使得释放光子的频率与激发光线的波长不同。

拉曼散射可依据光子在碰撞过程中的能量变化分为两类:斯托克斯散射和非斯托克斯散射。斯托克斯散射表示材料吸收能量,使散射光子能量低于入射光子,为多数情况。非斯托克斯散射表示材料失去能量,使散射光子能量高于入射光子,为少数情况。

拉曼光谱(Raman spectroscopy)是用来研究晶格及分子振动模式、旋转模式和系统里其他低频模式的一种分光技术。拉曼散射为非弹性散射,通常用于激发的激光范围为可见光、近红外光或者在近紫外光范围附近。激光的光子与声子交互作用,使最后光子能量增加或减少,由这些能量的变化可得知声子模式。这与红外光吸收光谱的基本原理相似,但两者得到的数据结果是互补的。拉曼光谱是一种无损的分析技术,基于光和材料的相互作用产生。拉曼光谱可以提供样品化学结构、相和形态、结晶度及分子相互作用的详细信息。拉曼光谱是特定分子或材料独有的化学指纹,能够用于快速确认材料种类或者区分不同的材料。拉曼光谱数据库中包含着数千条光谱,通过快速搜索,找到与被分析物质相匹配的光谱数据,即可鉴别被分析物质。当与拉曼成像系统结合时,可以基于样品的多条拉曼光谱生成拉曼成像,这些成像可以用于展示不同化学成分、相和形态、结晶度的分布。

激光拉曼光谱(laser Raman spectroscopy,LRS)技术是一种原位、实时、无损、多物质同时探测的光学传感器技术,具备对涉水环境下目标物成分定量检测的能力,可实现海水中酸根离子浓度的长期原位检测,对于了解海底热液活动区、地震源区和海底沉积物具有重要意义。拉曼谱线的数目、位移和谱带强度都与物质分子的振动和转动有关，反映了物质的分子构成及环境。由于水的拉曼散射很微弱，拉曼光谱是研究水体中生物样本和化学化合物的理想工具，水下激光拉曼光谱技术的工作原理如图 3.5 所示。

图 3.5　水下激光拉曼光谱
技术的工作原理

LRS 技术于 20 世纪 60 年代发明，70 年代后被 NASA 引入海洋探测系统中，探测海洋环境的物理参数，如盐度、深度等。在海洋环境下，拉曼光谱的原位、无损探测性能最大限度地减少了环境变化引起的样品成分改变，给出自然状态下的特殊原位信息。这使得 LRS 技术对深海环境进行实时、原位和长期自动观测成为可能。科学家使用显微拉曼光谱技术，在北大西洋上空的大气中发现了微塑料颗粒的存在。此外，LRS 技术具有对海底固、液、气态目标物原位、实时、连续、无接触探测的能力，对海底沉积物矿藏、孔隙水化学组成、海底热液喷口、天然气水合物研究、海底细菌产生的硫化物分析、大气中分子污染物遥感[39]均具有应用价值，发展海洋原位 LRS 技术成为各国科学家竞相研究的热点。

如今，结合高灵敏度检测技术，LRS 技术已经发展成为一种检测灵敏度可达分子级的测量技术，使定量和定性分析海洋化学信息成为可能，但仍然存在背景噪声和荧光干扰、系统结构复杂、灵敏度不够高等问题。随着激光技术的发展和检测装备的持续改进，LRS 技术的成熟和集成化将极大提高我国深海探测和监测能力，具有重要的社会效益和国际影响力。

3.3　光学成像技术

涉水光学成像探测技术是涉水光学数据获取中反映水体环境最直观的探测技术。1912 年，泰坦尼克号与冰山相撞而沉没，促使科学家对冰山回声定位进行研究。声波具有在水中传播距离远的特点，回声定位技术在第二次世界大战后得到快速发展。水下声学成像分辨率低，采集处理速度慢，无法实时高分辨成像，这制约了其在水下成像方向的发展。水下光学成像技术可利用视觉成像设备直接获取图像或视频信息，实现对水下目标的采集与分析。涉水激光成像探测技术通常采用蓝绿激光作为光源，结合相机等成像探测器获取图像，利用激光飞行时间获得目标距离，最终获得目标的三维图像和位置信息。由于光波在水中的衰减较大，水下光学成像技术的探测成像距离远小于水下声学成像技术，但其在近距离的水下环境探测中能够清晰、直观地探测水下目标，且成像分辨率高，处理速率快，信息含量高，更符合人类视觉系统解译信息的方式。

限制激光探测水体深度的主要因素是水对光的吸收和散射作用。首先，不同水质的水体其最佳透光窗口不同。在浅海水中，海水的透光窗口在 520～570nm 波段；在深海水中，海水的透光窗口在 450～490nm 波段。浅水海域中太阳光背景噪声严重干扰了蓝绿激光的探测和通信效果。由于大气层对太阳光的吸收，地面观测到的太阳辐射光谱存在夫琅禾费暗线，包括 420nm、440nm、486nm、518nm 和 532nm。将激光波长落在太阳暗线上，能够极大降低太阳光背景噪声，提高信噪比[40]。此外，水体散射会引起图像对比度低、分辨率下降、图像模糊等问题。水体前向散射会使光线偏离原来的传输路径，导致图像分辨率降低和图像模糊；后向散射光会携带大量的悬浮粒子信息，从而导致目标图像产生"帷幔效应"，致使对比度降低。前向散射和后向散射在图像中均表现为噪声的形式，共同造成图像质量降低。由于人眼视觉系统对图像对比度的变化比其他因素更为敏感，因此解决水下成像时后向散射造成的图像质量退化是首要任务，特别是在浑浊的浅海环境和内陆湖水环境中。为了提高水下成像质量，在涉水领域逐渐发展出了距离选通激光成像、偏振成像、激光载波调制成像、单因素成像、压缩感知成像、光谱成像和全息成像等技术。

3.3.1 距离选通激光成像技术

距离选通激光成像技术以脉冲光源和门控型光电探测器为核心，通过控制脉冲光源和门控型光电探测器的时序同步及门控型光电探测器的开门时刻和选通宽度，使目标回波脉冲恰好在光电探测器开启的时刻到达光电探测器，从而排除绝大多数后向散射和环境光干扰，大大降低了散射光对成像的影响，提高了成像对比度，增加了有效成像距离，实现时间/距离分辨的目标探测。

水下距离选通激光成像技术的工作原理如图 3.6 所示，激光雷达发射端采用脉冲激光器，接收端采用具有时间选通功能的探测器，如像增强型 CCD(ICCD)、条纹管相机。脉冲激光照射目标被反射回探测器之前，探测器处于关闭状态，当目标反射信号光到达探测器，探测器开始工作，并打开一个极短的时间窗口，捕捉视场内目标信号光。通过时间控制，可以去除不包含目标信号的向散射光引入的背景噪声，确保目标反射后的信号光刚好在选通工作时间内到达。距离选通激光成像的距离分辨率取决于激光光源的脉冲宽度和选通探测器的时间分辨率，较窄的选通门宽度可以极大抑制后向散射光引起的背景噪声，提高成像结果信噪比。

距离选通的精度仅依赖系统对强度的分辨能力，通过两个位置处的目标强度，根据式(3.1)即可给出两个位置的距离信息：

$$z = z_0 + \left(1 - \frac{I_i}{I_j}\right)\Delta z \tag{3.1}$$

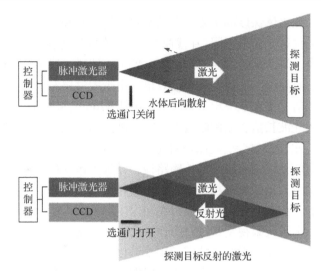

图 3.6　水下距离选通激光成像技术的工作原理

式中，z 为目标的距离；z_0 为预置延迟时间对应的距离；I_i、I_j 分别为距离 z 处两幅图像的强度；Δz 为延迟步长对应的距离。

　　距离选通激光成像技术采用时间门控抑制激光后向散射，能够有效提高主动成像系统的成像距离和质量，提高水下目标定位和探测精度，应用于侦察、搜救、监测、探测等方面。由于距离选通激光成像技术在远距离成像和去除后向散射光方面的突出表现，各个国家均进行了深入研究。1967 年，赫克曼(Heckman)等[41]首次报道了将距离选通激光成像技术用于水下拍照，发展至今已成为一种较为成熟的水下成像技术。图 3.7 为水下距离选通深海高清相机。

图 3.7　水下距离选通深海高清相机(见彩图)

　　距离选通激光成像技术能够在全天候、零照度的条件下，获得远距离目标的高分辨率图像，并且可以提供目标的距离信息，具有成像清晰度高、对比度高、受环境影响低等优点。但是，由于需要精确控制选通相机的时间选通门及激光光源的脉冲宽度，保证纵向成像范围和目标图像信噪比，设计制造难度高，只能探测特定距离下的目标，且成像视场角较小。随着激光器和成像传感器技术的发展，距离选通激光成像系统的成像质量得到了明显提高，而且逐步拓展至非视域等领域，为我国发展新型距离选通激光成像装备提供理论和关键技术支持。

3.3.2　偏振成像技术

偏振成像技术是一种利用光的偏振属性进行图像获取和分析的技术。通过对光的偏振状态进行调制、采集和分析，可以获取目标物体的偏振信息，实现对目标物体的成像和识别。

1. 偏振的概念

偏振(polarization)指的是横波能够朝着不同方向振荡的性质。电磁波、引力波都会展示出偏振现象，纵波则不会展示出偏振现象。例如，传播于气体或液体的声波，只会朝着传播方向振荡。

电磁波的电场与磁场相互垂直。按照常规，电磁波的偏振方向指的是电场的偏振方向。在自由空间里，电磁波以横波方式传播，即电场与磁场都垂直于电磁波的传播方向。理论而言，只要垂直于传播方向，振荡的电场可以呈任意方向。若电场的振动仅沿一个固定方向振荡，称为线偏振光（或平面偏振光）。当电磁波的电场由两个振动方向相互垂直、振幅相等且相位差恒为 $\pm\pi/2$ 的线偏振光叠加时，合成电场的矢量末端在垂直于传播方向的平面上随时间匀速旋转，轨迹呈圆形。若固定观测点上电场矢量，顺时针旋转则为右旋圆偏振光，逆时针旋转则为左旋圆偏振光。若两个垂直分量的振幅不同，或相位差非 $\pm\pi/2$，则合成电场矢量的末端轨迹呈椭圆形，其旋向性根据轨迹的绕行方向分为右旋或左旋椭圆偏振光。

光波是一种电磁波。很多常见的光学物质都具有各向同性，如玻璃。这些物质会维持波的偏振态不变，不会因偏振态的不同而展现不同的物理行为。但是，有些重要的双折射物质或光学活性物质具有各向异性。偏振方向不同，波的传播状况也不同，或者波的偏振方向会改变。起偏器是一种光学滤波器，只能让朝着某一特定方向偏振的光波通过，可以将非偏振光变为偏振光。极化的英文原文也是 "polarization"，在英文文献里，偏振与极化两个术语通用，使用同一个词汇表达，只有在中文文献里才有不同的用法。一般来说，偏振指的是任何波动朝着某特定方向振荡的性质，而极化指的是各个带电粒子因正负电荷在空间里分离而产生的现象。

2. 偏振的历史背景

丹麦科学家巴托林(Bartholin)于 1669 年发现了光束通过冰洲石时会出现双折射现象。假设照射光束于冰洲石，则这一光束会被折射为两道光束，一道光束遵守普通的折射定律，称为"寻常光"，另外一道光束不遵守普通的折射定律，称为"非常光"。巴托林无法解释这一现象的物理机制。后来，惠更斯(Huygens)注意到这一奇特现象，在 1690 年著作《光论》的后半部里，对这一现象进行了很详细的论述[42]。他认为，因为空间可能存在两种不同物质，所以才会出现两道光束，它们分别对应两个不同的波前以不同的速度传播于空间，这是很不平常的现象。惠更斯又发现，这两道光束与原本光束的性质大不相同，将其中任何一道光束照射于第二块冰洲石，折射出来的两道光束辐照度会因绕着光束轴旋转冰洲石而改变，有时候甚至只会剩余一道光束[43]。惠更斯猜想，光波是纵波，简单波动理论不能对这一现象给出解释。

马吕斯(Malus)通过实验观察，日光照射于卢森堡宫的玻璃窗，然后被玻璃反射出光束，假若入射角度达到某特定数值，则反射光与惠更斯观察到的折射光具有类似的性质，他称这种性质为"偏振"性质。他猜想，组成光束的每一道光线都具有某种特别的不对称性；当这些光线具有相同的不对称性时，则光束具有偏振性；当这些光线的不对称性分别概率地指向不同方向时，则光束具有非偏振性；当在这两种情况之间时，则光束具有部分偏振性。不单是玻璃，任何透明的固体或液体都会产生这种现象。他又从实验结果推出马吕斯定律，定量地给出偏振光通过检偏器后的辐照度，考虑了偏振方向与检偏器传输轴方向之间的夹角。这项实验极具创意，得到了丰硕的重要成果，马吕斯因此于 1810 年当选法兰西科学院院士。马吕思对偏振现象做出了诸多贡献，后人尊称他为"偏振之父"[44-45]。

1852 年，斯托克斯(Stokes)[46]提出了一种强度表述，能够描述偏振光、非偏振光与部分偏振光的物理行为，只需要使用四个参数就可以描述任何光束的偏振态，这四个参数被称为斯托克斯参数，可以直接测量获得。麦克斯韦(Maxwell)于 1865年提出麦克斯韦方程组，推导出电磁波方程，推论出光波是一种电磁波，可以用麦克斯韦方程组进行精确描述[47]。菲涅耳的波动理论建立于一些貌似合理的假定，由于能够正确描述光波的一些物理行为，如传播、衍射、偏振等，符合实验得到的结果，所以才被学术界接受。

3. 偏振理论概述

偏振描述光波或其他电磁波的振动方向。当光波传播时，其振动方向可能不是随机的，而是具有偏好的，这种偏好称为偏振。大多数光源属于非偏振光源，如太阳、白炽灯等，它们发射出的光波由一组不同空间特征、频率(波长)、相位、偏振的光波随机混合组成。为了理解光波的偏振性质，最简单的方法是先思考单色平面波，这种波是具有特定传播方向、频率、相位、振荡方向的正弦波。研究平面波光学系统的性质与行为，可以对一般案例给出预测，这是因为任何特定空间结构的光波都可以分解为一组不同频率、不同振幅的平面波，称为角谱[48]。

光波是一种电磁波，在自由空间里，电磁波是横波，电场与磁场的方向都垂直于电磁波的传播方向，并且相互垂直，如图 3.8 所示。设想一个频率为 f 的电磁平面波朝着 z 轴方向传播，电磁波的电场 $E(z, t)$、磁场 $B(z, t)$ 必定平行于 xy 平面，以方程表示为

$$E(z,t) = E_0 e^{i(kz-2\pi ft)} = \left(\hat{x}E_{0x} + \hat{y}E_{0y} \right) e^{i(kz-2\pi ft)} \tag{3.2}$$

$$B(z,t) = B_0 e^{i(kz-2\pi ft)} = \left(\hat{x}B_{0x} + \hat{y}B_{0y} \right) e^{i(kz-2\pi ft)} \tag{3.3}$$

式中，E_0 与 B_0 分别为电场和磁场复常数向量；k 为波数。E_0 与 B_0 的 x、y 分量分别描述电磁波电场朝 x 方向、y 方向的振幅。E_0 与 B_0 的关系为 $B_0 = \sqrt{\mu_0 \varepsilon_0} \hat{z} \times E_0$，其中 ε_0 为电常数，μ_0 为磁常数。

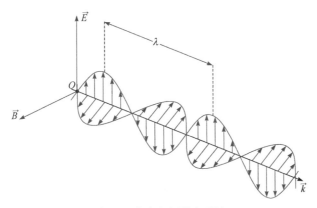

图 3.8　自由空间的电磁波

由于 E_0 是常数向量，所以电磁波具有偏振性质，偏振方向是 E_0 的方向，偏振平面是 E_0 与 z 轴共同组成的平面。E_0 的 x、y 分量组成的向量能够描述偏振，称为琼斯矢量。除了给定偏振以外，琼斯矢量还给定了整体电磁波的大小与相位。

假设 I_1 和 I_2 表示平行和垂直于入射光束和散射光束所在平面的散射光强，则通过 θ 角的总散射光强为

$$I = I_1 + I_2 \tag{3.4}$$

根据偏振度的定义，偏振度 p 可以表示为

$$p = \frac{I_1 - I_2}{I_1 + I_2} \tag{3.5}$$

根据几何关系，$I_1 = A^2$，$I_2 = A^2\cos^2\theta$。因此，偏振度可以表示为

$$p = \frac{1 - \cos^2\theta}{1 + \cos^2\theta} = \frac{\sin^2\theta}{1 + \cos^2\theta} \tag{3.6}$$

由此可知，当 $\theta = \pi/2$ 时，发生全偏振。由于存在拉曼散射，水中 $\theta = \pi/2$ 时也只能产生部分偏振。因此，修改光强表达式：

$$I_1 = A^2 + B^2 \tag{3.7}$$

$$I_2 = A^2\cos^2\theta + B^2 \tag{3.8}$$

引入偏振差 δ，表示为

$$\delta = \frac{I\left(\dfrac{\pi}{2}\right)_2}{I\left(\dfrac{\pi}{2}\right)_1} = \frac{B^2}{A^2 + B^2} \tag{3.9}$$

偏振度 p 可以表示为

$$p\left(\frac{\pi}{2}\right) = \frac{1 - \delta}{1 + \delta} \tag{3.10}$$

对应的强度表达式可以表示为

$$I = I\left(\frac{\pi}{2}\right)\left(1 + \frac{1 - \delta}{1 + \delta}\cos^2\theta\right) = I\left(\frac{\pi}{2}\right)\left(1 + p\left(\frac{\pi}{2}\right)\cos^2\theta\right) \tag{3.11}$$

1986 年，莫雷尔(Morel)测得满足 $p(\pi/2)=83.5\%$ 时的 δ 等于 0.09。

4. 偏振态

偏振态(polarization state)是描述光波或电磁波的一个重要概念。通常来说，光是由许多波长不同、振动方向不同的电磁波组成的，偏振态用于描述这些电磁波中振动方向的性质。

在光学中，可以将光的传播方向定义为光线的方向。光的电场矢量则垂直于光的传播方向，并且在各个时间点上以一定的频率振动。偏振态就是描述这种振动方向的状态。一般情况下，光是无偏振的，即电磁波的振动方向在各个方向上均匀分布。当电磁波通过特定介质或被特殊装置处理后，它的振动方向可能会发生改变，从而形成偏振态。图 3.9 为不同偏振态。

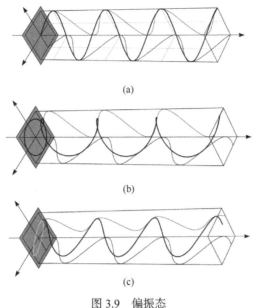

(a)

(b)

(c)

图 3.9   偏振态
(a) 线偏振；(b) 圆偏振；(c) 椭圆偏振

　　根据振动方向的性质，偏振态可以分为线偏振、圆偏振、椭圆偏振。在正弦波的每一个周期，电场向量和磁场向量都会描绘出一个椭圆形，其中线偏振和圆偏振是一种特殊情况，椭圆的形状与定向定义了电磁波的偏振态。电磁波的振动方向只限于一个特定平面内，可以是任意平面。若振动方向始终保持不变，则为固定线偏振；若在时间上发生周期性变化，则为偏振光。电磁波的振动方向沿某一特定方向旋转，可以是顺时针旋转或逆时针旋转。根据旋转的方向和速度不同，相位差为-90°或+90°，圆偏振分为右旋圆偏振(顺时针旋转)或左旋圆偏振(逆时针旋转)。电磁波的振动方向在平面上沿椭圆轨迹运动，而非直线或圆形。椭圆偏振包括线偏振和圆偏振，二者通过合适的相位差和振幅比例叠加而成。

　　光的偏振可以用电矢量法、琼斯矩阵法、庞加莱(Poincare)球法和 Stokes 矢量法来描述。假设横电磁波 $E(z, t)$的分量可以表示为

$$E_x = E_{0x}\cos(kz - \omega t + \varphi_x) \tag{3.12}$$

$$E_y = E_{0y}\cos(kz - \omega t + \varphi_y) \tag{3.13}$$

式中，E_{0x}、E_{0y}分别为 E_x、E_y的最大实值；φ_x、φ_y分别为椭圆长轴、短轴方向的相位。

　　因此，偏振椭圆可以表示为

$$\left(\frac{E_x}{E_{0x}}\right)^2 + \left(\frac{E_y}{E_{0y}}\right)^2 - 2\left(\frac{E_x}{E_{0x}}\right)\left(\frac{E_y}{E_{0y}}\right)\cos\varphi = \sin^2\varphi \tag{3.14}$$

式中，φ为相位差，$\varphi = \varphi_x - \varphi_y$。

偏振椭圆的振幅可以表示为

$$A = \sqrt{E_{0x}^2 + E_{0y}^2} \tag{3.15}$$

偏振椭圆的定向角 ψ 定义为偏振椭圆的半长轴与 x 轴之间的夹角，表示为

$$\tan(2\psi) = \frac{2E_{0x}E_{0y}\cos\varphi}{E_{0x}^2 - E_{0y}^2}, \ 0 \leqslant \psi \leqslant \pi \tag{3.16}$$

偏振椭圆的椭圆角 χ 定义为

$$\sin(2\chi) = \frac{2E_{0x}E_{0y}\cos\varphi}{E_{0x}^2 - E_{0y}^2}, \ 0 \leqslant \chi \leqslant \pi \tag{3.17}$$

偏振椭圆由椭圆幅、定向角、椭圆角决定。电磁波的偏振方向由定向角、椭圆角决定。在 19 世纪，偏振椭圆是唯一能帮助理解偏振问题的方法，但是这方法有个缺点，假如光束必须传播通过很多偏振器材，描述偏振行为的方程会变得复杂，很难找到解答。

琼斯矢量是用于描述偏振光的一种数学工具，由美国物理学家琼斯(Jones)于 1941 年提出。琼斯矢量可以通过两个复数表示，用于描述光波的电场在垂直于传播方向的两个正交方向上的振幅和相位[49]。

假设横电磁波 $E(z, t)$ 的分量可以表示为

$$E_x = E_{0x}e^{i(kz-\omega t+\varphi_x)} \tag{3.18}$$

$$E_y = E_{0y}e^{i(kz-\omega t+\varphi_y)} \tag{3.19}$$

式中，E_{0x}、E_{0y} 分别为 E_x、E_y 的最大实值。

此时，电磁波的琼斯矢量 J 可以表示为

$$J = \begin{pmatrix} E_{0x}e^{i\varphi_x} \\ E_{0y}e^{i\varphi_y} \end{pmatrix} \tag{3.20}$$

通常，琼斯矢量会被归一化为单位向量。通过归一化后，几个常用的琼斯矢量可以很容易地被辨认出来，可以对偏振光进行各种线性操作，如旋转、干涉、衰减等。此外，通过琼斯矢量的乘法运算，可以方便地进行光的叠加和分解。

偏振态在许多领域中都有广泛的应用。例如，在偏光显微镜中，利用偏振片的特性可以观察到被测试样品的细微结构。在通信领域中，偏振态也常用于光纤

通信和光传感器中，以提高数据传输效率和准确性。

5. 偏振成像

偏振成像是一种基于偏振光的图像获取技术，可以提供有关样本表面性质、结构和组成的额外信息。相比传统成像技术，偏振成像可以更好地揭示物体的细节、形状和内部结构。偏振成像利用光的偏振性质，通过观察和分析光波的振动方向和强度变化来获取图像信息。当光波与物体表面相互作用时，根据物体的形态、表面结构和材料特性，光波的振动方向和强度会发生变化。通过使用偏振滤波器、偏振分束器、偏振旋转器等光学元件，可以选择性地操控和探测特定偏振状态的光信号。在偏振成像中，常用的偏振状态包括线偏振、圆偏振和椭圆偏振。线偏振成像使用具有固定方向的偏振光来照明，通过检测光的偏振方向来获得图像。圆偏振成像使用具有固定旋转方向的圆偏振光进行照明，并通过检测光的旋转方向来获得图像。椭圆偏振成像则使用具有不同椭圆度和主轴方向的椭圆偏振光来照明，通过检测光的振幅、相位和偏振方向的变化来获得图像。

受海洋动物利用偏振改善视力的启发，国外在 20 世纪 70 年代就开始了偏振成像技术的研究，经过数十年的发展，偏振成像技术取得了许多进展，但应用主要集中在遥感领域[50]。20 世纪 70 年代，研究人员提出了分时型偏振成像技术，通过旋转偏振片和波片进行拍照，装载在 U-2 高空侦察机上对地侦察。1990 年，Rogne 等[51]将偏振探测技术应用于低对比度及复杂背景下的目标识别中。20 世纪 80 年代，随着电视摄像管和 CCD 芯片技术的发展，偏振探测能力得到了较大提高。

涉水偏振成像技术通过比较散射光场偏振信息的差异性和唯一性，分析图像中目标与背景偏振特性的变化趋势，反演目标信息光和背景散射光的强度变化，可以有效抑制后向散射光，实现清晰成像。同时，偏振成像技术具有对目标形状、材料信息的反演能力，可以实现目标三维重建和识别，如图 3.10 所示。偏振光学成像技术的算法快速简单、细节保真度高、适用范围广，在强散射介质环境下具有明显优势。1995 年，Rowe 等[52]首次提出偏振差分水下成像技术，通过偏振正交的共模抑制特性来滤除背景散射，实现对水下目标的清晰成像。

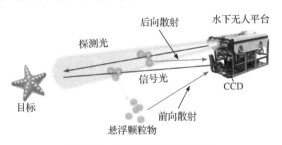

图 3.10　涉水偏振成像示意图

根据光源偏振特性,涉水偏振成像技术可以分为涉水主动偏振成像技术和涉水被动偏振成像技术。涉水主动偏振成像技术可以利用偏振正交的共模抑制特性来降低背景散射的影响,从而提高目标在散射介质中的可见度。Schechner 等[53]采用主动偏振差分成像技术进行了海底实验,采集了目标的正交偏振图像,通过计算后向散射的偏振度,对光线在介质中的透射率进行估计,然后通过成像模型反演,经算法处理,有效提升了探测图像质量和对比度。主动偏振差分成像在近距离纯水环境中简单有效,但在长距离浑浊水体中图像细节的复原度较低,对于低偏振度的物体复原效果不佳,较难适用于复杂场景下的目标复原和识别。Treibitz 等[54]基于主动正交偏振成像技术,采用偏振光源照明,弥补自然光照射随时间变化及受水深影响的不足,将目标偏振特性变化考虑进成像模型中,进一步提升成像对比度与清晰度。正交偏振成像采用某特定偏振方向的入射光照射目标场景,经目标反射的信号光退偏严重,而在入射光传播方向上的水体后向散射光保偏程度较好。在成像系统前放置与入射光偏振方向正交的检偏器,与入射光偏振方向一致的后向散射光将被滤除,但是退偏后的目标信号光只被过滤掉一半,以提高图像对比度和信噪比。涉水被动偏振成像技术通过计算介质透过率,从而准确估计背景散射光和直接照明光,重建清晰的水下场景图像。Lythgoe 等[55]的研究表明,在自然光照射情况下利用光波的偏振特性可以有效提高水下成像的对比度。

为了应对复杂的水下成像环境,对水下偏振成像技术有了更高的要求,如成像算法的适应性和鲁棒性、高浑浊度场景的清晰成像、基于人工智能的偏振成像,已经成为发展的重点、难点问题,有待进一步解决。

3.3.3 激光载波调制成像技术

激光载波调制(laser carrier modulation)技术是一种利用激光光源进行信号传输的调制技术,在光通信、光纤传感、光雷达等领域得到广泛应用。激光载波调制技术利用激光器作为光源发出的连续载波,通过调制这个连续载波的某些特性来传输信息信号。常用的调制方式包括幅度调制、频率调制和相位调制。激光载波调制技术如图 3.11 所示。

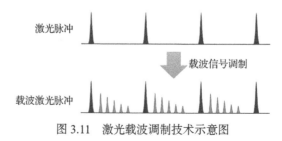

图 3.11　激光载波调制技术示意图

1994 年,美国德雷塞尔大学(Drexel University)微波/光波技术中心的马伦

(Mullen)等提出了一种载波调制脉冲激光雷达，由此展开了基于频域滤波的载波调制激光雷达研究[56]。该技术使用一个高频微波副载波信号对激光器发射的光脉冲进行调制，经过水体产生后向散射，在接收端通过以调制频率为中心频点的带通滤波器对散射光进行滤除，实现对散射低频分量的抑制。该方法可以有效分离目标反射信号和水体的后向散射噪声，提高激光雷达成像系统的信噪比。

激光载波调制成像技术是利用激光载波调制原理进行图像获取和重建的技术，对激光光源进行调制，并利用调制后的激光信号与目标进行交互，最终获取目标的图像信息。激光载波调制成像技术基于干涉原理和激光调制原理。在该技术中，激光器输出的激光被调制后发射到目标上，与目标发生反射或散射后返回接收器。接收器接收到的信号经过解调处理，得到包含目标信息的调制信号。通过分析和处理调制信号，可以重建目标的图像。激光载波调制成像技术的核心问题是对光源进行调制，常用的调制方法主要有以下四种。

(1) 直接调制：直接调制一般采用半导体激光，通过控制激光器激励电流的大小来获得输出激光的调制，但是电流的调制频率有限。

(2) 外调制器调制：通过在激光器谐振腔外加一个调制器实现对激光脉冲的调制，如铌酸锂晶体调制器，通过控制晶体的电流而获得不同的光学相位调制特征，调制频率可以很高，但是光学损耗比较严重。

(3) 锁模调制：锁模调制利用激光器本身的纵模特征，通过纵模锁定，输出高频脉冲，脉冲宽度可以达到皮秒和飞秒量级，但是脉冲能量受限。

(4) 外差调制：外差调制采用两台激光器输出的单模激光相互外差作用，差频产生的微波信号即为载波调制信号。

本书作者团队研制了高能量载波调制激光器，并合作开发了微波频率调制的激光雷达系统，如图 3.12 所示[57]。研究发现，微波频率调制的激光雷达系统具有提高信噪比、增加水下探测距离的能力，能够有效地解决后向散射问题。构建了基于先验概率的信息量计算模型，开展了面向光电影像的信息量评估，提出了成像参量反向自适应调节方法，揭示了水下光电信号的非线性调制机制，应用于高能量微波频率调制激光雷达系统，实现了环境与设备的智能交互。

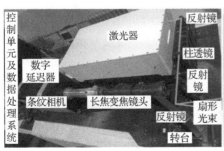

图 3.12　载波调制激光雷达系统及成像结果(见彩图)

3.3.4　单像素成像技术

　　传统水下成像技术通常采用"点对点"的直接成像方式,采集的光强信息须携带物体的二维空间信息,需要极大的传输成本。具体而言,将携带目标信息的光场经过透镜等成像元件投射到传感器表面,并通过光电转换来获取物体图像。在低光照和散射较强的深海环境中,传统成像技术很难保留目标的二维空间强度信息。此外,由于散射的存在,传统成像技术需要昂贵的硬件成本才能获得高质量的成像结果,获取清晰、准确的水下图像变得困难。

　　单像素成像技术通过随机光场与单像素探测器探测光强信息的二阶或高阶关联运算来获取图像信息,有利于保持采集光强信息的涨落趋势,能够有效地克服散射造成的困扰,获得清晰、准确的图像。涉水单像素成像如图 3.13 所示,可以看出,单像素成像可以在图像重构过程中嵌入不同的算法,使成像过程更加智能化。通过对算法的改进,提高对数据的利用率并去除冗余数据,可以极大降低数

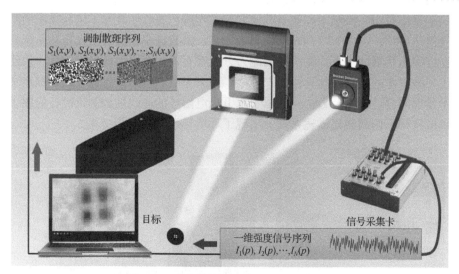

图 3.13　涉水单像素成像示意图(见彩图)

据采集成本和复杂度。此外，单像素成像不需要直接投影到传感器上，可以灵活地实现成像，使得成像过程更加自由。单像素成像需要进行多次测量和计算才能重建完整的图像，这耗时的操作限制了其实际应用能力。

随着深度学习技术的发展，神经网络被广泛应用在图像处理领域，尤其在图像的理解、恢复、增强等方面发挥了巨大的优势，在图像处理领域得到了成功应用。基于此，开展涉水智能单像素成像技术研究，通过神经网络的特征提取能力，提高采集信息利用率，降低数据采集与迭代次数；通过单像素成像获取数据的敏感性，有效克服水下散射对成像质量的影响；在多变、复杂的水下环境中以较低的采样率完成高质量目标图像重建过程，从而促进海底地貌探测、海洋生物监测、水下资源勘探、水下考古等多个领域的发展。

单像素成像技术通过计算光场强度波动的相关性来检索物体的图像，有利于保持采集光强信息涨落趋势，在散射介质成像及远距离探测等场景实现高分辨率成像方面具有独特优势，为修复和增强先进海洋应用和服务提供了高质量成像的机会。单像素成像技术源于关联成像。1988 年，苏联学者克雷什科(Klyshko)[58]利用纠缠光子对实现了双光子关联成像。1995 年，Pittman 等[59]利用自发参量下转换产生的纠缠光子首次实现了量子关联成像实验，打开了研究关联成像的大门。2002 年，美国罗切斯特大学(University of Rochester)的 Bennink 等[60]采用经典光源实现了关联成像，该实验证明了纠缠光源并非关联成像的必要条件。2008 年，Shapiro[61]将单像素探测器应用到关联成像中，并提出了计算关联成像的概念，为单像素成像奠定了基础。压缩感知理论表明，对于任何一个稀疏信号，通过充分挖掘信号的稀疏性来构建观测矩阵，从而降低采样率，然后通过观测矩阵对信号进行观测得到测量值，最后使用重建算法从测量值中重建出原始信号。压缩感知解决了信号采集时造成的存储资源浪费问题。在测量矩阵方面，目前已经设计了多种测量矩阵，如随机高斯测量矩阵、随机伯努利测量矩阵、哈达玛测量矩阵等。在重建算法方面，目前研究的压缩感知信号重建算法主要可分为凸优化方法和贪婪方法。以深度学习为代表的机器学习算法已经被证明，在视觉、语音、文本等领域中都有优异的表现。单像素成像从图像恢复角度来讲是一类图像处理问题，所以自然也可以采用深度学习的方法来进行调制矩阵的优化及图像重建。与使用傅里叶、哈达玛等结构化掩膜矩阵相比，使用随机掩膜矩阵进行采样的效率要低得多，往往需要大量采样才能恢复清晰图像。深度学习以数据驱动的方式来构建不同于结构化掩膜矩阵的高效采样，在图像重建时学习先验信息，可以利用极少的测量次数来得到目标图像的有效恢复。当前单像素成像大致可以分为物理模型驱动、压缩感知辅助、深度学习赋能三个阶段。单像素成像方法如图 3.14 所示。

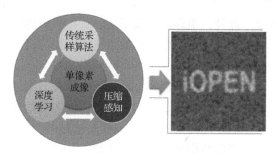

图 3.14 单像素成像方法

1. 物理模型驱动的单像素成像

2008 年，Shapiro[61]将高空间分辨率探测器和单像素探测器的输出相关联，设计了仅使用单像素探测器的计算鬼成像方案，为单像素成像奠定了基础。2010 年，Ferri 等[62]对计算鬼成像的概念进行优化，提出差分鬼成像的概念，显著提高了生成图像的信噪比，首次实现了弱吸收物体的单像素成像，突破了单像素成像技术的应用场景。2011 年，Meyers 等[63]利用热光的自然、不可分解、点对点相关性，实现了无湍流单像素成像，解决了大气湍流给单像素成像带来的严重问题。2012 年，Zhao 等[64]将单像素成像应用在雷达系统中，将伪热鬼成像扩展到远程单像素成像领域，提高了单像素成像的作用距离和生成图像的分辨率。2014 年，Chen 等[65]从每个参考强度图案中随机选择像素，且仅使用一个参考强度序列同时恢复一个物体和多个隐藏标记。2016 年，Ryczkowski 等[66]对单像素成像的时间进行模拟，使用快速探测器解析单像素成像的时间结构，并将其集成在芯片上，为动态水下单像素成像提供了广阔的前景。2018 年，Moreau 等[67]对单像素成像的发展历程进行总结，指出了单像素成像在作用距离和分辨率上的不足，提出了从经典和量子的光学相关、压缩传感、数据反演等方面提升单像素成像的思路。在该阶段，研究人员尝试从光源优化、探测器性能改善、优化分数器设计、数据采集与处理技术改进、环境控制、抗干扰技术等方面提高重构图像的质量，但是该阶段的单像素成像技术需要采集大量光强数据，才能保证生成图像的质量，这一耗时的操作严重影响了单像素成像的实际应用。因此，在减少数据量的同时保证生成图像的质量，成为单像素成像的关键。

2. 压缩感知辅助的单像素成像

在第二阶段，研究者们尝试提高数据的利用率，在保证重构图像质量的情况下尽可能减少数据的使用。压缩感知技术通过实现稀疏信号的精确重构，可以从少量的数据中提取尽量多的信息，为减少单像素成像技术的采样率提供了研究潜力，于 2008 年被 Duarte 等[68]正式应用在单像素成像技术中。自此，压缩感知辅助的单像素成像成为研究者广泛关注的研究方向。2009 年，Katz 等[69]提出了基于压缩感知的单像素成像算法，将重建图像所需的测量次数减少了一个数量级，但重建图像时所需较长时间，因此并不能在实际场景中得到很好的应用。2013 年，Assmann 等[70]提出了自适应压缩采用技术，直接在稀疏基础上执行测量，减少了计算开销和重建图像所需的时长，为基于压缩感知的单像素成像提供了新思路。2015 年，仲亚军等[71]提出了一种针对多散斑图的差分压缩单像素成像方案，通过探测多个独立的散斑图，降低热光单像素成像方案对探测器高时间分辨力的要求，在保证成像质量的同时减少重建时间，具有广阔的应用前景。2018 年，Huang 等[72]提出了一种基于投影 Landweber 正则化和引导滤波器的高质量压缩单像素成像方法，有效降低了欠采样噪声并提高了分辨率，为基于压缩感知的单像素成像技术带来新发展。同年，Yuan 等[73]将双随机相位编码和压缩单像素成像技术相结合，并将其应用在图像加密领域中，不仅减少了密文的数据量，而且增加了加密图像的安全性，将单像素成像技术应用于更多领域之中。2019 年，Soltanlou 等[74]尝试通过归一化和直流阻塞消除压缩单像素成像中的时变噪声和恒定背景噪声，存在环境照明的情况下也可以对物体进行成像，进一步增强了单像素成像在实际应用中的实现。同年，Chen 等[75]分析了压缩感知单像素成像的原理和图像梯度的积分，并将其用于优化重建图像的过程，解决了低采样率下生成图像畸变大的问题，在低采样率下即可获得高质量的图像和目标的边缘信息，进一步促进了单像素成像的实际应用。2020 年，Wang 等[76]尝试探索不同时期投影到物体上的散斑图差异来获得差分散斑图案，对差分散斑图和差分探测信号进行压缩感知单像素成像算法。该方法可以提高成像质量并有效减少测量次数和消除环境照明。2023 年，Li 等[77]提出了一种高分辨率压缩成像框架，该框架将编码曝光与时间延迟集成相结合，利用线内电荷转移特性来实现空间编码，极大提高了重建图像质量。在这一阶段，研究者尝试通过各种方法降低单像素成像所需的数据采集需求，提高单像素成像技术在实际场景中的应用能力，但压缩感知辅助下的单像素成像需要较长的重建时间，且生成图像的细节会被模糊化。因此，提升数据利用率、降低采集次数、提升重构图像质量是下一研究阶段的核心内容。

3. 深度学习赋能的单像素成像

研究人员尝试将深度学习结合到单像素成像中，利用神经网络的信息提取能力，提高对采集数据的利用率，降低单像素成像对数据采集的要求，实现快速且高质量的成像。2017 年，Lyu 等[78]提出了基于深度学习的单像素成像技术，使用单像素成像重建的图像和真实图像训练深度神经网络，以便用神经网络学习两者间的对应关系，提高重建图像的质量。该思路为单像素成像提供了新思路，自此单像素成像进入了深度学习阶段。2018 年，Shimobaba 等[79]使用神经网络去除重建图像的噪声，从而提高重建图像的质量，为深度学习在单像素成像的应用进一步提供了技术保障。同年，Rizvi 等[80]尝试将先验知识从数据集转变为物理数据驱动的神经网络，从而高精度重建复杂目标，该方法克服了单像素成像需要较长图像重建时间且在复杂多样场景的抵消重建问题。2019 年，Barbastathis 等[81]对基于深度学习的单像素成像方法进行分析，总结这类方法的设计原则与适用性的注意事项，探讨了复杂环境下成像物理学如何帮助训练神经网络的参数，促进了基于深度学习的单像素成像领域进一步发展。同年，Ren 等[82]提出了一种基于数据驱动的端到端深度学习框架，在不需要任何先验图像的情况下生成高质量的重建图像，消除了先前方法对先验图像的需求，拓展了深度学习在单像素成像方法中的应用。2020 年，Wu 等[83]尝试使用单像素探测器探测的一维强度信号和多个可调噪声作为输入，并重建目标的高质量图像，在图像去噪、增强及单像素成像方面有实际应用。同年，Gao 等[84]尝试使用混合模拟数据训练深度神经网络，从而提高单像素成像在不同散射介质中重建目标图像的能力，为新的和不确定场景下的单像素成像提供了广泛应用。另外，左超等[85]总结了深度学习技术在单像素成像领域的研究进展和最新成果，对深度学习下单像素成像的现状、未来和挑战进行了总结，展望了该领域未来的发展方向和可能的研究方向，为深度学习与单像素成像的结合提供了全新的思路。在深度学习下的单像素成像中，研究者尝试将深度学习技术与压缩感知技术相结合，来进一步减少单像素成像所需的数据量和成像时长。2020 年，Li 等[86]尝试使用在散射介质中可高质量成像的 Hadamard 图案来重建图像，并将压缩感知与深度学习相结合，提高重建图像的质量，在高散射介质下以极低的采样率来实现高质量图像重建。2021 年，Zhang 等[87]使用压缩感知方法优化单像素探测器采集的光强信号，然后使用神经网络处理优化后的数据以重建目标图像，极大提高了重建图像的质量。在这一阶段，研究者尝试利用神经网络提取信息的优越性解决先前单像素成像数据利用率低、采样次数多、成像质量差的问题。训练神经网络通常需要采集大量的训练数据，且在未训练过的场景会极大降低成像质量，这些困难降低了基于深度学习的单像素成像方法在实际场景中的应用能力。因此，在多变、未知的场景实现快速、高质量成像是未来单像素成像技术的主要研究目标。

近年有研究者提出使用自监督的方式来训练神经网络，即将单像素采集器采集的光强信号作为训练神经网络所需的标签，不需要采集额外的训练数据集，以此提高神经网络对场景的泛化性。2021 年，Liu 等[88]提出了基于未训练神经网络的单像素成像方法，使用单像素采集器收集的一维光强度作为网络的输入，通过网络和单像素成像过程的交互，神经网络可以自动优化生成的图像。2022 年，Wang 等[89]尝试将单像素成像的物理模型结合到深度神经网络中，由此产生的混合神经网络不需要在任何数据集上进行预训练，且在远距离可以实现高分辨率成像。这为单像素成像提供了一个新框架，极大提高了单像素成像的实际应用能力。同年，

Wang 等[90]尝试在数据驱动和模型驱动算法之间建立联系，为人们在远距离、高分辨率的单像素成像场景中的逆向问题求解施加数据和物理先验。2023 年，Zhang 等[91]尝试将模型驱动的参数微调过程合并到可能已针对其他任务进行训练的生成模型中，提出一种变量生成网络增强单像素成像算法，在实际户外场景中以低采样率重建目标的高质量图像。同年，Chang 等[92]提出了一种自监督重建的单像素成像方法，除了传统测量约束外，引入了变化约束施加隐式先验，有效解决了生成图像的退化和噪声问题。2023 年，Li 等[93]提出一种使用未训练重建网络的单像素成像方法，尝试将光电二极管收集的单个一维数据传输到未训练的神经网络中，网络以自监督的方式优化生成图像，该方法在非常低的采样率下具有较高的成像质量和抗噪声能力。

通过总结近年来关于单像素成像的研究可以看出，由于深度学习在提高数据利用率、降低采样次数和提高重构图像质量方面的卓越表现，单像素成像技术已经逐渐从物理模型驱动转变为深度学习推动发展。

4. 水下单像素成像

单像素成像需要较少的硬件成本且有极强的抗环境干扰能力，目前已成为水下应用中获取高质量图像的有效解决方案。2017 年，Le 等[94]分析了单像素成像在水下环境中受到的光吸收和散射限制，研究了不同浊度的水下单像素成像，指出了探测器位置对成像质量的影响，为水下单像素成像带来了更多选择。同年，Gao 等[95]讨论了水深和水下透明度在水下单像素成像的应用，并通过分析得到了最佳分辨率条件，液体折射率增加可以使成像分辨率提高。2018 年，Luo 等[96]利用海水折射率的空间功率谱，建立了针对海洋湍流单像素成像的统一公式，在强湍流情况下有效地提高了重构图像的清晰度。2019 年，Zhang 等[97]分析了海水环境中弱光条件对单像素成像质量的影响，探索了基于压缩感知的单像素成像技术增强图像质量的可见性，为实现远距离水下单像素成像提供了思路。同年，Wang 等[98]将基于 L_p 范数的分解测量用于水下图像恢复和增强，根据 L_p 范数对图像空间信息的稀疏表示能力不同，将重构图像分为三个级别，并从不同级别对图像进行增强，极大提高了重构图像的质量。Zhang 等[99]根据光场与海洋湍流之间的相互作用重建单像素成像的物理模型，为海洋湍流影响下不同长度尺度的自适应水下光学单像素成像提供了指导。Yin 等[100]分析了不同温度梯度、波动和浑浊介质比对单像素成像的影响，为复杂、多变水下环境中的单像素成像提供了清晰的思路，极大提高了单像素成像的抗环境干扰能力。

2020 年，Luo 等[101]从理论上推导了具有成形洛伦兹源的水下单像素成像系统中点扩散函数公式，通过数值算例说明了海洋湍流对重构图像质量的影响，提出了具有成形洛伦兹源的单像素成像方案，有效提高了水下重构图像质量。Wu

等[102]受基于偏振的去散射技术启发，提出了两种交叉偏振单像素成像检测方案来消除后向散射光，在不同浊度下均能显著提高水下重构图像的质量。Yang 等[103]对空间谱域傅里叶单像素成像系统的水下退化函数进行估计，然后根据估计的退化函数实现目标空间谱反演，并利用傅里叶变换对反演后的目标空间谱进行变换，获得目标图像，提高了水下傅里叶单像素成像的重建结果质量。2021 年，Chen 等[104]将水下单像素成像和水下无线光通信相结合，提出了基于时间单像素成像和低带宽高灵敏度雪崩光电二极管的水下无线光通信系统，拓宽了水下单像素成像的应用。Hambade 等[105]提出了一种端到端的水下生成对抗网络，估计重构图像的深度图，并根据估计的深度图对重构图像进行质量增强，极大提高了水下单像素成像的成像质量。Wang 等[106]提出了一种基于改进暗通道的图像恢复方法，通过四叉树分截寻找水光估计的高强度区域，并通过改进的暗通道先验来估计透射率，以此修复水下散射介质劣化的图像。Yang 等[107]提出了基于生成对抗网络的水下单像素成像方法，使用具有双跳跃连接和注意模块的 U-Net 来提高重构图像的质量。促进了基于单像素成像的水下目标成像的进一步发展。Wang 等[108]开发了一种基于全变分正则化先验的压缩感知算法，以极低的采样率实现了水下图像的清晰成像，极大提高了水下单像素成像的图像质量。

2022 年，Xiang 等[109]提出了一种具有变阵残差密集网络的四输入深度模型，考虑偏振去雾成像的物理模型，可以很好地恢复高浊度复杂水下环境中的雾化图像。Yang 等[110]使用少样本学习图像生成方法，获得了水下数据集扩充模型的训练集，并提出了基于水下去模糊的单像素成像方法，有效提高了低采样率下水下重构图像的清晰度，促进了水下单像素成像的进一步应用。Wang 等[111]研究了水下环境中温度分布不均匀对单像素成像的影响，发现随着水温的升高，成像质量呈现由恶化到改善的趋势，为水下单像素成像的研究提供了理论基础。Wu 等[112]探究了不同散斑模式对重构图像质量的影响，提出了基于正交散斑模式的压缩感知单像素成像方法，以较低的采样率重构水下物体的清晰图像。Bai 等[113]设计了一种通过移动物镜实现扫描成像的水下高光谱成像系统，该系统具有良好的水下探测能力，可为水下探测提供新的可行技术方案。Liu 等[114]将单像素成像技术与傅里叶算法结合，通过单个光电探测器捕获场景，避免了传统成像系统对高密度探测器阵列和笨重光学元件的依赖，这种便捷的单像素成像方法为水下单像素成像提供了更灵活的可能性。

2023 年，Jiang 等[115]研究了涡流对水下单像素成像的影响，发现了一个反直觉的现象，即当涡流接近成像目标时，成像质量变得更差；针对此，提出了基于有效探测数据样本的单像素成像方法，提高了重构图像的质量。Yang 等[116]提出了基于沃尔什散斑图案的单像素成像方法，即使水下环境的浊度增加，也仍比基于随机散斑图案和哈达玛散斑图案的单像素成像效果好，该方法促进了基于单像素成像的低采样率水下目标光学成像技术进一步发展。Sun 等[117]使用结合偏移位置伪贝塞尔环散斑图案和随机二进制散斑图案，通过具有不同调制散斑尺寸的伪贝塞尔环光束重构目标图像，提高了浑水环境的重构图像质量。Feng 等[118]提出了基于双注意力生成对抗网络的水下主动单像素成像系统，在低采样率下重建高浊度的目标图像，为高浊度水下单像素成像提供了新的见解。

由水下单像素成像的重要研究进展可以看出，在水下极端环境中，基于物理驱动的单像素成像方法仍占据主导地位，这主要是因为当前基于深度学习的单像素成像方法在水下环境中面临如下挑战：一方面，深度学习方法依赖大量的训练数据来提高神经网络的图像重构能力，但在恶劣的水下环境中，获取足够数量和质量的训练样本非常困难，这极大弱化了模型重构图像的能力；另一方面，在未经过训练的水下场景中，目前的方法在图像重构方面可能存在一定的局限性，成像质量无法得到保证。

针对难以在复杂、多变的水下环境中重构出高质量目标图像的问题，拟开展涉水智能单像素成像方法研究，解决难以在复杂、多变水下环境中高质量重构目标图像的问题，为相关领域的实际应用提供有益的图像数据支持。

具体研究内容如下。

(1) 高效信息利用的水下单像素成像算法：该方法充分结合神经网络优越的信息提取能力，在成像过程中消除散斑和图像中与目标无关的冗余信息，提高数据利用率，以极低的采样率高质量重建目标图像。此外，该方法使用单像素采集的光强信息作为约束训练网络的参数，提高对未训练场景的成像泛化能力。

(2) 图像局部增强的水下单像素成像算法：该方法使用基于分块的模型提取特征的细粒度信息，有效地还原目标的细节部分，增强重构图像的细节体现；通过迭代地使用生成的图片作为模型的输入，不断增加先验信息并增强重构图像的准确性。

(3) 被遮挡目标的水下单像素成像算法：该方法通过模拟数据集提高模型重构被遮挡目标图像的能力，并使用自监督的方法对网络参数进行微调，提高其在复杂、多变水下环境成像的泛化能力。

(4) 水下智能单像素成像原理样机：为水下智能单像素成像原理样机搭建高光照强度的激光光源和高灵敏度的探测器，保证采集信息的质量，并在相机模型上嵌入上述算法，在不同水下环境中重构高质量目标图像。

3.3.5　压缩感知成像技术

1. 压缩感知理论

压缩感知(compressed sensing)是一种信号处理理论，旨在从非常少量的测量数据中恢复原始信号。该理论的核心思想是能够对信号进行高效和准确的恢复,即使只有非常有限的采样信息。传统的采样方法通常要求对信号进行高频率的采样,以满足奈奎斯特采样定理。然而,在压缩感知中,重点关注信号的稀疏性或者压缩性,即信号在某种变换域下能够以较少的系数表示。基于这个假设,压缩感知理论提供了通过少量的随机线性投影获取信号信息的方法。

　　压缩感知数学表达如图 3.15 所示。如果信号是可压缩的,或者信号在某个变换基下是稀疏的,则压缩过程和采样过程可以同步完成,在采样的过程中即可完成信息的提取。在实际应用中可以将一个高维的原始信号,通过观测矩阵投影到一个低维空间上,以少量的投影为参数,求解一个优化问题即可高概率重构出原始信号。在压缩感知理论下,获取信号的采样量和速率可以与信号的带宽无关,只取决于信号所含信息的内容与结构。涉水压缩感知成像技术结合现有的距离选通技术和主动照明技术,能够有效解决成像距离和成像质量难以兼顾的问题,提高对不同距离目标成像的适应性。随着计算能力的提高及压缩感知、压缩采样技术的出现,莱斯大学的科研团队在 2008 年提出了基于压缩采样的单像素成像技术,在压缩采样的理论下,完成了低于亚奈奎斯特采样率情况下的图像重建。利用信号稀疏性完成重建的压缩感知单像素成像,相比传统方法,测量数极大减少,成像质量却得到了提高。

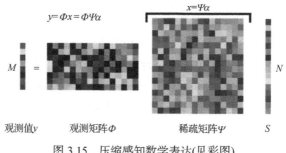

图 3.15　压缩感知数学表达(见彩图)

　　压缩感知的基本步骤:信号压缩、随机投影、采样、重建。将原始信号进行稀疏表示或者通过某种变换转换成稀疏表示。这种表示通常使用变换域,如小波、稀疏表示等。通过随机选择的低维投影矩阵(通常为高斯矩阵或伯努利矩阵),将压缩信号映射到低维空间中。在低维空间中测量投影后的信号,获取相对较少的测量数据。通过数学优化算法(如最小二乘法、L_1 范数最小化等),从测量数据中恢复原始信号。

　　压缩感知理论的关键思想:信号在某种变换域下是稀疏的,即信号能够以较少的系数表示。利用这个稀疏性,只需要对信号进行较少的测量,并通过优化算法恢复出原始信号。这使得在信号处理和数据采集中可以大幅减少采样成本和存储需求，提高数据传输效率。

压缩感知理论的研究历史可以追溯到 20 世纪末。在 20 世纪 90 年代，学者开始意识到许多自然信号在某种变换域下具有稀疏性，即能够以较少的系数表示。Donoho[119]提出了稀疏表示的概念，强调了稀疏性在信号处理中的重要性，Candes 等[120]提出了基于随机矩阵的压缩感知理论。他们证明了使用随机高斯矩阵或伯努利矩阵进行随机投影时，能够以较高的概率准确恢复原始信号。这一结果为压缩感知理论的发展奠定了基础。随后，压缩感知理论得到了广泛的研究和发展。学者对感知矩阵的选取、压缩感知稳定性进行分析，以及在重建算法的设计等方面进行了深入研究。研究成果包括基于推导性测量矩阵的理论分析、基于优化算法的重建方法、近似压缩感知等。随着理论的完善，压缩感知在多个领域得到了广泛应用并不断拓展。在图像处理领域，压缩感知可以实现高效的图像压缩和恢复；在语音处理领域，压缩感知可用于语音信号采样和降噪；在生物医学工程领域，压缩感知被用于医学成像和生物传感器网络等；在无线通信领域，压缩感知可以提高信道估计的精度、效率、鲁棒性及数据传输效率。

2. 压缩感知成像技术原理

随着压缩感知理论的提出，研究者开始将其应用于图像处理领域。一系列的研究探索了压缩感知在图像重建、压缩图像传输等方面的应用，这些研究工作验证了压缩感知成像技术在减少采样和传输开销的同时，能够保持图像的高质量。随着研究的不断深入，研究者开始关注压缩感知成像技术在实际应用中的改进和优化。其中，感知矩阵的设计成为一个关键问题。研究者提出了各种感知矩阵的构造方法，如随机高斯矩阵、伯努利矩阵等，并通过理论分析和实验验证它们在图像重建中的性能。为了提高图像重建的准确性和效率，研究者对压缩感知成像技术中的重建算法进行了改进。基于 L_1 范数最小化的迭代优化算法成为主流方法，如基础追踪算法、迭代软阈值算法等。此外，还有一些非迭代的重建算法被提出，如二次规划、凸松弛等。这些算法的改进使得压缩感知成像技术在重建质量和计算复杂度方面得到了更好的平衡。

压缩感知成像技术是一种利用稀疏信号特性和随机投影测量的图像获取和重建方法。在传统的图像采集中，通常需要对图像进行高密度采样，占用大量存储和传输资源。相比之下，压缩感知成像技术通过选择性地获取少量随机线性投影测量，可以以较少的采样量恢复出高质量的图像。

该技术的基本原理是许多自然图像在某种变换域(如小波、稀疏表示等)下具有稀疏性，即能够使用较少的非零系数表示。压缩感知成像技术通过随机投影测量，捕捉到图像中的稀疏信号分量，并通过优化算法将其重构为原始图像。

在压缩感知成像技术中，感知矩阵是关键要素之一。感知矩阵决定了图像的随机投影测量方式，从而影响图像重建的质量。常用的感知矩阵包括随机高斯矩阵和伯努利矩阵，这些矩阵具有随机性和稀疏性，可以提供较好的图像重建效果。

为了重建原始图像，压缩感知成像技术使用了迭代优化算法，如基础追踪算法和迭代软阈值算法等。这些算法通过最小化稀疏表示中的 L_1 范数，结合随机投影测量信息，逐步逼近原始图像，同时利用稀疏性约束来提高重建质量。

在实际应用中，压缩感知成像技术在医学影像学、卫星成像、安防监控和无人机图像采集等领域有广泛应用。采用压缩感知成像技术，可以大幅度减少传感器的采样量和数据传输量，降低成像设备和存储系统的成本，并且能够保持图像的高质量特性。

本书作者团队研究了基于深度学习的快速计算显微成像方法，深度学习用以减少光学显微成像数据采集量，压缩感知用以提高光学显微成像分辨率和信噪比，继而以计算重构的模式获得传统显微技术无法获得或难以直接获得的样品多维高空时分辨信息。以数据驱动为代表的深度学习和以物理模型驱动为代表的压缩感知，改善了实际成像物理过程的不可预见性，以及高维病态逆问题求解的复杂性。

3.3.6 光谱成像技术

光谱成像技术将光谱测量与成像技术相结合，在图像上每一个像素点都能提取出多通道的光谱特征，从而实现多空间点、多通道的精密测量和多模态识别。高光谱成像技术通过空间分辨和密集收集空间像素，其中每个像素都具有分解成数百个连续波长带的光谱，能够探测目标详细光谱特征结构[121]。研究者使用水下高光谱成像设备作为深海巨型动物的原位分类工具，用于生物光学分类并鉴定生物有机体，在沿海地区到深海的海洋生物栖息地测绘和监测方面具有巨大的应用潜力[122]。常见的光谱成像系统可分为波段扫描式光谱成像系统、空间扫描式光谱成像系统、时间扫描式光谱成像系统和快照式光谱成像系统。

波段扫描式光谱成像系统对同一个目标物体进行多次曝光，每次曝光均进行一次完整成像。通过滤光系统切换每次曝光时进入系统的光波段，可实现对不同光谱波段的测量，然后将不同波段的图像匹配，即可实现全波段光谱成像。波段扫描式光谱成像系统单次曝光即可获取单波段完整的光谱图像，无须图像拼接，且系统的空间分辨率与波段数目和探测速率无关。系统波段数目越多，光谱分辨率越高，但是探测所需时间越长。

空间扫描式光谱成像系统单次曝光即可实现所有波段的探测，使用光栅或棱镜对入射光分光，将分离的光束投影到探测器上。探测器不同位置感应不同波长的光。通过系统移动，实现对不同空间位置的光谱探测，最后拼接不同空间位置的探测结果，完成对空间区域的光谱成像。空间扫描式光谱成像系统的光谱分辨率较高，且可通过对分光系统的多级串联，进一步提高光谱分辨率。

　　时间扫描式光谱成像系统在不同时刻对同一目标进行多次成像，是一种基于傅里叶变换的光谱成像系统。通过在不同时刻改变光程差，对不同波长进行编码，获得宽频谱光的干涉强度与光程差的函数关系，即干涉图函数，对干涉图函数做傅里叶逆变换，即可获得光谱强度分布。时间扫描式光谱成像系统中无需光谱波段分离器件，每次成像均可有效利用所有波段的信息，适用于弱光环境下的探测。

　　快照式光谱成像系统能通过单次曝光实现空间全尺度、多通道的探测，探测速度极快，且对稳定性要求不高。将探测器上的像素分组，每组像素单元包含 3×3 或者 5×5 像素，在每个像素前镀有透射特定波长光线的法布里-珀罗微腔，实现对该波长光线的滤光筛选。快照式光谱成像系统探测频率与相机初始的成像帧率相同，空间分辨率与波段数目的乘积为相机初始的空间分辨率。通常该系统与高分辨率的彩色相机协同工作，通过图像融合实现快速、高空间分辨率的光谱成像探测。

　　涉水光谱成像技术主要基于光在水中传播的特性。在水中，光的传播受到水分子的吸收、散射和反射等过程的影响。水中不同物质和微粒对光的吸收、散射和反射的谱特性不同，因此可以通过测量水下物体的光谱反射或散射来获得物体的特征信息。涉水光谱成像技术需要使用特殊的仪器设备来获取光谱数据和图像信息，通常包括光源、光学系统、光谱分析仪和控制系统等。光源用于发射特定波长或波段的光线，光学系统用于聚焦和收集光线，光谱分析仪用于测量不同波长的光强度并将其转换为光谱数据，控制系统用于控制和记录实验过程。水下光谱成像技术可以以点测量或成像方式进行。点测量方式通过在特定位置测量光谱数据，可以获取物体在不同波长下的光谱反射或散射特性。成像方式则通过扫描或阵列式探测器等手段，在空间上获取多个位置的光谱数据，从而实现对水下目标的成像。

　　根据涉水光谱成像系统的搭载方式，可分为星载光谱成像系统、机载光谱成像系统、舰载光谱成像系统与水下光谱成像系统。用于海洋监测的光谱成像系统主要是星载光谱成像系统，美国有 EOS-MODIS、HIS、FTHSI、COIS 等系统，欧洲有 Hyperion、CHRIS、ESA-HRIS、MERIS、OLCI 等系统，日本有 SGLI、ASTER 等系统。机载光谱成像系统在近海海洋环境、海洋水色监测方面具有比星载光谱成像系统更高的空间分辨率和更短的重访周期，现已广泛应用于海洋生态监控、环境污染调查、水色数据获取等方面。舰载光谱成像系统一般安装在船只上，利用脉冲激光作为激励光源照射海底目标，激发出目标荧光，进而实现光谱成像。

　　涉水光谱成像技术在海洋科学、水质监测、生物学研究等领域有广泛的应用。例如，可以通过测量水下环境中的光谱来获取海水的色彩信息、反射率等，从而判断水质状况。在海洋生物学研究中，涉水光谱成像技术可以用于观测海洋生物的光合作用、色素分布和植物叶片的生理状态等。此外，该技术也可以应用于水下考古、工程勘察等领域。涉水光谱成像技术在实际应用中面临一些挑战。由于水中的吸收和散射效应，高质量的水下光谱成像需要克服背景噪声、多次散射和水体吸收的干扰。此外，水下环境的复杂性也对数据获取和处理提出了要求。未来的研究方向包括进一步改进成像设备，提高数据采集效率和处理算法，使水下光谱成像技术更加精确、高效和适用于多样化的应用场景。

涉水光谱成像技术研究最早开始于 20 世纪 80 年代，研究人员开始对水下光谱进行测量和分析。他们使用光谱分析仪器和水下摄像机等设备，通过在实地调查中记录不同波长的光谱数据，了解水下环境的光学特性。这些早期的研究为后续涉水光谱成像技术的发展奠定了基础。随着对水下光学过程的深入理解，研究人员开始探索涉水光谱成像技术的理论基础。他们发展了一些光传输模型和反射散射理论，用于解释水下环境中光的传播和被物体相互作用的过程。这些研究推动了涉水光谱成像技术从实证研究向理论探索的转变，并为技术的进一步发展提供了指导。随着技术的进步，研究人员开始设计和改进专门用于涉水光谱成像的仪器设备，采用新的光源、光学系统、探测器和数据处理方法，以提高光谱成像的空间分辨率和光谱分辨率。这些进步使得涉水光谱成像技术能够更好地适应复杂的水下环境，实现对水下目标的精确成像。近年来，涉水光谱成像技术的应用领域不断扩大。除了海洋科学、水质监测和生物学研究等传统领域，该技术还应用于水下考古、工程勘察、海洋资源开发等领域。同时，研究人员开始探索将涉水光谱成像与其他技术(如声呐成像、激光雷达等)相结合，以获取更全面和准确的水下信息。当前，涉水光谱成像技术仍在不断发展和完善。随着人工智能和计算机视觉等技术的进步，研究人员正在探索将这些技术应用于涉水光谱成像中，以提高数据处理和目标识别的效率和准确性。另外，对涉水光学过程的深入理解和模拟方法的发展也是未来研究的重点，旨在更好地解释和预测水下环境中的光学现象。

本书作者团队基于宽谱、高分辨率、快照等技术，提出宽谱差分连续精细谱、参比主动校正、非线性预测等关键技术，改变了以化学分析法为单一标准的现状，为复杂海水水质分析提供新标准，是国际首创。

3.3.7　全息成像技术

1. 全息成像的概念

全息成像技术是一种先进的图像记录和再现技术，其原理基于光的波动性和干涉现象。全息成像技术的发展历程源远流长，从最初的模型全息到如今的数字全息，已经取得了巨大的进展和突破，广泛应用于科学研究、医学诊断、艺术创作等领域。

全息成像技术的核心思想：将被记录物体的全部光信息编码成一个三维干涉图案，然后通过合适的照明和解码过程，将这个干涉图案转化为一个逼真的三维图像。与传统的摄影和平面图像记录方法不同，全息成像不仅记录了物体的表面信息，还捕捉了物体的深度和体积信息，使观察者可以从不同角度感知物体的全貌，提供近乎真实的立体感是该技术独特之处。

从最早的概念提出，到如今的数字全息技术，全息成像在光学、物理学、医学和艺术等领域都取得了重要的突破和应用。全息成像的历史可以追溯到 19 世纪初，当时光学家开始研究光的干涉现象。早期的干涉实验为全息成像奠定了理论基础，特别是托马斯·杨和菲涅耳的工作，他们的实验揭示了光波的干涉现象，为后来全息成像的概念提供了基本的物理原理。

真正的全息成像概念到 20 世纪初期才得以确立。1964 年，利思(Leith)与密歇根大学的乌帕特尼克斯(Upatnieks)在美国光学学会的一次会议上展示了三维全息图。截至 2009 年，乌帕特尼克斯拥有 19 项专利，其中就有全息瞄准镜。第一个成功制备全息图像的人是匈牙利科学家伽柏(Gabor)，他在 1947 年发表的论文中首次提出了全息成像的概念[123]，并于 1971 年获得了诺贝尔物理学奖，以表彰他对全息术语的发明和应用。伽柏的早期实验奠定了全息成像的基础，尽管他当时的技术条件有限，无法达到如今数字全息技术的水平，但他的贡献为后来的研究和应用铺平了道路。他认为通过记录光的干涉图案，可以同时捕捉光的振幅和相位信息，从而实现对物体的全方位记录。伽柏的开创性工作标志着全息术语的诞生，为全息成像的发展开辟了方向。他的研究为全息成像的理论和实践提供了坚实的基础，激发了更多科学家和工程师的兴趣，推动了全息成像技术的进一步发展。

在伽柏的开创性工作之后不久，德国物理学家沃尔夫(Wolf)提出了全息术语的数学表达方式，为全息成像的理论研究提供了更深入的基础[124]。1969 年，沃尔夫详细介绍了全息术语的数学理论和实验结果[125]，该研究对全息理论的发展产生了重要影响，为全息成像的理论基础提供了更为严密的数学表述。他的工作不仅对理论研究有着重要的贡献，还为后来的全息实验提供了重要的参考依据。

20 世纪 60 年代末至 70 年代，全息成像经历了快速发展的阶段。研究人员不断改进全息成像的技术和方法，探索不同的记录材料、照明方式和解码技术，提高了全息图像的质量和稳定性。全息显微镜成为一个重要的应用领域，可以利用全息成像技术对生物样本进行三维观察，获得更详细的细胞结构和动态过程信息，是生物学研究的有力工具。传统全息成像技术仍然存在一些局限性，如图像的重现效果受到环境条件、照明方式的影响，图像质量不高。为了解决这些问题，研究人员开始探索数字全息技术。

20 世纪 80 年代，随着激光技术和计算机技术的进一步发展，数字全息技术逐渐崭露头角，为全息成像领域带来了新的突破和创新。数字全息技术利用计算机的数字处理能力，将全息图像的干涉图案转化为数字数据，并通过复杂的算法进行图像重建。这一技术不仅能够突破传统全息技术的一些限制，还能够提供更高质量、更稳定的图像重现效果，为全息成像的应用领域开辟了更多可能性。

数字全息技术的基本原理是将全息图像的干涉图案记录为数字数据，然后利用计算机进行图像的重建和再现。与传统的全息成像方法不同，数字全息技术可以更精确地捕捉光波的干涉信息，同时消除了环境条件和照明方式对图像重现的影响，使得图像更加稳定和高质量。

在数字全息技术的发展过程中，研究人员提出了一系列创新性的方法和算法，不断提高了图像的分辨率和质量。全息术语技术是数字全息的一个重要发展方向，利用全息术语在解码过程中的非线性特性，通过逐步改变解码参数，实现对图像深度信息的高精度重建。此外，研究人员引入了压缩感知理论和机器学习方法，进一步提高了数字全息图像的重建效果。

数字全息技术在医学领域得到了广泛的应用，为医生提供了更准确、更详细的诊断工具。一项重要应用是数字全息显微镜。传统的光学显微镜只能提供二维的图像信息，数字全息显微镜可以实现对生物样本的三维观察，包括细胞结构和细胞内过程的动态变化。这为生物医学研究和临床诊断提供了有力支持，特别是在细胞学、病理学和神经科学领域。

此外，数字全息技术还应用于医学成像领域，如数字全息断层成像(DHCT)。DHCT结合了数字全息技术和传统的X射线计算机断层成像(X-CT)技术，实现了对人体内部的三维成像。相比传统的CT，DHCT可以提供更高的空间分辨率和对比度，使医生可以更准确地诊断疾病和病变。

数字全息技术在艺术领域也展现出了巨大的创新潜力，为艺术家提供了全新的表现方式和艺术语言。艺术家可以利用数字全息技术创作出具有立体感和变化效果的艺术作品，为观众呈现更丰富的视觉体验。例如，数字全息技术在虚拟现实(virtual reality，VR)和增强现实(augmented reality，AR)领域有着广泛的应用。艺术家可以将数字全息技术与虚拟现实技术相结合，创造出沉浸式的艺术作品，使观众能够身临其境地感受艺术家所要表达的情感和思想。此外，数字全息技术还为艺术家提供了新的创作工具，使他们能够在艺术创作中融入科技元素，创造出更前沿和独特的作品。

尽管数字全息技术在医学和艺术领域取得了显著的成就，但仍然面临一些挑战和限制。数字全息技术在图像重建过程中需要大量的计算资源支持，特别是在处理复杂的三维图像时。这使得数字全息技术在一些场景下面临计算速度较慢的问题，限制了实时性和实际应用。虽然数字全息技术在图像记录过程中不需要使用特殊的光学元件，但在图像重现过程中仍然需要复杂的光学系统来解码干涉图案。这使得观看数字全息图像需要特殊的照明和解码设备,增加了系统的复杂性和成本。数字全息技术在一定程度上受到传感器分辨率的限制。尽管可以通过改进算法和增加传感器像素来提高分辨率,但在实际应用中仍然可能存在分辨率不足的问题,影响图像的细节展现。数字全息技术需要使用感光材料或记录介质来记录干涉图案,但可用的感光材料在响应速度、稳定性和长期保存等方面仍然存在一些限制。此外,一些记录介质可能对环境敏感,容易受到污染或损坏。为了实现数字全息图像的最佳观看效果,需要一定的观看环境,包括特定的照明条件和解码设备。这限制了数字全息技术在一般环境中的应用,使其在特定场景下的可用性受到限制。

当前,研究人员正在不断探索更高效的算法和方法,以提高数字全息图像的重建速度和质量。同时,虚拟现实和增强现实技术的发展也为数字全息技术的应用提供了更广阔的空间,使其能够更好地融入人们的日常生活。

2. 全息相机

从 Leith 和 Upatnieks 的开创性工作开始,全息相机技术经历了持续的发展和创新。研究人员不断改进全息相机的技术和方法,探索不同的记录材料、照明方式和解码技术,提高了全息图像的质量和稳定性。随着计算机技术的进步,数字全息相机技术逐渐崭露头角。

全息相机的概念源于全息成像技术,旨在实现对物体的全方位三维图像记录和再现。与传统的摄影不同,全息相机记录的不仅仅是物体的光强分布,还包括光波的相位信息。这使得全息相机能够捕捉更多的细节和深度信息,呈现更加逼真和立体的图像效果。

全息相机的工作原理基于光的干涉现象,使用一束激光光源照射物体,产生与光波干涉相关的干涉图案。这些干涉图案被记录在感光材料上,形成全息图。当观看者使用适当的照明条件和解码方法观看全息图时,可以看到物体的立体三维影像,仿佛物体本身在眼前。

全息相机可以根据不同的特点和应用领域进行分类。根据原理可以分为透射全息相机和反射全息相机,根据材料可以分为传统全息相机和数字全息相机,根据应用可以分为医学全息相机、工业全息相机和艺术全息相机。

全息相机能够实现对物体真实三维图像的记录和再现,捕捉光的振幅和相位信息。这使得观看者可以从不同角度和深度观察物体,获得更为逼真和立体的图像效果。全息相机具有较高的分辨率,能够捕捉微小的细节和变化。这使得全息相机在医学成像、工业检测等领域有着广阔的应用前景,可以观察到肉眼难以察觉的细微结构和变形。与传统摄影不同,全息相机记录的是物体的全方位信息,包括光的振幅和相位。这使得全息相机能够更准确地重建物体的形状、纹理和深度，呈现更真实的图像效果。在全息相机的成像过程中，物体不需要直接接触感光材料，因此不会受到损伤。这对于珍贵的文物、艺术品等具有重要意义，可以实现无损的图像记录。

参 考 文 献

[1] COSGROVE D, FOX W L. Photography and Flight[M]. London: Reaktion Books, 2010.

[2] 文图, 肖晨超, 魏红艳. 从《山海经》到"天眼通"[J]. 自然资源科普与文化, 2018, 16(3): 18.

[3] XUE Y, LI Y, GUANG J, et al. Small satellite remote sensing and applications: History, current and future[J]. International Journal of Remote Sensing, 2008, 29(15): 4339-4372.

[4] JENSEN J R. Remote Sensing of Vegetation: An Earth Resource Perspective[M]. Upper Saddle River: Pearson Prentice Hall, 2007.

[5] CRACKNELL A P. The development of remote sensing in the last 40 years[J]. International Journal of Remote Sensing, 2018, 39(23): 8387-8427.

[6] TOTH C, JÓŹKÓW G. Remote sensing platforms and sensors: A survey[J]. ISPRS Journal of Photogrammetry and Remote Sensing, 2016, 115: 22-36.

[7] KAIRU E N. An introduction to remote sensing[J]. GeoJournal, 1982, 6: 251-260.

[8] TOWNSHEND J R, SHORT N M. The LANDSAT tutorial workbook: Basics of satellite remote sensing[J]. The Geographical Journal, 1984, 150: 283.

[9] QIAN S. Optical Payloads for Space Missions[M]. Hoboken: John Wiley & Sons, 2016.

[10] KRAMER H J, CRACKNELL A P. An overview of small satellites in remote sensing[J]. International Journal of Remote Sensing, 2008, 29(15): 4285-4337.

[11] HEIDNER III R F, STRAUS J M. The future of US commercial remote sensing from space[C]. Sioux Falls: Pecora 16 "Global Priorities in Land Remote Sensing", 2005.

[12] National Aeronautics and Space Administration Goddard Space Flight Center. ICESat & ICESat-2[EB/OL]. (2017-04-03) [2024-12-12]. https://icesat.gsfc.nasa.gov/.

[13] 范唯唯. NASA 成功发射 ICESat-2 卫星[J]. 空间科学学报, 2018, 38(6): 843.

[14] 参考消息网. NASA 发射卫星测冰川变化聚焦陵兰岛和南极洲[EB/OL]. (2018-09-18) [2024-12-12]. https://www.cnsa.gov.cn/n6758823/n6759010/c6803033/content.html.

[15] COOLEY S W, RYAN J C, SMITH L C. Human alteration of global surface water storage variability[J]. Nature, 2021, 591: 78-81.

[16] ACKER J, WILLIAMS R, CHIU L, et al. Remote Sensing from Satellites[M]//ROBERT A M. Encyclopedia of Physical Science and Technology. New York: Academic Press, 2003.

[17] MICHAEL A W, DAVID P R, VOLKER C R, et al. Fifty years of Landsat science and impacts[J]. Remote Sensing of Environment, 2022, 280: 113195.

[18] STOLL E, KONSTANSKI H, ANDERSON C, et al. The RapidEye constellation and its data products[C]. Big Sky: 2012 IEEE Aerospace Conference, 2012.

[19] TYC G, TULIP J, SCHULTEN D, et al. The RapidEye mission design[J]. Acta Astronautica, 2005, 56(1-2): 213-219.

[20] 龚燃. "天空卫星"(SkySat)[J]. 卫星应用, 2016, (7): 82.

[21] 贺庆, 邸国辉, 刘松. GeoEye-1 卫星影像测图的应用研究[J]. 东华理工大学学报(自然科学版), 2016, 39(S1): 119-121.

[22] 朱仁璋, 丛云天, 王鸿芳, 等. 全球高分光学星概述(一): 美国和加拿大[J]. 航天器工程, 2015, 24(6): 85-106.

[23] 刘瑞清, 李加林, 孙超, 等. 基于 Sentinel-2 遥感时间序列植被物候特征的盐城滨海湿地植被分类[J]. 地理学报, 2021, 76(7): 1680-1692.

[24] 冯钟葵, 石丹, 陈文熙, 等. 法国遥感卫星的发展: 从 SPOT 到 Pleiades[J]. 遥感信息, 2007, (4): 87-92.

[25] 秋雁. 印度的 IRS 系列遥感卫星[J]. 航天返回与遥感, 1999, (2): 44-49.

[26] 汪淼. 韩国多用途系列对地观测-KOMPSAT2、3、3A 卫星介绍[J]. 通讯世界, 2017, (1): 255-256.

[27] 岳桢干. 意大利 PRISMA 高光谱卫星发射升空[J]. 红外, 2019, 40(3): 37-39.

[28] 国家航天局. 美国地球观测-1 号完成试验任务, 超期服役期间的管理运作机制形成[EB/OL]. (2002-02-01) [2024-12-12]. https://www.cnsa.gov.cn/n6758823/n6759010/c6777976/content.html.

[29] 朱仁璋, 丛云天, 王鸿芳, 等. 全球高分光学星概述(二): 欧洲[J]. 航天器工程, 2016, 25(1): 95-118.

[30] 徐冰. 加拿大下一代雷达成像卫星星座[J]. 卫星应用, 2019, (7): 66.

[31] 蒋厚军, 廖明生, 张路, 等. 高分辨率雷达卫星 COSMO-SkyMed 干涉测量生成 DEM 的实验研究[J]. 武汉大学学报(信息科学版), 2011, 36(9): 1055-1058.

[32] 倪维平, 边辉, 严卫东, 等. TerraSAR-X 雷达卫星的系统特性与应用分析[J]. 雷达科学与技术, 2009, 7(1): 29-34, 58.

[33] 刘韬, 邓刚. 日本 ALOS-3 卫星技术特点分析[J]. 国际太空, 2023, (5): 8-12.

[34] 冉将军, 闫政文, 吴云龙, 等. 下一代重力卫星任务研究概述与未来展望[J]. 武汉大学学报(信息科学版), 2023, 48(6): 841-857.

[35] HICKMAN G D, EDMONDS J A. An experimental facility for laser/acoustic applications[C]. Arlington: Interim Report Applied Science Technology, 1981.

[36] FONTANA J, HASSIN G, KINCAID B. Remote sensing of molecular pollutants in the atmosphere by stimulated Raman emission[J]. Nature, 1971, 234(5327): 292-293.

[37] BRECH F, CROSS L. Optical microemission stimulated by a ruby laser[J]. Applied Spectroscopy, 1962, 16: 59-64.

[38] RAMAN C V. A new radiation[J]. Indian Journal of Physics, 1928, 2: 387-398.

[39] LOVERN M G, ROBERTS M W, MILLER S A, et al. Oceanic in-situ fraunhofer-line characterizations[C]//Proceedings of SPIE-The International Society for Optical Engineering, 1992, 1750: 149-160.

[40] SHASHAR N, CRONIN T W. Polarization contrast vision in octopus[J]. Journal of Experimental Biology, 1996, 199(4): 999.

[41] HECKMAN P, HODGSON R. 2.7-Underwater optical range gating[J]. IEEE Journal of Quantum Electronics, 1967, 3(11): 445-448.

[42] BARTHOLIN R. Erasmi Bartholini Experimenta Crystalli Islandici Disdiaclastici Qvibus Mira & Insolita Refractio Detegitur[M]. Copenhagen: Paullus, Daniel, 1972.

[43] HUYGENS D. Traité de la Lumière[M]//JAN DIJKSTERHUIS F. Lenses and Waves. Dordrecht: Springer, 2004.

[44] BUCHWALD J Z, FOX R. The Oxford Handbook of the History of Physics[M]. Oxford: Oxford University Press, 2013.

[45] PELOSI G. Etienne-Louis Malus: The polarization of light by refraction and reflection is discovered [historical corner][J]. IEEE Antennas and Propagation Magazine, 2009, 51(4): 226-228.

[46] STOKES G G. On the composition and resolution of streams of polarized light from different sources[J]. Transactions of the Cambridge Philosophical Society, 1851, 9: 399.

[47] MAXWELL J C, TORRANCE T F. A Dynamical Theory of the Electromagnetic Field[M]. Eugene: Wipf and Stock, 1996.

[48] TREIBITZ T, SCHECHNER Y Y. Active polarization descattering[J]. IEEE Transactions on Pattern Analysis & Machine Intelligence, 2009, 31(3): 385-399.

[49] JONES R C. A new calculus for the treatment of optical systemsi description and discussion of the calculus[J]. Journal of the Optical Society of America, 1941, 31(7): 488-493.

[50] LYTHGOE J N, HEMMINGS C C. Polarized light and underwater vision[J]. Nature, 1967, 213(5079): 893-894.

[51] ROGNE T J, SMITH F G, RICE J E. Passive target detection using polarized components of infrared signatures[C]. Huntsville: Proceeding of SPIE 1317, 1990.

[52] ROWE M P, PUGH E N, TYO J S, et al. Polarization-difference imaging: A biologically inspired technique for observation through scattering media[J]. Optics Letters, 1995, (6): 608-610.

[53] SCHECHNER Y Y, KARPEL N. Recovery of underwater visibility and structure by polarization analysis[J]. IEEE Journal of Oceanic Engineering, 2006, 30(3): 570-587.

[54] TREIBITZ T, SCHECHNER Y Y. Active polarization descattering[J]. IEEE Transactions on Pattern Analysis & Machine Intelligence, 2009, 31(3): 385-399.

[55] LYTHGOE J N, HEMMINGS C C. Polarized light and underwater vision[J]. Nature, 1967, 213(5079): 893-894.

[56] MULLEN L J, HERCZFELD P R. Application of radar technology to aerial LIDAR systems[C]. San Diego: 1994 IEEE MTT-S International Microwave Symposium Digest, 1994.

[57] LI G, ZHOU Q, XU Q, et al. Lidar-radar for underwater target detection using a modulated sub-nanosecond Q-switched laser[J]. Optics & Laser Technology, 2021, 142: 107234.

[58] KLYSHKO D N. Two-photon light: Influence of filtration and a new possible EPR experiment[J]. Physics Letters A, 1988, 128(3-4): 133-137.

[59] PITTMAN T B, SHIH Y, STREKALOV D, et al. Optical imaging by means of two-photon quantum entanglement[J]. Physical Review A, 1995, 52(5): R3429.

[60] BENNINK R S, BENTLEY S J, BOYD R W. "Two-photon" coincidence imaging with a classical source[J]. Physical Review Letters, 2002, 89(11): 113601.

[61] SHAPIRO J H. Computational ghost imaging[J]. Physical Review A, 2008, 78: 061802.

[62] FERRI F, MAGATTI L, LUGIATO L A, et al. Differential Ghost Imaging[J]. Physical Review Letters, 2010, 104: 253603.

[63] MEYERS R E, DEACON K, SHIH Y. Turbulence-free ghost imaging[J]. Applied Physics Letters, 2011, 98(11): 111115.

[64] ZHAO C, GONG W, CHEN M, et al. Ghost imaging Lidar via sparsity constraints[J]. Applied Physics Letters, 2012, 101(14): 141123.

[65] CHEN W, CHEN X. Marked ghost imaging[J]. Applied Physics Letters, 2014, 104(25): 251109.

[66] RYCZKOWSKI P, BARBIER M, FRIBERG A T, et al. Ghost imaging in the time domain[J]. Nature Photonics, 2016, 10(3): 167-170.

[67] MOREAU P A, TONINELLI E, GREGORY T. Ghost imaging using optical correlations[J]. Laser & Photonics Reviews, 2018, 12(1): 1700143.

[68] DUARTE M F, DAVENPORT M A, TAKHAR D, et al. Single-pixel imaging via compressive sampling[J]. IEEE Signal Processing Magazine, 2008, 25(2): 83-91.

[69] KATZ O, BROMBERG Y, SILBERBERG Y. Compressive ghost imaging[J]. Applied Physics Letters, 2009, 95(13): 131110.

[70] ASSMANN M, BAYER M. Compressive adaptive computational ghost imaging[J]. Scientific Reports, 2013, 3: 1545.

[71] 仲亚军, 刘娇, 梁文强, 等. 针对多散斑图的差分压缩鬼成像方案研究[J]. 物理学报, 2015, 64(1): 014202.

[72] HUANG H, ZHOU C, TIAN T, et al. High-quality compressive ghost imaging[J]. Optics Communications, 2018, 412: 60-65.

[73] YUAN S, YANG Y, LIU X, et al. Optical image transformation and encryption by phase-retrieval-based double random-phase encoding and compressive ghost imaging[J]. Optics and Lasers in Engineering, 2018, 100: 105-110.

[74] SOLTANLOU K, LATIFI H. Compressive ghost imaging in the presence of environmental noise[J]. Optics Communications, 2019, 436: 113-120.

[75] CHEN Y, CHENG Z, FAN X, et al. Compressive sensing ghost imaging based on image gradient[J]. Optik, 2019, 182: 1021-1029.

[76] WANG L, ZHAO S. Compressed ghost imaging based on different speckle patterns[J]. Chinese Physics B, 2020, 29(2): 024204.

[77] LI Y, WAN X. Compressive imaging beyond the sensor's physical resolution via coded exposure combined with time-delay integration[J]. Optics and Lasers in Engineering, 2023, 164: 107491.

[78] LYU M, WANG W, WANG H, et al. Deep-learning-based ghost imaging[J]. Scientific Reports, 2017, 7(1): 17865.

[79] SHIMOBABA T, ENDO Y, NISHITSUJI T, et al. Computational ghost imaging using deep learning[J]. Optics Communications, 2018, 413: 147-151.

[80] RIZVI S, GAO J, ZHANG K, et al. DeepGhost: Real-time computational ghost imaging via deep learning[J]. Scientific Reports, 2018, 10(1): 11400.

[81] BARBASTATHIS G, OZCAN A, SITU G. On the use of deep learning for computational imaging[J]. Optica, 2019, 6(8): 921-943.

[82] REN Z, XU Z, LAM E. End-to-end deep learning framework for digital holographic reconstruction[J]. Advanced Photonics, 2019, 1(1): 016004.

[83] WU H, WANG R, ZHAO G, et al. Deep-learning denoising computational ghost imaging[J]. Optics and Lasers in Engineering, 2020, 134: 106183.

[84] GAO Z, CHENG X, CHEN K, et al. Computational ghost imaging in scattering media using simulation-based deep learning[J]. IEEE Photonics Journal, 2020, 12(5): 1-15.

[85] 左超, 冯世杰, 张翔宇, 等. 深度学习下的计算成像: 现状、挑战与未来[J]. 光学学报, 2020, 40(1): 0111003.

[86] LI F, ZHAO M, TIAN Z, et al. Compressive ghost imaging through scattering media with deep learning[J]. Optics Express, 2020, 28(12): 17395-17408.

[87] ZHANG H, DUAN D. Computational ghost imaging with compressed sensing based on a convolutional neural network[J]. Chinese Optics Letters, 2021, 19(10): 101101-101104.

[88] LIU S, MENG X, YIN Y, et al. Computational ghost imaging based on an untrained neural network[J]. Optics and Lasers in Engineering, 2021, 147: 106744.

[89] WANG F, WANG C, CHEN M, et al. Far-field super-resolution ghost imaging with a deep neural network constraint[J]. Light: Science & Applications, 2022, 11(1): 1-11.

[90] WANG F, WANG C, DENG C, et al. Single-pixel imaging using physics enhanced deep learning[J]. Photonics Research, 2022, 10(1): 104-110.

[91] ZHANG X, DENG C, WANG C, et al. VGenNet: Variable generative prior enhanced single pixel imaging[J]. ACS Photonics, 2023, 10(7): 2363-2373.

[92] CHANG X, WU Z, LI D, et al. Self-supervised learning for single-pixel imaging via dual-domain constraints[J]. Optics Letters, 2023, 48(7): 1566-1569.

[93] LI J, WU B, LIU B, et al. URNet: High-quality single-pixel imaging with untrained reconstruction network[J]. Optics and Lasers in Engineering, 2023, 166: 107580.

[94] LE M, WANG G, ZHENG H, et al. Underwater computational ghost imaging[J]. Optics Express, 2017, 25(19): 22859-22868.

[95] GAO Y, FU X, BAI Y. Ghost imaging in transparent liquid[J]. Journal of Optics, 2017, 46: 410-414.

[96] LUO C, LI Z, XU J, et al. Computational ghost imaging and ghost diffraction in turbulent ocean[J]. Laser Physics Letters, 2018, 15(12): 125205.

[97] ZHANG Y, LI W, WU J, et al. High-visibility underwater ghost imaging in low illumination[J]. Optics Communications, 2019, 441: 45-48.

[98] WANG J, WANG H, GAO G, et al. Single underwater image enhancement based on L_p-norm decomposition[J]. IEEE Access, 2019, 7: 145199-145213.

[99] ZHANG Q, LI W, LIU K, et al. Effect of oceanic turbulence on the visibility of underwater ghost imaging[J]. Journal of the Optical Society of America A, 2019, 36(3): 397-402.

[100] YIN M, WANG L, ZHAO S. Experimental demonstration of influence of underwater turbulence on ghost imaging[J]. Chinese Physics B, 2019, 28(9): 094201.

[101] LUO C, WAN W, CHEN S, et al. High-quality underwater computational ghost imaging with shaped Lorentz sources[J]. Laser Physics Letters, 2020, 17(10): 105209.

[102] WU H, ZHAO M, LI F, et al. Underwater polarization-based single pixel imaging[J]. Journal of the Society for Information Display, 2020, 28(2): 157-163.

[103] YANG X, JIANG P, WU L, et al. Underwater Fourier single pixel imaging based on water degradation function compensation method[J]. Infrared and Laser Engineering, 2020, 49(11): 1-12.

[104] CHEN X, JIN M, CHEN H, et al. Computational temporal ghost imaging for long-distance underwater wireless optical communication[J]. Optics Letters, 2021, 46(8): 1938-1941.

[105] HAMBADE P, MURALA S, DHALL A. UW-GAN: Single-image depth estimation and image enhancement for underwater images[J]. IEEE Transactions on Instrumentation and Measurement, 2021, 70: 1-12.

[106] WANG Y, CAO J, TANG M, et al. Underwater image restoration based on improved dark channel prior[C]. Kunming: Seventh Symposium on Novel Photoelectronic Detection Technology and Applications, 2021, 11763.

[107] YANG X, YU Z, XU L, et al. Underwater ghost imaging based on generative adversarial networks with high imaging quality[J]. Optics Express, 2021, 29(18): 28388-28405.

[108] WANG T, CHRN M, WU H, et al. Underwater compressive computational ghost imaging with wavelet enhancement[J]. Applied Optics, 2021, 60(23): 6950-6957.

[109] XIANG Y, YANG X, REN Q, et al. Underwater polarization imaging recovery based on polarimetric residual dense network[J]. IEEE Photonics Journal, 2022, 14(6): 1-6.

[110] YANG X, YU Z, JIANG P, et al. Deblurring ghost imaging reconstruction based on underwater dataset generated by

few-shot learning[J]. Sensors, 2022, 22(16): 6162.

[111] WANG M, BAI Y, ZOU X, et al. Effect of uneven temperature distribution on underwater computational ghost imaging[J]. Laser Physics, 2022, 32(6): 065205.

[112] WU H, CHEN Z, HE C, et al. Experimental study of ghost imaging in underwater environment[J]. Sensors, 2022, 22(22): 8951.

[113] BAI H, XUE Q, HAO X, et al. Underwater hyperspectral imaging system with dual-scanning mode[J]. Applied Optics, 2022, 61(15): 4226-4237.

[114] LIU Y, LIU C, SHEN K, et al. Underwater multispectral computational imaging based on a broadband water-resistant Sb_2Se_3 heterojunction photodetector[J]. ACS Nano, 2022, 16(4): 5820-5829.

[115] JIANG T, BAI Y, TAN W, et al. The Influence of free-surface vortex on underwater ghost imaging[J]. Journal of Optics, 2023, 25(4): 045201.

[116] YANG M, WU Y, FENG G. Underwater environment laser ghost imaging based on Walsh speckle patterns[J]. Frontiers in Physics, 2023, 11: 1106320.

[117] SUN Z, TIAN T, SUKYOON O, et al. Underwater ghost imaging with pseudo-Bessel-ring modulation pattern[J]. Chinese Optics Letters, 2023, 21(8): 081101.

[118] FENG W, ZHOU S, LI S, et al. High-turbidity underwater active single-pixel imaging based on generative adversarial networks with double attention U-net under low sampling rate[J]. Optics Communications, 2023, 538: 129470.

[119] DONOHO D L. Compressed sensing[J]. IEEE Transactions on Information Theory, 2006, 52(4): 1289-1306.

[120] CANDES E J, ROMBERG J, TAO T. Robust uncertainty principles: Exact signal reconstruction from highly incomplete frequency information[J]. IEEE Transactions on Information Theory, 2006, 52(2): 489-509.

[121] CHENNU A, FAERBER P, DE'ATH G, et al. A diver-operated hyperspectral imaging and topographic surveying system for automated mapping of benthic habitats[J]. Scientific Reports, 2017, 7(1): 7122.

[122] DUMKE I, PURSER A, MARCON Y, et al. Underwater hyperspectral imaging as an in situ taxonomic tool for deep-sea megafauna[J]. Scientific Reports, 2018, 8: 12860.

[123] GABOR D. A new microscopic principle[J]. Nature, 1948, 161: 777-778.

[124] CARNEY P S, EBERLY J. A coherent life[J]. Nature Photonics, 2018, 12: 637-639.

[125] WOLF E. Three-dimensional structure determination of semi-transparent objects from holographic data[J]. Optics Communications, 1969, 1: 153-156.

第4章 涉水光学信息传输与处理

在涉水光学设备采集完成相关信息后，需要将采集的信息通过涉水光学信息传输系统上传至终端设备，该过程涵盖信息发射及探测、信道建立、信息调制及解调。当终端设备获得解调信息后，通过机器学习、深度学习等人工智能算法，完成信息的多源、多模态认知解算等处理过程，进而实现信息的复原、增强及质量评价，从而获得涉水环境的多尺度、多维度的全域信息。

4.1 水下无线光通信技术

在涉水光学信息传输过程中，主要有水下电磁波通信、水声通信、水下无线光通信三种方式。其中，电磁波通信包含了超长波通信、长波通信、中波通信、短波通信、超短波通信和微波通信等。波长越长的电磁波的频率越高，趋肤效应越明显，很难在水中长距离传播。因此，水下电磁波通信主要使用波长 10km 以上的超长电磁波。这种通信方式是世界各国广泛采用的水下对潜通信方式，技术成熟，无须进行声光电之间的互相转换，同时信号的传播时延较低。然而，水下电磁波通信的缺点在于信号发射装置的占地面积可达数平方千米，因此无法部署在水下航行器等水下移动载具上，只能建在陆地上；此外，超长波的载波频率很低，通信速率低，无法实现语音、图像等信息的实时传输。

水声通信是目前最成熟的水下无线通信技术，在海洋领域中具有非常重要的应用价值。水声通信的信息载体为声波，其原理是将要传输的语音、图像、文字等信息编码成电信号，再通过调制器对声波进行调制。经调制的声波经过长距离水下传输后，到达接收端。接收端安装有水声通信换能器，能够将声波中的信号进行解译，将其还原成发送端的文字、语音、图像等信息。水声通信在水下传感、水下资源探测、水下航行器导航、水下定位等领域具有广泛应用。与水下电磁波通信相比，水声通信的特点在于声波是一种纵波，因此在水中的衰减相比电磁波具有非常强的优势，水声通信距离能够达到几百米甚至上千米。然而，声波在水中的传播速度相比电磁波而言要慢得多(约 1500m/s)，因此具有较高的时间延迟。此外，水声通信受多径效应的影响严重。多径效应包括声音在海底与海面之间反射所形成的宏观多径效应，以及因海水介质不均匀导致的微观多径效应，多径效应是引起水声通信系统中信号产生码间干扰的主要因素。最后，由于声波几乎无法穿透海水与空气的交界面,在进行跨域通信组网时,需要增加额外的一套信号转换设备,增加了系统造价。

水下无线光通信(underwater wireless optical communication,UWOC)是近年来发展起来的一种变革性的水下信息传输方式。UWOC 通常使用蓝绿激光作为信息载体。相比于超长电磁波和声波,激光束的波长更短,具有更高的载波频率。因此,UWOC 能够支持吉比特每秒(Gbps)量级的数据传输速率,保证图像、视频等大数据量信息的实时传输。此外,UWOC 能够实现视距(line-of-sight,LOS)通信,在通信过程中不易被截获,具有很强的保密性。最后,UWOC 使用的蓝绿激光束的发散角更小,因此光学天线具有体积更小、质量更轻、设计成本更低及隐蔽性更强的优点。然而,与电磁波通信和声波通信相比,UWOC 的技术还不够成熟,相关的理论模型与器件设计也不够完善。此外,激光束在水下传播时还会受到湍流、散射、吸收等效应的严重干扰,继而降低 UWOC 链路性能。表 4.1 给出了三种水下无线通信技术对比。图 4.1 为空天地海一体化光通信网络示意图。

表 4.1 水下无线通信技术对比

性能	水下电磁波通信	水声通信	水下无线光通信
传播速度/(m/s)	2.25×10^8	1500	2.25×10^8
传输距离	<10m	>100km	200m
衰减/(dB/km)	0.1~4.0	3.5~5	0.39(海洋)
带宽	千比特每秒~几百千比特每秒	千比特每秒~几十千比特每秒	几十兆比特每秒~吉比特每秒
频带	30~300MHz	10~15kHz	5×10^{14}Hz
延时	中等	高	低
功耗	高	中等	低
设备成本	高	高	低
隐蔽性	低	低	高

图 4.2 展示了一个典型的 UWOC 系统结构。在其工作过程中,待传输的信息在水下光发射机中经编码器编码,然后加载到调制器上。调制器根据编码信号,对激光器的出射光束进行调制(强度、相位、偏振等),继而将电信号转换为调制光信号,并最终通过光学天线发射至自由空间中。携带信息的光信号经过水下信道传输后到达接收机的光电探测器,然后被转换成电信号,并经过后续的放大、滤波、解调、解码等手段,恢复出原始信息。

图 4.1　空天地海一体化光通信网络示意图(见彩图)

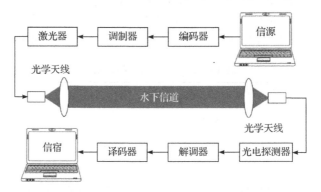

图 4.2　典型的 UWOC 系统结构示意图

根据链路结构的不同，UWOC 主要可分为视距(LOS)通信和非视距(non-line-of-sight，NLOS)通信两种，如图 4.3 所示。其中，点到点的 LOS 结构是最常用的链路结构。在该结构中，出射激光束的发散角非常窄，光束能量高度集中。这样的好处是可以减小光端机的体积、质量、功耗，同时通信数据不易被截获，具有很强的保密性。然而，LOS 结构的缺点在于，首先，发射机和接收机之间需要精确的捕获、跟踪和瞄准(acquisition tracking and pointing，ATP)，在浑浊的水下环境中，大范围的目标初始捕获会有较大难度；其次，当发射机和接收机是动态节点时(如自主航行器和水下机器人)，两者之间会存在动态且复杂的相对位移，需要实现持续不断的跟踪瞄准，这需要 ATP 系统具备跟踪瞄准功能；最后，水下的环境错综复杂，存在很多静态及快速移动的障碍物(如浮游生物、气泡、悬浮粒子、礁石等)，同样限制了 LOS 通信链路的应用场景。NLOS 通信链路结构克服了 LOS 通信链路对收发激光束精密对准的需求。在该结构中，激光束通常以较大的发散角出射，然后通过水面的全反射或水中分子颗粒(如浮游生物、微粒、无机物)的光散射，将光信号传输至接收端。与 LOS 结构相比，NLOS 这种基于漫反射光的通信方式会受到严重的信道衰减,因此其通信距离相对较短,并且数据传输速率较低。

图 4.3 视距通信和非视距通信示意图(见彩图)

近年来,UWOC 在水下物联网、水下矿产勘探、水下机器人通信、水下传感网络等领域展示出广泛的应用前景。然而,涉水环境的不可预测性对 UWOC 链路的设计和部署造成了严重的困难,如信道衰减、信道散射、水下湍流、温度变化和盐度变化等。目前,制约 UWOC 技术发展的主要问题包括:高可靠性、高性能的水下激光束发射器件及探测器件设计;能够准确反映水下流量、压力、温度、盐度、湍流等现象的水下信道建模技术;能够适应水下信道的信号调制解调技术。本节将分别从水下信息发射及探测技术、水下信道建模技术和水下信息调制及解调技术三个部分展开,对 UWOC 技术的研究现状和面临的挑战进行分析,同时讨论能够应对这些挑战的可行方法。

4.1.1 水下信息发射及探测技术

在水下信息发射过程中,光源对通信链路距离以及带宽的影响非常大。研究表明,水体对于蓝绿波段光束存在一定的传播窗口,该波段光束在水中的衰减明显低于其他波段。由于水下环境错综复杂,对于光源的体积、质量、功耗都存在一定的限制,常用的光源主要有发光二极管(light-emitting diode, LED)与激光二极管(laser diode, LD)两种。表 4.2 比较了 LD 和 LED 两种发射光源的性能。与 LED 相比,LD 具有功率高、能量集中、调制带宽大等优势,但是在成本和寿命方面存在限制,因此 LD 适用于长距离、大数据量的高速水下通信。

表 4.2 LD 和 LED 性能比较

性能	LD	LED
调制带宽/MHz	>1	<0.2
光谱宽度/nm	0.1~5	25~100

续表

性能	LD	LED
光束发散角	小	大
温度依赖性	大	小
相干性	相干	不相干
成本	高	低
寿命	短	长
适用方式	点对点通信	广播通信

在 UWOC 系统的接收端，需要使用高速的光电探测器件对信号光束进行探测，将光信号转换为电信号，继而实现信息提取。常用的光电探测器件有光电二极管(photodiode，PD)、雪崩光电二极管(avalanche photodiode，APD)、光电倍增管(photomultiplier tube，PMT)三种。光电二极管的特点是噪声系数小、驱动电压低，但灵敏度较小。APD 的特点是灵敏度高、增益大，但驱动电压较高、噪声系数大。相比 PD 而言，APD 的电流增益更高，因此可以用来搭建更长距离(数十米)的 UWOC 链路。PMT 的优点在于灵敏度高、噪声系数小，缺点是驱动电压更高、功耗更大。此外，PMT 的外围驱动电路更加复杂，易受冲击和振动的影响，很容易因过度暴露在光线下而损坏，因此 PMT 通常用于静态的 UWOC 系统。表 4.3 为三种光电探测器件性能对比。

表 4.3 三种光电探测器件性能对比

性能	PD	APD	PMT
频率响应/GHz	>1	>1	>1
增益	较小	中等	较大
灵敏度	较小	中等	较大
噪声系数	小	大	小
线性度	线性	非线性	非线性
工作电压	低压	较高电压	高压(千伏级)

除了响应速率之外，提高信号接收机的光电探测面积对 UWOC 系统(尤其是 NLOS UWOC 系统)也至关重要。为了解决这一问题，闪烁光纤和光伏电池阵列(photovoltaic array，PVA)逐渐应用在 UWOC 的光电探测过程中，如图 4.4 所示。其中，闪烁光纤的原理是依靠光纤纤芯中的掺杂分子吸收入射光并以不同的波长重新发射。波长偏移的光沿着光纤的芯层传播并引导到光电探测器件上，继而将

光信号转换为电信号。闪烁光纤的特点在于光信号探测面积可以灵活扩展，并且其响应速率不会随着探测面积的增大而显著降低。此外，PVA 也展示出了其在 UWOC 系统中的广阔应用前景。PVA 通常由多个光伏电池单元通过一定的串并联组成，常用材料有硅(Si)、铜铟镓硒(CIGS)、砷化镓(GaAs)等，特点在于其具有非常大的光电探测面积，并且能够实现信号与能量的同步传输。对于位于深海海底的传感器来说，电池的更换非常困难，使用 PVA 之后，经过传感器的自主水下航行器(autonomous underwater vehicle，AUV)可以使用激光束来收集传感器的数据，并将电力传输到设备。

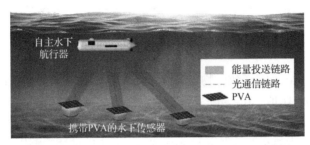

图 4.4　基于 PVA 的数据能量同步传输示意图(见彩图)

4.1.2　水下信道建模技术

在 UWOC 系统中，时变的信道特性会对通信系统的性能造成严重影响。引起信道特性变化的外界因素主要可分为两类，信道中的水分子和其他悬浮粒子对信号光束的衰减效应以及海洋湍流引起的信号光束波前相位的随机起伏变化。其中，衰减效应包括吸收效应(通信光束的能量被转换成另一种形式，如热量或者其他化学物质)和散射效应(激光束偏离原来的传播路径，被重新定向)两种。海水信道中的吸收系数和散射系数与通信光束的波长密切相关，可以通过使用蓝绿激光，降低衰减效应的影响。除了衰减效应外，海洋湍流也是降低 UWOC 系统性能的关键因素，尤其是在长距离的 UWOC 链路中。海洋作为一种黏性流体，通常具有两种运动状态，即层流和湍流，如图 4.5 所示。其中，海洋湍流反映了海水的无规则运动状态，与大气湍流的形成(主要由不均匀的温度分布以及横向风引起)不同的是，海洋湍流通常由温度、盐度或压力的变化以及水道中的气泡等因素引起，在其影响下，通信光束传播路径上的介质折射率会发生随机变化，继而引起接收端的光束波前相位畸变及强度闪烁。其中，波前相位畸变中的低阶分量会使得通信光束的光轴产生快速的小角度抖动。常用光电探测器的有效区域很小，即使光束方向的微小变化也会导致信号衰减。另外，强度随机闪烁的信号光束也会引起通信接收端信号误码率的上升。因此，研究 UWOC 的信道特性，继而建立相应的信道模型对提高 UWOC 系统性能具有重要意义。

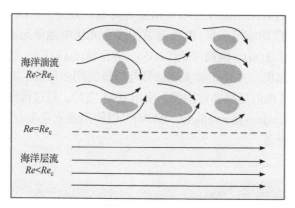

图 4.5　海洋层流和海洋湍流

图 4.5 中，Re 为雷诺数，物理含义是海水动能与海水耗散能(海水运动过程中消耗的能量)的比值；Re_c 为临界雷诺数。当海水具有的的动能大于海水耗散能时($Re>Re_c$)，海水中的动能无法以热量等形式释放出去，因此产生海洋湍流。当海水具有的动能小于海水的耗散能时($Re<Re_c$)，海水的动能能够以热能等形式快速地转换出去，因此无法产生海洋湍流。$Re=Re_c$ 表示是否能够产生湍流的临界状态。值得注意的是，临界雷诺数 Re_c 并不是一个固定的常数，它主要与流体密度、流体特征长度、流体特征速度及流体运动时的动力学黏度系数等变量相关。在实际的水下环境中，随着海水盐度、温度的扩散以及海水动能的损失，海水动能会逐渐小于海水耗散能，即湍流现象会慢慢消失。只有当海水能够在外界环境中得到持续不断的能量补给时，湍流现象才会一直维持。例如，太阳和月球引力引起的潮汐能，海水表面风力引起的海水动能，太阳与海水相互作用产生的热能，地热产生的热能等。

海水信道的建模方法主要包括理论解析法和水槽实验法。其中，理论解析法主要采用辐射传输方程(radiance transport equation，RTE)和蒙特卡罗(Monte Carlo，MC)模拟计算法，分析光束在不同成分海水中的衰减特性。此外，理论分析法通常采用多层相位屏来分析光束在海洋湍流中的光场变化。典型的 RTE 可以表示为

$$\vec{n} \cdot \nabla L(\lambda, \vec{r}, \vec{n}) = -cL(\lambda, \vec{r}, \vec{n}) + \int_{2\pi} \beta(\lambda, \vec{r}, \vec{n}) L(\lambda, \vec{r}, \vec{n}) \mathrm{d}\vec{n} + E(\lambda, \vec{r}, \vec{n}) \qquad (4.1)$$

式中，$\vec{n}$ 为方向矢量；$L(\lambda, \vec{r}, \vec{n})$ 为 $\vec{n}$ 方向的 $\vec{r}$ 位置处的光学辐射；$\beta(\lambda, \vec{r}, \vec{n})$ 为体积散射函数；$E(\lambda, \vec{r}, \vec{n})$ 为辐射源。可以看到，RTE 是一个包含多个自变量的积分微分方程，很难求得精确的解析解，通常采用离散坐标法、小角度近似法及不变量嵌入法来对 RTE 进行简化求解。MC 模拟计算法不涉及 RTE，而是直接模拟辐

射传输的实际过程。光子在水中任意时刻的方向及物理位置都是随机的，因此 MC 模拟计算法的基本思想是通过追踪大量光子的轨迹，利用产生随机数的方法，来描述光子下一时刻的位置以及散射方向，并在接收平面上统计并分析光子信息，通过统计微观上每个独立样本的信息得到宏观上的海水信道的衰减特性。相比求解 RTE，MC 模拟计算法的结果要更加精确，但其缺点在于运算复杂，需要耗费大量时间，因此经常将它作为验证其他方法所得到结果的手段。

多层相位屏法通常被用来分析湍流效应对光场相位以及强度分布的影响，如图 4.6 所示。该方法的原理是如果随机介质中的折射率起伏引起的光束相位变化足够小，那么可以把真空传播和随机介质分割为一系列厚度为 0、间距 Δz 的平行平板。位于第一个平板前表面的光场穿过平板并附加相应的相位调制后，形成新的光场；这个光场再经过真空传播后到达下一个平板，依次进行下去。这种多层相位屏代替连续随机介质的方法被广泛应用在激光大气和水下传输的理论分析中。目前，相位屏的生成方法主要有功率谱反演法和泽尼克(Zernike)多项式法。

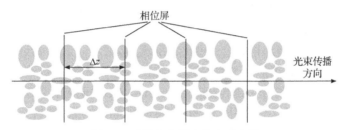

图 4.6　多层相位屏法仿真示意图

RTE、MC 模拟计算法、多层相位屏法等理论解析法在数学上最为严谨，对光束在海水中的衰减、衍射、相位畸变、光强闪烁等特性描述最为准确。然而，理论解析法的缺点在于方程和模拟场景的边界条件(如水下温度、盐度、折射率等)难以全部精准设定，导致了其解只在一定的参数设定下有效，与实际应用情形相差较大。水槽实验法是对一种利用模拟海水来进行光束传播特性直接测量的方法。实验水体通常被放置于固定的水槽容器中以便调整光学参数，因此该方法称为水槽实验法。水槽实验法可以采用实验仪器精确测量水体的微观散射特性和宏观传递特性，是实际水体研究的重要参考。但是，受水槽体积的限制，此方法无法模拟远距离水下通信状况，参数调整也不灵活，无法对每一种水质、每一个水下深度进行实验。

4.1.3　水下信息调制及解调技术

由于水下信道的特殊性，合理的信号调制及解调技术对 UWOC 系统性能的影响很大。UWOC 可以看作是在水下环境中进行的自由空间光通信(free space optical communication, FSOC), 因此传统的用于 FSOC 系统的调制及解调技术也可以直接应用在 UWOC 系统中。按照信号的加载方式, 调制可以分为直接调制和间接调制两种。其中, 直接调制是指利用电信号直接驱动信号光源, 实现出射光束强度、频率等特性的调制。直接调制的实现方式简单, 但是其调制速率受限, 因此通常适用于较低速率的 UWOC 系统中。间接调制是指利用额外的调制器对信号光源的出射光束进行调制, 实现信息加载。间接调制能够实现更高速率(Gbps量级)的调制, 因此本节主要对其进行讨论。除了信号的加载方式外, 根据光波的被调制特征, 调制可以分为强度调制、相位调制和复合调制等。其中, 强度调制是通过改变光波的强度(振幅)来实现信息加载的, 技术最为简单。相位调制是通过控制载波相位对参考相位的偏离来实现信息加载的。复合调制是指对同一载波进行两种或更多的调制。根据信号的探测方式, 解调可以分为非相干解调和相干解调。非相干解调只能探测简单的光强信息, 因此必须配合强度调制使用。相干解调可以获取光波中除光强外的相位、频率、偏振等信息, 因此在灵敏度和噪声抑制能力方面具有更强的优势。然而, 相干解调对信号光和本振光的相干性要求严格。信号光在水下环境中传输时, 其相位和偏振特性会受到外界干扰而动态变化, 因此接收端需要增加相应校正模块, 系统复杂度会上升。相对而言, 强度调制-非相干解调的方式更适合于 UWOC 系统, 本节主要对其进行介绍。

最为流行和简单的开关键控(on-off-keying, OOK)调制就属于强度调制, 在UWOC 系统中得到了广泛应用。OOK 的原理是利用光信号的有无来表示数字信息 "1" 和 "0"。这种方法结构简单、易于实现, 同时信道适应性较好。然而, OOK的缺点是能量效率和频谱效率较低。脉冲调制是 UWOC 系统中流行的另一种强度调制方案, 可以分为脉冲幅度调制(pulse amplitude modulation, PAM)、脉冲宽度调制(pulse width modulation, PWM)、脉冲位置调制(pulse position modulation, PPM)和数字脉冲间隔调制(digital pulse interval modulation, DPIM)[1]。其中, PAM调制是最简单的脉冲调制方式, 它通过对光波信号的幅值进行脉冲采样来实现信息加载。与 OOK 相比, PAM 能够利用不同的脉冲幅值来表示多位的比特信息, 所需的光波平均功率较低, 但是误码率也会随之上升。PWM 是通过控制光波脉冲信号的占空比来实现信息加载的, 其特点在于具有更好的频谱效率和抗干扰能力, 但是需要的光波平均功率更高。PPM 是通过控制光波脉冲的出现时刻来实现信息加载的过程, 能够将一个包含有 M 位二进制数据的数组, 映射为某一个时间段上 $2M$ 个不同时间间隙处的光脉冲信号。PPM 对光辐射的平均功率要求最低, 可以用最小的光平均功率实现较高的数据传输速率, 因此具有更高的能效, 同时能够有效延长光源的寿命。PPM 的缺点在于带宽利用率较低且收发器更复杂, 可以通过提高 PPM 中数据量来提高其带宽效率利用率, 但是收发过程会变得更加复杂。DPIM 方式是通过数据帧的时隙数来进行信息加载的。在 DPIM 中, 每一帧所包含时隙数是不固定的，并且每个信息帧中还包含一个保护时隙。与需要精确同步的 PWM 和 PPM 相比，DPIM 可以有效减少信息传输过程中的码间串扰，且频谱效率也高于 PWM 和 PPM。DPIM 中的关键问题是如何解决解调过程中产生的误差扩散。例如，如果一个 "Off" 时隙被解调为 "On"，那么所有后续的信号解调也将发生错误。OOK、PPM、DPIM 是 UWOC 系统中几种常用的调制方式，表 4.4 对三者的性能进行了对比。

表 4.4　UWOC 系统中常用的几种调制方式对比

调制方式	平均发射功率	带宽需求	传输容量	同步符号	差错性能	实现方式
OOK	最大	最小	最大	不需要	最大	最简单
PPM	最小	最大	最小	需要	最小	较复杂
DPIM	较小	较大	较小	需要	中等	最复杂

通过表 4.4 中三种调制方式的性能比对可以看出，OOK 具有带宽需求小、传输容量大、不需要同步符号等优势，实现方式最简单，但是其需要的平均发射功率也最大，差错性能最大；PPM 具有平均发射功率最小和差错性能最小的优势，但是带宽利用率低，传输容量最小，且需符号同步与时隙同步，实现方式较复杂；DPIM 的性能基本上处于中等水平，但是其实现方式最复杂。在实际的 UWOC 系统中，由于水下信道中的干扰较多，具有较窄脉宽的 PPM 和 DPIM 技术的差错性能也会远大于理论值。对 OOK 调制来说，其数据与时隙同步脉宽固定，受外界干扰的影响较小，因此在复杂的水下信道中具有更好的适应性。

本节从各类水下通信方式出发，对比了水下无线光通信、水声通信、水下电磁波通信方式的优缺点，同时介绍了典型水下无线光通信系统的结构及其工作原理。然而，水下无线光通信还面临着诸多待解决的问题，无法应用在实际的长距离、强湍流、高速率的无线通信过程中。未来，人工智能赋能的信号调制/解调、湍流补偿、稳定跟瞄等技术将会在水下光通信系统中发挥不可或缺的作用。此外，在未来水下无线光通信可以与水声通信、水下电磁波通信等方式结合，克服现有技术通信距离短、稳定性差等缺点，实现在复杂水下光传输场景中提高通信链路的有效性和可靠性。

4.2　涉水图像处理与分析

涉水光学图像是涉水光学信息探测的重要信息载体，包含着大量的信息，如何对光学图像进行智能处理，快速准确地恢复、增强、提取图像中的有效信息，是涉水光学图像信息处理的关注点。涉水光学图像信息处理在涉水微小暗弱目标探测识别、水下安防、涉水生态监测、涉水设备检测和涉水侦察等方面具有重要应用价值。

如图 4.7 所示，受水体后向散射、水中物质对光的散射作用及水流波动等影响，水下图像呈现出对比度低、模糊多噪声的特点，并且水体对不同波长的光衰减程度不同，导致水下图像存在严重的色彩畸变和失真。因此，水下图像质量的提升直接影响水下光学信息的识别和解译，是涉水光学信息处理技术中的一个重要研究方向。涉水图像的处理技术大致可分为两类，涉水图像复原技术和涉水图像增强技术。水下成像主要面临环境噪声、非均匀光照、对比度和颜色校正等问题。其中，涉水图像复原技术往往要考虑涉水成像原理和光在水中传播的特性，通过估计成像模型中的参数来获得理想的清晰图像。涉水图像增强技术主要在像素级层面提高颜色对比度，强化颜色纹理信息，提高图像质量。涉水光学图像的信息处理技术能够有效提升涉水图像的质量，帮助水下探测任务的顺利开展。

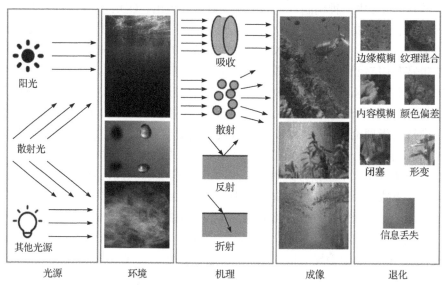

图 4.7　涉水环境光传播过程中的吸收、散射、反射与折射(见彩图)

涉水图像处理作为涉水光学技术在视觉领域的具象化应用体现，研究核心内容是基于光与水的物质相互作用与跨介质传播机理，在光传播路径的局部或整体中涉及水体的视觉任务。涉水视觉处理与分析的空间应用范围与涉水光学一致，不仅包含江河湖海等典型的单介质视觉任务，还包括空气中雨雾环境下的跨介质涉水视觉任务。不同应用场景下，光的传播路径和传播机制存在显著差异，导致相应的视觉任务面临着不同的难点。结合特定涉水场景的光学特性，从前端的成像机理出发，考虑成像过程中光的传播过程以指导后端涉水视觉解析，可以有效改进相关任务的效率与效果。

4.2.1　单介质涉水图像处理

单介质涉水环境，即水下是最常见的涉水环境之一。水下图像的采集与处理是涉水视觉领域最直观的一个应用场景。受到水下环境高压、高湿和低照度等特殊条件的影响，水下图像采集设备通常对设备密封性、抗压性、耐腐蚀性和感光能力有较高要求，因此需要对相关的采集设备进行特殊设计和处理。受到水体本身和其包含的杂质对光线的吸收和散射作用影响，水下成像质量极易受到色彩偏移、照度不均匀和对比度低等问题的制约，进而影响后续的分析与应用。本节将从单介质涉水图像增强和单介质涉水图像复原两个层面进行阐述，表 4.5 展示了典型的单介质涉水图像处理方法及其属性。

表 4.5　典型的单介质涉水图像处理方法及其属性

类型	方法来源文献	模型				
		先验	滤波器	线性映射	分布矫正	深度学习
单介质涉水图像增强	Priyadharsini 等[2]	—	✓	—	—	—
	Iqbal 等[3]	—	—	✓	✓	—
	Sankpal 等[4]	✓	—	—	✓	—
	Li 等[5]	✓	—	—	—	✓
单介质涉水图像复原	Shamsuddin 等[6]	—	—	—	✓	—
	Sethi 等[7]	✓	—	—	—	—
	Sankpal 等[8]	—	—	—	✓	—
	Ao 等[9]	—	—	✓	—	—

1. 单介质涉水图像增强

光在涉水环境传播的过程中，复杂涉水环境的光学特性会对图像采集造成不利影响。以水体为主要介质的环境中，光被大量吸收及散射。研究表明，水下深度每隔 10m，就会损失一半的光。在杂质较多的水体环境下，光的损失将更加显著，极大影响了成像结果中场景的清晰度和对比度。同时，受到水体对不同波长光的吸收率不同的影响，水下场景蓝绿光所在波段更具有优势，导致最终成像的结果中蓝色和绿色占主导颜色，即存在严重的色偏情况。在高浊度水体中或使用人工强光源的条件下，这个现象可能会进一步加剧。这是因为高浊度的水体增强了对光的吸收及散射，而人工光源则可能导致场景中的照明不均匀，从而掩盖场景中的细节并产生额外的亮斑。水体中普遍存在的杂质颗粒与荧光生物也会导致成像质量的退化。依据成像结果的退化情况，需要对细节丢失的涉水图像进行增强，对内容丢失的涉水图像进行复原，这里主要关注涉水图像增强技术。具体来说，常见的涉水图像增强方法可以分为基于硬件的涉水图像增强方法和基于算法的涉水图像增强方法。基于硬件的图像增强方法致力于设计专用的设备，在采集图像的时候就实现对图像的增强；基于算法的图像增强方法则偏向开发相对普适的方法，接受不同设备采集到的图像文件作为输入，实现涉水图像的增强与恢复。

　　涉水图像增强技术是一类通过改变图像的像素值来改善视觉质量，提高对比度的非物理模型方法。这类方法往往不考虑涉水图像退化的光信号传播作用物理过程，即忽略水体光学成像参数等先验信息，通过图像处理或者机器学习的方式来提升图像质量，可达到图像的去噪、去模糊、增强对比度等效果。图 4.8 为涉水图像增强技术示意图。

图 4.8　涉水图像增强技术示意图(见彩图)

1) 基于硬件的涉水图像增强方法

　　常见的基于硬件的涉水图像增强方法有偏振成像、距离选通成像、荧光成像和立体成像等，通过特殊设计的硬件设备实现在采集图像的时候就排除一些干扰，提升成像质量。

　　光具有强度、波长和偏振特性。自然光是没有偏振的，通常传感器捕获到的光是包含偏振信息的。初步研究证实，通过偏振成像可以减少后向散射。涉水偏振成像有两种经典的方法，一种方法是在相机前面安装一个偏振滤光片来接收偏振图像；另一种方法是使用偏振光源来捕捉同一场景的不同照明图像。偏振成像的目的是在快速捕获图像的同时显著降低噪声。图 4.9 展示了一种常见的基于偏振滤光片的偏振成像方式，即通过安装偏振滤光片在图像采集时就去除掉其他来源的杂光。

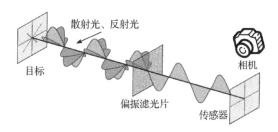

图 4.9 偏振滤光片过滤杂光实现图像增强

偏振成像是一种被动成像方式,而距离选通成像是一种广泛应用于浑浊水体中的主动激光成像系统。在涉水激光成像系统中,相机与光源相邻,而目标在浑浊介质的后面。该系统通过选择来自物体的反射光并通过关闭快门以阻挡后向散射。然而,激光成像方法存在易受环境影响、设备设置复杂等缺点,因此激光成像仪器很少在工业应用中使用。

常见的荧光成像需要在完全黑暗的环境下进行,成像过程中通常会人为对环境光和其他光源进行遮挡,以免影响成像质量。在实际的应用过程中,很难完全排除所有光源的影响,因此如何在干扰光线的情况下进行高质量的荧光成像是当前亟待研究的课题。研究人员对白天场景下的荧光成像方法进行了改进,通过对成像设备的闪光同步速度、闪光强度、闪光持续时间、探测器灵敏度和荧光屏障滤光片光谱特性等多种物理特性建模,结合采集环境的水体状态、采集时间、采集方位等多种环境因素来排除成像过程中环境光线的干扰,实现有环境光情况下高质量的荧光成像[10]。立体成像技术则是对人眼视觉进行模拟,具体来说,其使用特殊的手段获取被观察对象在不同位置、不同角度下的图像,通过设计算法来恢复出被采集场景的立体距离信息。包含距离信息的视觉数据能为导航、避障等多种任务提供有力支持。有研究人员提出了一种在动态自然光照和浑浊条件下同时进行水下图像质量评估、可见度增强和视差计算以提高立体距离分辨率的新方法[11]。该方法通过使用物理水下光衰减模型,从原始退化图像的稀疏三维地图估计可见性属性,进而实现水下立体图像实时重建,当前已经被搭载在无人涉水航行器上进行了应用验证。

基于硬件的涉水图像增强方法,需要在相应的硬件采集设备层面进行考虑,从而进行针对性的改动,进一步配合相应的图像恢复算法实现对某些特定场景和任务的高质量图像获取。然而,这一类方法存在针对性强、普适性差的问题。在非目标场景下甚至会出现效果变差的状况。因此,有研究者提出从图像数据本身出发,不依赖于特定的采集方式进行涉水图像的增强方法研究,即下文介绍的基于算法的涉水图像增强方法。

2) 基于算法的涉水图像增强方法

基于算法的涉水图像增强方法通过分析常见涉水图像的表观特征，总结涉水图像在应用过程中存在的缺陷，结合造成该缺陷的原因提出相应的算法，在已经完成采集涉水图像的基础上进行针对性的图像增强与改进。基于算法的涉水图像增强方法关注于图像数据的自身特性，不和特定的成像方法产生绑定。涉水图像的增强主要关注于图像中目标分离度、纹理特征和边界的加强，而对比度这一常用的图像评价标准可以同时兼顾一系列目标，因此当前涉水图像增强技术通常面向对比度增强展开研究。

传统的图像增强处理方法主要在像素层面对图像进行处理，按照对图像增强具体处理方法的不同，主要有空间域图像增强和频率域图像增强两种方法。其中，空间域图像增强是直接针对图像的像素进行处理，通过调整红、绿、蓝三个颜色通道像素的灰度值，以及灰度映射来改变图像不同的颜色层级。常用的空间域图像增强方法有非线性色彩增强算法、直方图均衡化算法、灰度世界假设算法、自动伽马(Gamma)矫正算法等；频率域图像增强方法主要是通过离散傅里叶变换、拉普拉斯金字塔、多级小波变换映射等频域变换方法，将图像频率域特征表达出来，在频率域上增强图像质量。典型的对比度增强算法包含直方图均衡化算法和对比度有限自适应直方图均衡化。经典直方图均衡化(histogram equalization，HE)算法通过对直方图的数值进行拉伸来增强图像对比度；对比度有限自适应直方图均衡化(contrast limited adaptive histogram equalization，CLAHE)算法通过对图像局部对比度进行约束达到去噪效果，这些方法对一般图像的增强效果较好，但并不完全适用于水下情景。常见的涉水图像对比度增强方法涉及如小波变换、图像滤波等一些常见的传统图像处理方法，以及深度神经网络方法，如图 4.10 所示。以下将围绕不同类别的方法展开讨论。

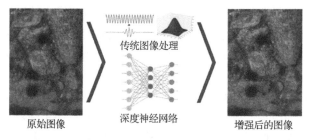

图 4.10　涉水图像对比度增强的常见方法(见彩图)

常用的主观评价图像质量的基本标准是对比度。它是由两个相邻平面反射的亮度差异造成的，这种亮度差异会导致目标视觉属性上的偏差，进而使得一个物体可以区别于其他实体和场景背景。研究表明，相较于绝对亮度，人类的视觉系统对图像对比度更加敏感。因此，尽管在现实世界中，光照条件经常发生显著变化，人们依然可以高效感知周围的环境。如果图像的像素亮度过于集中在一个特定的范围内，就会导致图像的整体对比度偏低，进而导致图像部分区域信息的丢失。涉水场景中因为光线的不足往往会导致采集到的图像出现对比度差的状况，因此需要研究适用于涉水图像的对比度增强算法，以加强图像中目标的细节，突出目标主体。

很多研究者在最常见的 RGB(红(red)、绿(green)、蓝(blue))和 HSV(色相(hue)、饱和度(saturation)、色明度(value))图像空间以及相应的频率空间展开了涉水图像增强的研究。基于平稳小波变换(stationary wavelet transform，SWT)的图像对比度增强算法被提出后，该方法基于拉普拉斯滤波器和掩码技术对低频子频带进行修改，以提升图像的峰值信噪比(peak signal to noise ratio，PSNR)和结构相似性(structural similarity，SSIM)指标[2]。基于离散小波变换(discrete wavelet transform，DWT)和圆周演化算法的涉水图像增强方法也被提出，在第一阶段通过对比度增强和同态分光来增加图像对比度和亮度[12]。在使用 DWT 对图像进行分解后，利用圆周演化算法检测对于不同性能评价方法的最优参数。

为了平衡图像对比度和涉水图像处理中与光线相关的问题，研究人员在 RGB 和 HSV 颜色模型中应用了集成彩色模型和无监督色彩校正两种不同的拉伸算法[3]，在此基础上进一步提出了基于瑞利直方图(Rayleigh histogram)拉伸的单通道图像对比度增强算法[4]，利用涉水退化图像尺度参数的最大似然估计和能量校正来估计信息的损失，以增强图像对比度，改进方法的加入降低了输出结果中的噪声量，且增加了图像的细节。为了进一步提升高浊度涉水图像处理效果，通过图像去散射与分析物理频谱特性，实现涉水图像的对比度增强，同时建立了新的涉水图像质量衡量指标，构建了基于深度神经网络的图像质量分类框架[5]。

近年来，基于数据驱动思想的深度学习与视觉理论相结合，进一步促进了涉水图像增强技术的发展。深度学习作为一种强大的数据驱动方法，为涉水图像增强提供了全新的解决方案。基于深度学习的涉水图像增强方法的核心是使用深度神经网络来学习图像的复杂特征和统计规律，从而实现自动化的图像增强。其中，卷积神经网络(convolutional neural network，CNN)和生成对抗网络(generative adversarial network，GAN)是两种常用的深度学习方法。

在涉水图像增强中，CNN 被广泛应用于图像预处理和特征提取。CNN 通过多层卷积和池化操作，可以从图像中学习到不同层次的特征表示，从低级纹理到高级语义信息。对于涉水图像，CNN 可以学习到水下环境中光线衰减和颜色失真等特有的特征，从而在增强图像时更加准确地补偿这些问题。例如，研究人员可以设计一个端到端的 CNN 模型，将水下图像作为输入，通过训练学习到从原始图像到增强图像的映射，从而实现自动的图像增强。

通过构建 CNN,能够自动学习水下图像的特征表示,从而有效恢复图像细节,提升对比度,提高图像的清晰度和可视化效果。该方法的核心包括数据准备、网络架构设计、特征学习、损失函数定义、训练优化等步骤,最终使训练好的网络能够将水下图像转化为更具视觉吸引力和信息丰富度的增强图像,为水下环境的目标检测、探测等任务提供有力支持。然而,尚需解决不同程度光线衰减的处理方法以及数据限制等问题,未来可以通过改进网络设计、融合多模态信息等手段,进一步提升基于 CNN 的涉水图像增强效果。

GAN 在涉水图像增强中也展现出强大的潜力。GAN 由生成器和判别器两部分组成,通过构建生成器和判别器两个竞争性网络,逐步提高生成图像的真实性和视觉效果。生成器网络将水下图像转化为更清晰、更有对比度的增强图像,同时判别器网络评估生成图像与真实增强图像之间的差异。这种对抗性训练方式使得生成器能够逐步提升图像质量,为水下图像的可视化呈现和分析提供有力支撑。然而,要克服生成图像逼真性和训练稳定性等带来的缺点,需要进一步深入研究网络架构和损失函数的设计。未来的发展将推动基于 GAN 的涉水图像增强方法在水下领域发挥更大作用。

除了 CNN 和 GAN,还有一些其他深度学习方法在涉水图像增强中得到了应用。例如,自注意力(self-attention)机制可以帮助模型捕捉图像中的长距离依赖关系,从而在增强过程中更好地保留重要的细节;迁移学习技术允许将大规模数据集上预训练的模型迁移到涉水图像增强任务上,从而加快模型的训练收敛速度并提高增强效果。

基于 Transformer 的水下图像增强方法首次出现于 2021 年,该模型通过将图像视为序列数据并利用自注意力机制,能够更好地捕捉水下图像中的全局关系,弥补光线衰减和颜色失真等问题。该方法的核心是设计一个多层的 Transformer 架构,使其能够自动学习图像的特征表示并生成更清晰、更具对比度的增强图像。然而,虽然该方法在图像增强任务中表现出了潜力,但仍需克服数据稀缺性和模型复杂性等困难。未来,研究可以探索更有效的位置编码方式、注意力机制设计、模型压缩技术,进一步推动基于 Transformer 的涉水图像增强方法的发展。

基于迁移学习的涉水图像增强方法是一种创新手段,通过预训练深度神经网络,将其在涉水图像领域进行微调,以达到更好的图像增强效果。该方法能够捕捉通用的特征表达,并将其迁移到水下环境中,提升图像的清晰度和对比度。虽然这种方法减少了在水下数据上的训练需求,但仍需要解决源模型和目标任务之间平衡的问题,以及如何更好地处理水下特定的问题。未来,研究可以集中在更精细的模型适应和泛化方法上,以进一步推动基于迁移学习的涉水图像增强方法的进步。

研究人员使用深度卷积神经网络作为编码器、反卷积层作为解码器构成涉水图像对比度增强编解码模型[12]，这一思路进一步拓展到了多种不同类型的涉水图像中进行增强。不需要考虑成像过程中的物理模型，涉水图像增强模型以数据驱动，通过迭代的训练过程调整模型参数，大量数据赋予了模型更好的稳定性，使得其能够处理带有多种不同噪声的涉水图像[6]。Bindhu 等[13]提出使用线性图像插值和有限图像提升图像对比度和分辨率的同时，移除图像中的失真。随后，差分进化算法被提出，计算得到的参数对涉水图像的 R、G、B 三个通道分别进行对比度拉升，最终得到整体的对比度增强图像[14]。另外，利用加权混合，将 CLAHE 变换图像和反锐化掩模(unsharp masking，USM)变换图像进行线性融合的方法也被证实十分有效[15]。

传统的图像增强技术通常以严谨的数学推导为支撑，对输入图像的像素值从时间域或者空间域进行数值分析和处理，具有较强的可解释性和理论基础。但是，这些技术没有考虑图像退化机理，往往导致泛化能力较弱，效果也差强人意，并不能满足复杂的水下图像增强任务的要求。虽然基于深度学习的涉水图像增强技术通过构建水下任务相关的数据集，不断完善和优化网络结构，可以提高水下图像的质量且效果较好，但是该方法对样本数据量和算力的要求高，在实现过程中也存在诸多问题，如少/小样本问题、持续学习的问题等。

未来工作可进一步将传统方法和深度学习方法结合，并充分分析水下图像的特性，在传统图像增强的方法理论的基础上结合图像质量退化机理模型，开发环境适应性更强、增强效果更好的水下图像增强技术。此外，可通过采用多水域环境采样和迁移学习的方式扩充水下图像数据集，为模型训练提供数据支撑；构建更加符合人类认知的统一水下图像质量评价体系，从而支撑水下图像增强技术的研究与突破。

2. 单介质涉水图像复原

前述单介质涉水图像增强算法致力于通过后处理的方式对采集到的图像进行现有内容的增强，以达到增强图像中目标分离度、纹理特征和边界的效果。但是，受到涉水图像采集过程中设备与环境的限制，涉水图像中往往存在严重的色彩偏移与图像内容模糊问题，此类问题涉及图像内容的丢失，无法通过图像增强来直接改善，也妨碍了涉水图像的分析与处理。因此，大量研究人员致力于单介质涉水视觉的色彩复原和内容复原研究。图 4.11 为涉水图像复原技术。

涉水图像复原技术是从涉水光学成像原理出发，先建立涉水图像的退化模型，再通过先验信息和前提假设，估计出影响图像清晰度的干扰因子，并利用退化反演过程，消除干扰因子影响，从而提高图像清晰度。涉水图像复原技术通常建立在 Jaffe-McGlamery 水下图像成像模型的基础上，成像原理表示为

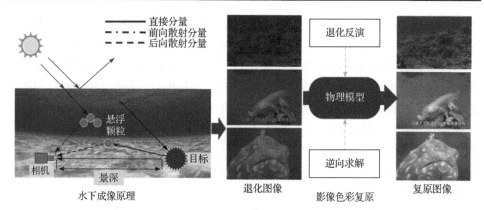

图 4.11 涉水图像复原技术(见彩图)

$$I_c = J_c t_c + B_c (1 - t_c) \qquad (4.2)$$

式中，I_c 为设备拍摄的涉水图像；J_c 为复原的高质量涉水图像；B_c 为全局背景光；t_c 为透射率；$c = $ R、G、B，为涉水图像的红、绿、蓝三个通道。根据式(4.2)，全局背景光 B_c 和透射率 t_c 对复原出高质量的涉水图像是至关重要的。

涉水图像复原方法主要包括基于先验和基于深度学习的涉水图像复原方法。其中，基于先验的涉水图像复原方法是利用不同的先验信息推导出所建立的退化模型的关键参数来复原涉水图像。暗通道先验算法根据图像中的 R、G、B 三个颜色通道中的低强度通道值的变化，复原出高质量的图像。水下暗通道先验算法可认为蓝光和绿光通道是水下视觉信息源，对 B 通道和 G 通道使用暗通道先验，实现水下退化图像的复原。人工神经网络与计算机视觉技术快速发展，基于深度神经网络的涉水图像复原方法能够对背景光和透射率进行估计。深度学习技术通过大规模训练数据集，以端到端的方式，自动学习并建模光线衰减的复杂关系。具体而言，CNN 等深度学习模型能够从数据中学习出水下图像与清晰图像之间的映射关系，从而实现图像复原。近年来，一些基于深度学习的网络架构，如 U-Net、ResNet 等，被广泛应用于水下图像复原任务，它们能够逐层提取图像特征，帮助网络捕获和修复图像中的细节。例如，使用残差卷积神经网络来估计期望的透射图，然后取透射图中最亮的像素点作为背景光复原涉水图像。相比于基于先验的涉水图像复原方法，基于深度学习的涉水图像复原方法具有假设条件弱、准确率指标高的优势。

蓝光和绿光能够在水下传播更远的距离，这就导致涉水低光照环境下采集到的图像多数呈现蓝色和绿色，如图 4.12 所示。对涉水图像的三个颜色通道直方图分析，结果也表明红色通道分量极小，这与理论分析结论一致。为了缓解涉水图像颜色偏移问题，必须对其进行色彩校正，以改善图像中信息的准确性。早在 2012 年，Shamsuddin 等[6]通过比较输出图像拉升直方图的平均值对自动和手动色彩校正技术进行了评估，对比结果显示，相较于自动校正的方法，手动的色彩校正效果更好，这可能是自动化算法对图像色彩空间认知能力不足所导致的。Sethi 等[7]提出了一种利用模糊逻辑来确定涉水图像色差并基于菌群优化(bacterial foraging optimization，BFO)算法来消除色差的颜色矫正方法。该方法具有自适应特性，有效增强了矫正图像质量，与 UCM 和灰度世界算法相比，此方法具有更好的色差识别效果。性能评估结果表明，菌群优化算法自动地搜索到最优的色彩平衡，在恢复图像颜色的同时也提高了图像的对比度。Sankpal 等[8]提出了一种非均匀光照图像色彩校正方法。该方法基于最大似然估计将图像映射到瑞利分布，输入图像被分成三个颜色通道来分别估计修正参数，并独立进行直方图拉伸，拼接在一起形成校正后的图像。相比较于线性拉伸，Ao 等[9]提出了一种自适应线性拉伸的方法，该方法根据直方图实际分布对弱光区域进行阈值调整，最终实现在保持较低计算复杂度的同时提高了颜色校正结果的主观质量。实验结果表明，该方法具有较好的实时性能。Singh 等[16]通过对输入图像进行离散小波变换得到颜色近似系数和目标细节系数，通过颜色近似系数进行不同图像颜色的校正，并基于目标细节系数来保持图像的内容结构。

图 4.12　单介质涉水图像色彩偏移(a)及色彩矫正后(b)的图像(见彩图)

在单介质涉水图像内容恢复层面，受到湍流、失焦、杂质、相对运动等多种复杂因素的影响，会导致最终成像存在退化，进而出现模糊与内容丢失，影响后续处理与分析的进行，如图 4.13 所示。因此，对于涉水图像内容恢复相关的研究多集中于去模糊技术的研究。常见的一种思路是通过预设的方式对模糊图像的退化过程进行建模，进而基于模型和模糊图像反推出原始的清晰图像。有研究者提出基于反向滤波[17]对图像的线性退化进行建模，使用如下退化模型表征涉水图像的退化过程：

$$g(p,q)=f(p,q)*h(p,q)+n(p,q) \tag{4.3}$$

式中，$g(p,q)$为最终采集到的涉水图像；$f(p,q)$为输入的未退化图像；$h(p,q)$为退化函数；$*$为卷积运算；$n(p,q)$为噪声函数。将该退化过程变换到频域可以通过式(4.4)计算真实图像值：

$$F(u,v) = \frac{G(u,v) - N(u,v)}{H(u,v) + k} \tag{4.4}$$

式中，u、v 为频率域的变量；G、F、H、N 分别为式(4.3)中函数 g、f、h、n 通过傅里叶变换转换到频域的函数。此时，在高频域中 $1/H(u,v)$ 趋于无穷大时，噪声 N 的一个微小波动都会导致求解真实值 F 出现极大变化，影响图像复原效果。因此，在实际的使用过程中通常会引入参数 k，来遏制高频域中的微小噪声扰动。通过实验结果发现，在噪声值较小的情况下，k 取值 0.01 比较合适，但是当噪声值较大时，k 的取值也需要相应增大，一般取 0.1 左右，但是该值也会使得复原图像结果趋于平滑，降低输出图像的质量。

图 4.13　单介质涉水图像的模糊(a)与去模糊(b)图像(见彩图)

为了进一步提升复原图像的质量，有研究者提出基于最小二乘滤波的方法，以最小化均方误差为衡量指标进行算法设计。使用式(4.5)在频域计算复原图像：

$$F(u,v) = \frac{H(u,v)G(u,v)}{|H(u,v)|^2 + \dfrac{S_n(u,v)}{S_f(u,v)}} \tag{4.5}$$

式中，$S_n(u,v)$ 为噪声函数的功率谱函数；$S_f(u,v)$ 为原始输入的功率谱函数。但是，在实际的应用过程中，实际噪声的功率谱和输入图像的功率谱没有办法获取到，所以引入一个正则参数 γ 来替代 $S_n(u,v)/S_f(u,v)$，进而得到近似的最小二乘滤波去模糊算法。相较于原始的反向滤波退化模型，最小二乘滤波算法具有更高的噪声鲁棒性，适用范围更广泛。

本节从水下图像复原技术出发，分别介绍了水下图像复原的原理和典型方法。然而，水下图像复原技术还面临着诸多待解决的问题，如鲁棒性不高、适应性不强和实时性差等，无法满足多变环境的实际应用需求。此外，基于深度学习的方法也存在一些值得深入关注的问题，如可解释性差的"黑箱"问题和模型泛化性弱等。未来，如何在不受水下作业场景和外界条件限制的情况下，特别是在面对水下不同浊度、温度、盐度、深度、流速及不均匀人工光源等问题，设计出高鲁棒性、强适应性和实时性的水下图像复原方法，从而实现水下图像的准确复原，这是重要的研究课题。

4.2.2　跨介质涉水图像处理

相较于单介质涉水环境，光在跨介质传播过程中，不仅受到单介质内光线吸收和散射的影响，还会受到不同介质间光的折射与反射的影响，最终造成图像数据多个层面内容和细节的丢失。最典型的跨介质涉水视觉场景为含雾图像和含雨图像，雾霾和雨滴的存在，会显著地限制涉水图像内容的分析与后续利用，因此很多研究者致力于跨介质涉水图像去雾和去雨的研究，本节也将从这两个方面展开介绍。

1. 跨介质涉水图像去雾

依据算法设计的不同思路，可以将常见的涉水图像去雾算法分类为基于物理模型的涉水图像去雾算法、基于非物理模型的涉水图像去雾算法及基于深度学习的涉水图像去雾算法。下面将对三种不同的算法分别进行详细的介绍。

1) 基于物理模型的涉水图像去雾算法

基于物理模型的涉水图像去雾算法是将光传播过程中的散射和吸收纳入考虑建立物理模型，最常见的物理模型为大气散射模型，如图 4.14 所示。该模型由McCartney[18]于 1976 年基于米氏散射理论发展而来。模型由光的衰减模型和环境光模型构成，表示为

$$I(x) = J(x)t(x) + A[1 - t(x)] \tag{4.6}$$

式中，x 为图像像素的空间坐标；$I(x)$ 为受到光线散射影响采集到的含雾图像；$J(x)$ 为待恢复的原始图像反射光；$t(x)=\exp[-rd(x)]$，为大气透射率；$J(x)t(x)$ 为目标衰减反射光；A 为全局大气光强，通常情况下也被认为是全局常量，与空间坐标无关。大气光强是指包括太阳等外部光源的光强，以及其他杂乱的漫反射光等影响目标全局反射光强的所有杂散光光强。大气透射率则代表了透过单位长度的介质给定入射光的衰减状况。

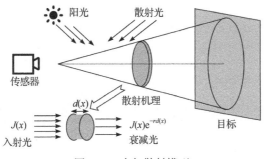

图 4.14　大气散射模型

　　由式(4.6)可知,只需要根据含雾图像 $I(x)$ 计算出透射率 $t(x)$ 和全局大气光强 A,即可通过式(4.6)反推出原始的无雾图像。现有的基于物理模型的涉水图像去雾算法大多基于该模型演变而来,很多工作的改进和创新集中于全局大气光强 A 和透射率 $t(x)$ 的估计上。对于全局大气光强 A 的估计,前期工作中最简单直接的方式为使用含雾图像中亮度最大的像素点灰度值作为全局大气光强。基于分块递归的大气光强估计方法则是将含雾图像从空间层面平均分为四个部分,计算每个部分的平均亮度值和标准差,并将二者相减,然后选取差值最大的子块再分为四个部分重复上述步骤,如此循环迭代下去,直到分块的大小达到预先设定的阈值,或分块的次数超过预先设定的最大值。最后,选取得到的子块中亮度最大值作为全局大气光强。

　　在涉水视觉中,解决图像恢复和深度估计这个模糊问题时,最常用的策略之一是基于对场景的一些先验信息来施加额外的约束,较为典型的方法则是暗通道先验方法。He 等[19]通过观测分析最常见的无雾室外图像,在大多数的非天空区域下的自然图像中,至少有一个颜色通道在某些像素点处具有极低的强度,如图 4.15所示。所有图像块中每个颜色通道的像素点最低值组合在一起构成图像的暗通道,统计分析结果发现,除了天空区域以外,对于无雾的室外图像块,暗通道强度极低且趋近于零。基于暗通道的大气光强估计方法则是从暗通道中选取一定比例最亮的像素值,然后选取原始含雾图像对应位置像素点中的最大灰度值作为全局大气光强。水下暗通道先验则是将该先验应用到了蓝色通道和绿色通道上。

(a)

(b)

图 4.15　无雾图像及其暗通道(a)和含雾图像及其暗通道(b)(见彩图)

　　基于分段的大气光强估计方法则是考虑到常见图像中可能包含不同的光照来源，尤其是来自天空的光源和来自地面的光源可能存在显著的差异，且地面的人造光源可能会对图像中全局大气光强判断造成不良影响。通常，图像中天空场景位于图像的上半部分，因此有研究者直接将图像在水平方向上分成多个部分，然后使用最上面的部分通过暗通道估计算法获取全局大气光强。

　　基于快速估计的全局大气光强算法则是首先求取含雾图像的暗通道图像，然后对其进行均值滤波，获取滤波后暗通道图像中的最大值，将该值与 R、G、B 三通道中灰度最大值求和，再求平均值作为全局大气光强。He 等[19]结合式(4.7)中各个变量的取值范围：

$$0 \leqslant J(x) \leqslant 255, \quad 0 \leqslant I(x) \leqslant A, 0 \leqslant J(x) \leqslant A, 0 \leqslant t(x) \leqslant 1 \tag{4.7}$$

推算出 $t(x)$ 的取值范围：

$$1 - \frac{I(x)}{A} \leqslant t(x) \leqslant 1 \tag{4.8}$$

　　进而使用 $1 - I(x)/A$ 近似表示 $t(x)$ 的值，为了保证图像的自然性，增加一个参数 ω 来对透射率值进行调整，最终得到如下透射率计算方式：

$$t(x) = 1 - \omega \frac{I(x)}{A} \tag{4.9}$$

　　通过变换公式直接求解 $J(x)$：

$$J(x) = \frac{I(x)}{t(x)} - \frac{A}{t(x)} + A \tag{4.10}$$

此时 $J(x)$ 和 $I(x)$ 在坐标轴上构成一条与纵轴的交点为 $(0, -A/t(x)+A)$ 的直线。随着 $I(x)$ 的值在[0, 255]有效范围变化，$J(x)$ 的值有可能为负值或者是超出图像最大值，进而导致去雾后图像的失真。设计了如下损失函数来限制去雾过程中的失真：

$$E_{\text{loss}} = \sum_{c \in \{R,G,B\}} \left\{ \{\min[0, J_c(x)]\}^2 + \{\max[0, J_c(x) - 255]\}^2 \right\} \tag{4.11}$$

式中，E_{loss} 为生成无雾图像过程中产生的失真量；$J_c(x)$ 为去雾后图像中对应的 R、G、B 三个通道的图像。同时，引入失真损失 E_{contrast} 来衡量去雾过程中对比度增强的效果：

$$E_{\text{contrast}} = -\sum_{c \in \{R,G,B\}} \frac{[J_c(x) - J_{\text{m}}]^2}{N_{\text{all}}} = -\sum_{c \in \{R,G,B\}} \frac{[I_c(x) - I_{\text{m}}]^2}{t^2 N_{\text{all}}} \tag{4.12}$$

式中，I_{m} 和 J_{m} 分别为含雾图像和去雾图像的均值；N_{all} 为图像中像素点的总个数。最终，提出通过在预设的取值范围内，迭代计算相应的总失真损失值 $E_{\text{loss}} + E_{\text{contrast}}$，取其中使总损失值最小的透射率作为当前像素点处的透射率近似值。依照此思路可依次求得图像中所有像素点处的透射率估算值。但是，这样的计算思路会造成算法的计算量过大，因此可以进一步假设图中每个小块区域的透射率相同，只对每个小块区域计算一次透射率，从而极大地减少计算量。在获取到大气光强和透射率的估计值后，基于大气散射模型即可直接计算得到去雾后的图像。

2) 基于非物理模型的涉水图像去雾算法

基于非物理模型的涉水图像去雾算法通常使用改进后的通用图像增强算法对图像中的目标细节进行增强，通过强化图像边缘，突出纹理信息等方式增加图像中细节信息，进而实现去雾的目的。常见的基于非物理模型的涉水图像去雾算法涉及直方图均衡化算法、图像滤波和视网膜皮层(Retinex)模型等多种基础的图像增强算法。直方图均衡化算法通过人为调整图像直方图分布状况使其变得均匀，从而实现图像对比度和细节的增强，达到去雾的效果。早在 2004 年，Reza[20]就提出了一种受限对比度的直方图均衡化算法。该方法首先将图像分为多个子块，其次对所有子块逐个进行局部的对比度受限直方图均衡化，最后对子块的边界进行平滑，最终实现去雾。Cheng 等[21]通过改进直方图均衡过程中的分布方式，提出了一种自适应的直方图均衡化算法，该方法依据图像中目标的分布状况进行自适应的分析，自动地衡量图像中不同区域应当呈现的直方图分布状况，该方法对景物复杂多变的场景去雾效果更好。

基于常见的图像滤波器进行涉水图像去雾工作涉及导引滤波、联合双边滤波、联合三边滤波等多种不同的基础图像滤波方式。因为此类方法使用的滤波器均为最基础的图像滤波器，所以此处不再详细介绍。基于 Retinex 模型的去雾算法主要由高斯滤波、对数和反对数变换构成，与前文提到的用于涉水图像对比度增强的视网膜模型方法类似，有研究者将其与暗通道先验直接结合[22]，或通过泰勒展开的方式进行结合，专用于夜间图像的去雾[23]，也有将其与色彩矫正任务一同处理[24]。基于直方图均衡化算法只考虑到图像的灰度分布特征，在实现的过程中容易受到图中额外噪声的影响。基于基础滤波的方法也大多只对图像中低频部分雾气造成的图像进行优化，无法妥善地处理图像中的高频噪声。总之，基于非物理模型的涉水图像去雾算法主要通过统计和分析图像本身的数学特征，然后基于特定的变换方式对图像中的雾气进行滤除，同时增强图像的细节，本质上此类算法都属于一种常见的图像增强算法的专项应用。常见的涉水图像去雾算法在完成去雾之后可能会呈现偏暗的整体效果，导致图像对比度偏低，因此很多方法会补充如对比度提升和伽马矫正的后处理方法,用于改善最终呈现的无雾图像视觉效果。

3) 基于深度学习的涉水图像去雾算法

基于深度学习的算法也被研究者引入到涉水图像去雾领域。早在 2016 年，Cai 等[25]就设计了基于卷积神经网络与大气散射模型结合的去雾方法 DehazeNet。该方法使用包含特征提取层、多尺度映射层、局部极值抑制层和非线性回归层构成的模型来预测输入图像的逐像素透射率，得到透射率后即可直接通过大气散射模型反推出相应的无雾图像。值得注意的是，后续使用估计出的透射率推算无雾图像时，将大气光强设置为一个固定的全局常量，导致模型在不均匀雾度的情况下效果变差。因此，研究人员在大气散射模型的基础上进行了进一步推演，将其变形为如下形式[26]：

$$J(x) = K(x)I(x) - K(x) + b \tag{4.13}$$

其中，新变量 $K(x)$ 的定义由式(4.14)给出：

$$K(x) = \frac{\dfrac{1}{t(x)}\left[I(x) - A\right] + (A - b)}{I(x) - 1} \tag{4.14}$$

式中，b 为默认的固定偏差常量，其余变量含义和前文一致。不同于之前基于大气散射模型的去雾思路，这里将透射率 $t(x)$ 和大气光强 A 集中到一个变量中，这个新变量的值受到含雾图像 $I(x)$ 的影响，所以求解无雾图像的思路为构建模型，基于输入图像对 $K(x)$ 直接进行估计并预测出相应的无雾图像，实现端到端的去雾。Ren 等[27]则提出了一种基于门控融合的方法来实现去雾，该方法首先对原始图像进行了白平衡矫正、对比度增强和伽马矫正，叠加在一起构成了三通道的网络输入，通过类似 UNet[28]的结构解码得到三个通道输入对除雾这个最终目标的贡献，最后通过门控融合三个通道的预测值得到最终去雾图像。同时，在网络训练的过程中引入了多尺度融合训练的方法，抑制除雾过程中光晕的产生。Qu 等[29]提出了不依赖大气散射模型的去雾模型，基于像素级语义理解的思路，从输入的含雾图像直接点对点地逐像素输出去雾后的图像。模型中融入了对抗生成网络的思想，具体来说，包含一个多分辨率生成器、一个多尺度判别器和一个增强器。判别器和生成器以对抗生成的方式互相提升，以生成更加真实的无雾图像，而增强器则用于更进一步改善生成图像的细节。但是，由于没有真实含雾图像和无雾图像对用于模型的训练，上述方法均使用无雾图像和随机生成的透射率，基于大气散射模型生成虚拟的含雾图像用于模型训练。这些都是基于合成数据展开的研究，由于合成数据和真实数据间存在域间差异，使用合成数据进行训练的模型在真实场景中使用时会出现显著性能下降。

　　为了缓解基于深度学习的方法严重依赖于海量数据这一问题，提出一种半监督的去雾方法，该方法由有监督分支和无监督分支共同构成去模糊网络模型，两个分支在模型训练过程中共享权重[30]。有监督分支使用合成的含雾/无雾图像对进行训练，使用均方误差，感知误差和对抗性误差共同构成该分支的损失函数；无监督分支则是使用真实含雾图像进行训练，通过暗通道先验和图像梯度统计利用无雾清晰图像的属性来进行约束。混合使用真实数据和合成数据进行模型的训练,能够赋予模型在合成图像和真实图像间的域适应能力。然而,仅通过共享参数的训练只能在一定程度上缓解域间差异带来的影响,并不能真正解决这个问题,因此研究人员提出首先使用双向图像域翻译模型,将含雾/无雾图像在真实域和合成域上进行双向的域转换来缩小两个域间的差异,接着使用翻译后的图像分别训练真实域和合成域上的去雾模型[31],用于在两个域内完成去雾任务。为了彻底解决去雾任务没有真实含雾/无雾图像对用于模型训练的问题,研究人员通过搭建场景配合能固定位置的机械臂和产生雾气的机器,以视频的形式采集真实场景下的无雾图像与含雾图像,同时还设计了 CG-IND 模型用于视频去雾,通过大量的实验验证了新采集数据集和新提出视频去雾方法的有效性[32]。但是,因为搭建的场景有限且真实应用过程中面对的雾气成因多种多样,所以在新采集数据上训练的模型迁移到真实应用场景中还是会存在显著的性能下降。因此,很多研究者致力于拥有高泛化性能的去雾模型研究,如 Yang 等[33]提出了一种基于深度的雾气密度分解自增强去雾模型,该模型建立了图像中深度信息和雾气密度之间的联系,使用深度信息辅助增强去雾效果。基于深度学习的去雾方法充分地利用了深度神经网络的超强表征能力,但是纯粹由数据驱动的模型易受到过拟合影响,导致泛化能力差。因此,基于物理模型先验与深度学习表征结合的方法在未来会有更好的发展前景。

2. 跨介质涉水图像去雨

除了雾气会对视觉传感器采集到的图像造成显著的影响之外,涉水视觉任务经常面临的另一个典型场景为雨水天气下光在大气介质中的传播,不仅会影响成像的质量,还会对场景中的目标造成遮挡,进而阻碍后续视觉任务的进行。因此,很多研究者致力于涉水图像去雨的相关研究,通过基于滤波器、基于先验信息、基于深度学习方法实现图像去雨。图 4.16 展示了几类典型的涉水图像去雨方法,下面将围绕这几个类型方法展开介绍。

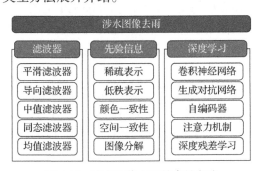

图 4.16　涉水图像去雨的常见方法

基于滤波器的涉水图像去雨方法通常采用和之前任务中提到的基于滤波器的

方法思路类似，即通过分析图像中雨水的特点，针对性地使用基础图像滤波器来实现对雨滴的过滤，如导向滤波器[34-35]、多导向滤波器[36]、非局部均值滤波器[37]、L_0 平滑滤波器[38]等。基于滤波器的图像去雨方法最显著的优点是简单快速，可以通过较少的计算资源达到图像去雨效果。但是，和之前的任务一样，基础滤波器的处理效果通常无法令人满意。

　　基于先验信息的涉水图像去雨方法则是将更多和含雨图像生成相关的先验信息引入到去雨的算法中，以通过先验信息的引导，提升图像去雨的效果。通常来说，先验信息包括成像过程中的物理模型，以及目标场景中的深度等与场景内容、结构等相关联的信息。最常见的思路是对图像进行分解，得到雨成分和图像成分，再基于原图和分解出的结果重建出去雨图像，如图 4.17 所示。早在 2011 年，Kang 等[39]就基于形态成分分析，将去雨问题转化为图像分解问题，提出了一种基于单幅图像的降雨去除框架。该方法不是直接应用传统的图像分解技术，而是首先使用双边滤波将图像分解成低频和高频部分，然后通过执行字典学习和稀疏编码将高频部分分解为"含雨分量"和"无雨分量"，从而在保留大多数原始图像细节的同时从图像中移除"含雨分量"。Sun 等[40]则是通过观察标准批处理模式学习方法的局限性，提出利用图像结构相似性进行图像去雨。Luo 等[41]基于含雨图像的一种非线性生成模型，即屏幕混合模式，提出了一种基于字典学习的单幅图像去雨算法。其基本思想是在具有很强互斥性的学习词典上用很高的区别码稀疏地逼近含雨层和无雨层的特征块，从而将两个分量从它们的非线性组合中准确地分离出来。Chen 等[42]是将深度信息引入去雨算法中，为了将雨带从高频部分分离出来，采用了包括方向梯度直方图、景深和特征颜色的混合特征集来进一步分解高频部分；通过应用混合特征集，可以去除大部分雨纹，同时可以增强非雨点成分。基于图像分解和字典学习的方法，通常认为雨滴外观存在显著的结构特征，虽然这些方法可以提高整体可见度，但它们往往会在背景图像中留下过多的雨滴纹路残留或过度平滑背景图像。Li 等[43]则认为，雨滴去除过程可以表示为一个层分解问题，即雨纹层叠加在包含真实场景内容的背景层上，提出了对背景层和雨滴层都使用基于高斯混合模型的块级层分解方法，在多个方向和尺度上缓解图像去雨后导致的雨滴纹路残留。

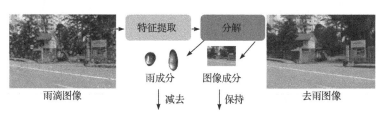

图 4.17　基于图像分解的去雨方法(见彩图)

　　深度学习方法广泛应用于涉水图像去雨任务中，2013 年，Eigen 等[44]就收集了一组有含雨-无雨图像样本对用来训练一个简单的浅层卷积神经网络，该模型同时也被用来去除图像中的污渍。不同于前文提到的图像去雾任务，图像去雨任务可以更方便地获取多数场景下的含雨-无雨图像对，因此直接通过深度学习方法高效完成图像去雨任务。Yang 等[45]提出使用基于检测的思路来获取图像中雨带位置，再通过循环检测和雨带去除过程，迭代得到更好的图像去雨效果。Pan 等[46]则是提出了通用的对偶卷积神经网络，用于包括图像去雨在内的多种偏底层图像优化的视觉任务。这些任务的核心目的通常涉及目标信号的结构分量和细节分量估计，因此提出使用两个并行的网络分支，分别以端到端的方式恢复图像中特定的细节和结构信息，进而根据每个特定任务的形成模式来生成目标图像。Ren 等[47]提出，通过重复展开一个浅层的 ResNet 结构，递归地使用模型结构层，可显著减少网络模型的参数量，同时也保持了模型较好的图像去雨性能，训练过程中使用负结构相似性和均方误差作为损失函数，优化模型参数。Yang 等[48]提出了基于自监督学习的雨纹去除方法。通过分析发现，雨纹去除和图像的纹理特征高度相关，通过将常见的波段特征运算和卷积网络模型相结合来提升模型区分特征的能力。建立了基于频带恢复的分形带学习网络，融合跨尺度的自监督机制，约束不同尺度下的输入特征，在重新缩放后仍能够保持核心内容等价。Chen 等[49]针对含雨-无雨真实图像对少的问题，提出了非配对对抗式图像去雨框架。该框架在深层特征空间中，通过对偶对比学习的方式来研究非配对样本的相互属性，由双向翻译分支和对比指导分支构成，更好地促进图像去雨效果。上述方法集中于研究图像去雨模型的结构搭建，试图通过模型结构层面的改进提升图像去雨效果。表 4.6总结了典型的跨介质涉水图像处理方法及其属性。

表 4.6　典型的跨介质涉水图像处理方法及其属性

类型	方法来源文献	模型			
		先验	滤波器	线性映射	深度学习
跨介质涉水 图像去雾	He 等[19]	✓	—	✓	—
	Yang 等[33]	✓	—	—	✓
	Qu 等[29]	—	—	—	✓
跨介质涉水 图像去雨	Xu 等[35]	✓	—	—	✓
	He 等[34]	—	✓	—	—
	Chen 等[49]	—	—	—	✓

　　然而，有研究人员通过观察发现，很多被雨滴遮挡部分对应的背景细节完全

丢失，通过简单的滤波和映射等方式无法真正实现理想的图像去雨。因此，有研究者从图像生成的角度出发来对尝试解决图像去雨的问题，比较常见的思路是通过对抗生成网络来对图像中雨滴遮挡的部分进行填补。例如，基于注意力机制的对抗生成网络，实现对于雨滴本身区域及其周围结构更多的关注；判别器网络在评估过程中，倾向于恢复区域的局部一致性[50]；条件生成对抗网络通过施加额外的约束，即去雨图像必须与其对应的真实无雨图像不可区分，来为模型的对抗性损失提供更多的指导[51]。除此之外，还在生成器-鉴别器的训练过程中，引入了新的精化损失函数和结构新颖性指标，旨在减少生成模型引入的伪影并确保生成图像有更好的视觉质量。研究人员进一步提出了两个阶段的去雨模型[52]。其中，第一阶段首先对现有大气模型进行了针对雨水环境的改进，然后基于滤波和卷积神经网络结合，对改进后大气模型中的雨点集合、环境光强及透射率进行预测。第二阶段则是基于第一阶段中的物理先验及预测出的参数值，指导模型对输入图像中雨水去除，同时纠正生成过程中可能会产生的伪影并增强背景细节。

涉水图像处理致力于涉水光学领域中的智能图像信号分析与理解，主要涵盖涉水图像增强、涉水图像复原两个方面，分别从不同的角度出发来智能地分析和理解涉水图像中的内容。通过分析光在水体及跨介质传播过程中的规律，指导涉水图像的处理，为后续涉水任务的开展奠定了基础。

4.2.3　涉水图像解析

4.2.1 小节和 4.2.2 小节中，无论是单介质涉水图像的增强、复原，还是跨介质涉水图像的去雾、去雨，更多关注于图像本身质量与内容细节的提升，可以说是相对偏向于底层图像预处理的一个过程，不涉及较高层级的图像内容理解与分析。涉水环境的探索与应用离不开对采集图像所包含高层次语义信息的分析、理解与应用，所以智能化的解析算法也是涉水视觉中必不可少的一部分。具体来说，当前常见的涉水图像智能解析涉及涉水目标的分割、检测、识别和跟踪等多种不同的任务，依据实际的需求，相关任务和算法也在不断发展和创新。本小节以涉水目标的检测和跟踪为例，对当前涉水图像解析的相关进展进行介绍。

1. 涉水目标检测识别

涉水目标检测隶属于目标检测任务在特定场景下的具象化实现。不同于常见环境下的目标检测任务，受到涉水环境复杂多变的影响，涉水目标检测任务在目标层面存在着遮挡严重、姿态表观多变、类内表观差异大、类间形态相似度高等诸多挑战，如图 4.18 所示。在场景层面存在着光线不充分、色彩偏移、成像模糊、环境极端复杂等诸多难点。

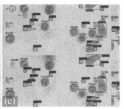

图 4.18 涉水目标检测(见彩图)

(a) 水下生物检测；(b) 涉水图像分割；(c) 浮游生物检测

在基于传统方法的目标检测任务中，通常采用如方向梯度直方图(histogram of oriented gradients，HOG)、尺度不变特征变换(scale invariant feature transform，SIFT)、盖伯特征(Gabor feature)等手段对输入图像进行特征提取，然后将特征分块后逐个与预先设计的目标特征模板进行比对。特征模板匹配过程中通常使用如支持向量机(support vector machine，SVM)、线性判别分析(linear discriminant analysis，LDA)、主成分分析(principal component analysis，PCA)等方法对特征块是否为目标进行判断。此类手工设计目标特征，在特定应用场景和特定目标中取得了不错效果，但是当应用场景趋于复杂、目标密度增加、目标类型增多时，专为特定目标设计的特征将直接失效，无法实现有效的检测，尤其是涉水场景中，在场景复杂度极高的状态下，此类方法几乎不可用。

得益于深度神经网络的快速发展，其超强的表征能力为涉水场景的目标检测提供了新的解决思路，探索了更多的可能性。2015 年之前，鲜有工作将深度学习引入涉水目标检测中，Ravanbakhsh 等[53]使用哈尔(Haar)分类器对形状特征进行分类，然后使用主成分分析法对所有特征进行建模。但是，此算法特征处理速度较慢，Spampinato 等[54]使用移动平均算法在精度和处理时间之间达到一个比较好的平衡。上述方法在处理少量样本的时候有着不错的效果，但是面对大量的涉水图像时效果变得很差。随后，深度神经网络被引入涉水目标检测领域，用于鱼的检测与识别[55]。具体来说，使用在 ImageNet 上预训练的 AlexNet 作为 Fast R-CNN 框架的骨干网络用于提取特征，随后基于 Fast R-CNN 自身的结构设计实现检测与识别。同时，还采集并公开了一个包含 12 种鱼类，共计 24272 张图像的带标注涉水目标检测数据集。Fisher 等[56]构建了 Fish4Knowledge 项目，该项目使用 10 台水下摄像机的视频记录为实验平台，研究更普遍适用的捕获、存储、分析和查询多个视频流的方法。在海洋生物检测层面，该项目收集了包含 23 个种类，共计 27370 张鱼类图像，可以用于比较复杂的鱼类检测与分析任务。Villon 等[57]基于 GoogleNet 构建了 27 层的深度卷积神经网络，用于鱼类的检测，并且将实验结果与基于支持向量机和 HOG 特征的方法进行对比，结果显示，基于神经网络的方法远好于传统方法的效果。俄勒冈州立大学哈特菲尔德海洋科学中心在 2015 年举办的国家数据科学竞赛包含了一项浮游生物分类比赛,其中包含了 121 种浮游生物类型,共计 30000 张样本,其中部分类别包含的样本数量少于 20 个,样本数量少,分类难度大。取得冠军的团队设计了一个共计 16 层的神经网络模型,通过一个循环池化的结构设计实现多层密集特征的融合汇集,最终达到了 81.52%的综合分类准确率。随后,一个规模更大的 WHOI-Plankton 数据集被建立,包含了 103类、共计 340 万张带标注的图像[58]。13 类、共计 9460 张显微灰度浮游动物图像的数据集被建立,将深度卷积神经网络引入到浮游动物的分类任务中,构建了一个 11 层的 ZooplanktoNet 模型用于浮游生物分类,并超过 AlexNet、CaffeNet、VGGNet、GoogleNet 模型,取得了 93.7%的分类准确率[59]。

除了鱼类和浮游动植物的检测外,很多研究者致力于海底生态的保护,其中重点关注于珊瑚的检测与分析。珊瑚的颜色、大小、形状和质地会因物种类别与生长环境的不同呈现出极大的差异,且珊瑚的边界是有机而模糊的,因此珊瑚检测与分类是一项极具挑战的涉水视觉任务,如边界框、点或线的图像标注方式都不能够完美地对珊瑚进行表征。因此,很多研究者除了研究检测分类方法本身,还致力于目标表征方式的改善。Marcos 等[60]使用基于纹理的局部二进制表征和基于颜色的归一化色度坐标用于目标的表征,并设计一个三层的网络模型用于检测与分类。Beijbom 等[61]收集了一个莫雷阿岛(Moorea)标记珊瑚数据集,并给出了一种基于颜色和纹理描述的珊瑚检测分类方法,实验结果显示,新提出的方法效果远好于现有的方法。Elawady[62]使用有监督的卷积神经网络用于珊瑚分类,研究了莫雷阿岛标记的珊瑚和赫瑞-瓦特大学的大西洋深海数据集,并计算了相位一致性(phase congruency,PC)、零分量分析(zero component analysis,ZCA)和韦伯局部描述器(Weber local descriptor,WLD),将输入图像的纹理和形状特征一并纳入考虑。为了使传统的点标注涉水数据与卷积神经网络的输入约束兼容,Mahmood等[63]提出了基于空间金字塔池化(spatial pyramid pooling,SPP)的特征提取方案,基于 VGGNet 提取的深度特征来进行珊瑚分类,同时结合了基于颜色和纹理的手工设计的特征以提高分类能力。

2. 涉水目标跟踪定位

前述涉水目标检测识别算法主要致力于单个场景的静态目标状态分析,但是对于动态目标的状态解析和跨场景目标分析无法应用。因此,有研究者将计算机视觉领域的目标跟踪算法引入涉水视觉领域中,拓宽了涉水视觉算法的应用范围。如图 4.19 所示,依旧是受到涉水环境复杂多变的目标和场景影响,涉水目标跟踪任务面临着与通用场景目标跟踪任务不同的难点。具体来说,在目标层面,涉水目标存在实例间表观差异小、跨场景识别难度高、目标尺度变化显著等诸多挑战;在场景层面,存在采集设备稳定性差、采集条件光线干扰多、目标活动范围立体宽广等多个难点。

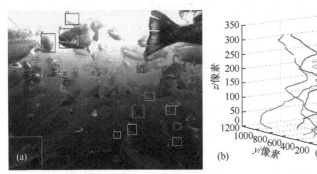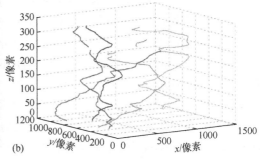

图 4.19　水下目标复杂场景(a)和目标立体跟踪结果(b)(见彩图)

在目标跟踪算法发展的早期,研究人员将跟踪问题描述为自适应边界框的预测[64],通过对前一帧中边界框的位置调整来预测当前帧目标的边界框,以适应当前帧和前一帧之间背景与目标的变化。后来,研究人员将分段形状的时序高通滤波器引入到算法中用于相应快速移动的目标[65]。Robert-Inacio 等[66]则关注于连续帧中物体位置的均匀变化,专用于跟踪速度持续不变的目标。Westall 等[67]将动态规划引入到跟踪算法中,用于提前预测目标的移动方位。在用于跟踪的特征设计层面,Bloisi 等[68]使用 Haar 特征来进行目标的检测和跟踪,如哈里斯角检测器[69]一类的关键点检测器也被证明在跟踪算法中具有较好的特征提取作用。Frost 等[70]将分段形状聚合成水平集,然后在帧间追踪水平集的变化,实现对视频中目标的跟踪,通过加入对如海面上各种船只等预期目标的形状预设提供先验信息以加强跟踪效果。有研究人员使用一个状态变量来表示目标在当前帧中的位置和特征[67],然后基于上一帧的状态变量,通过贝叶斯网络来预测当前帧的状态。此类方法对于遮挡有一定的兼容能力,比较适合跟踪具有相对光滑和可预测轨迹的运动对象,但对于具有复杂运动状态变化或是静止过一段时间的目标无能为力。因此,研究人员将卡尔曼滤波器用于学习和分析前景目标的运动状况[71-72]。原始的卡尔曼滤波器无法同时对多个目标进行跟踪,因此基于多个假设的优化版本卡尔曼滤波器被提出[73],相关实验结果也显示了改进版本的算法在多目标跟踪上的有效性[74]。

上述方法在低分辨率视频上的表现不如高分辨率视频[75],因此有研究者提出使用预先设定的多条初始轨迹辅助跟踪。前述很多方法是基于前景和背景的分割来实现目标的跟踪,有研究者提出可以通过“运动分割”在不预先分割前景的前提下直接对目标进行跟踪。这是因为具有相同运动特征的像素很可能属于相同的前景对象,通过隐式合并空间信息实现跟踪。遵循此思路的常见方法为基于光流运动分割的跟踪方法,此类方法基于物体是刚性的且运动是平滑的假设。随着深度学习在各领域展现出较好的应用效果，研究者也将其引入到了涉水目标跟踪领域中[76-79]。通过多种涉水图像处理和解析算法，可以实现对涉水场景的高效理解与分析，进而推动相关应用和行业的发展，为涉水环境的自主探测奠定技术基础。

3. 涉水图像质量评价

涉水图像质量测量(underwater image quality measure，UIQM)是针对涉水图像退化机制的综合图像质量评价。涉水图像可以建模为吸收分量和散射分量的线性叠加，且吸收和散射效应导致颜色、清晰度和对比度退化，采用线性叠加模型生成整体涉水图像质量测量：

$$UIQM = c_1 \times UICM + c_2 \times UISM + c_3 \times UIConM \qquad (4.15)$$

式中，UICM 为水下色彩测量(underwater image colorfulness measure)；UISM 为水下清晰度测量(underwater image sharpness measure)；UIConM 为水下对比度测量(underwater image contrast measure)；c_1、c_2 和 c_3 为权重因子。水下色彩测量用以描述图像白平衡，数值上颜色偏差的均值越小越好，表示不同颜色通道的分布比较均衡，方差越大越好，表示图像中颜色的所包含的范围较大，色彩较为丰富。水下清晰度测量主要是描述图像的边缘，图像的边缘信息越多、对比度越高，其UISM 越高。

在 CIELab 颜色空间中，与主观评价相关的水下图像像素的统计分布表明，清晰度和色彩因素与主观图像质量感知有良好的相关性，提出了一种水下彩色图像质量评价标准，即色度、饱和度和对比度的线性组合，用于量化水下工程和监测图像的不均匀色差、模糊和低对比度。在 CIELab 颜色空间中的水下彩色图像质量评价(UCIQE)标准被定义为[80]

$$UCIQE = c_1 \times \sigma_c + c_2 \times con_l + c_3 \times \mu_s \qquad (4.16)$$

式中，σ_c 为色度标准方差；con_l 为亮度对比度；μ_s 为饱和度平均值；c_1、c_2 和 c_3 为线性组合的权重值。色度标准方差与人眼主观观察图像的感觉成相关，σ_c 越大，人眼感受的画面色彩越丰富，而在水下环境中由于水体及悬浮物的散射影响，使得画面出现"雾"感，导致人眼主观观感色彩之间对比度下降。亮度对比度是指图像明暗区域之间的对比度，代表图像全局的整体灰度值分布，能明确地表现图像整体亮度值所在的区间，用整幅图像中亮度最高的 1%的像素亮度值与亮度最低的 1%的像素亮度值之间的差计算而成，表征人眼对图像亮度丰富度的感知评价。饱和度平均值指的是色彩纯度的平均值，表示色相颜色越纯，整体视觉观感越好。UCIQE 越高代表图像细节越多，越清晰，复原效果越好。

目前，水下图像质量评价方法通常计算若干度量角度的加权得分，而其中的权重往往靠经验来确定。因此，水下图像质量评价得分往往与人类的主观感受距离较远。因此，如何从视觉显著性、认知心理学及信息量度量的角度出发，构建出更符合人类主观感受的水下图像质量评价方法是未来值得探索的研究方向。

4.2.4　涉水环境认知计算

涉水环境的认知计算为涉水资源开发利用提供了良好的基础，是揭秘涉水生物多样性和勘探水底地形地貌、矿产资源的关键技术之一。对涉水环境的认知程度在涉水安全防卫领域有重要意义，可使国家在涉水安全防卫中占有主动地位。涉水环境认知计算可以分为两部分，分别是视觉信息认知计算和多探测模态认知计算。其中，视觉信息主要指可见光、多光谱和激光雷达等光信号成像，而多探测模态则包含光学、声波及其他探测手段的多种探测方式。

1. 视觉信息认知计算

视觉信息认知计算是指利用视觉信息来探测涉水环境，通过对涉水光学图像的处理实现涉水环境探测信息的认知计算。视觉信息认知计算的典型任务有涉水环境三维感知、涉水目标检测和涉水目标距离估计等。涉水环境三维感知旨在恢复涉水三维模型和勘探水底地形地貌，涉水目标检测旨在监控涉水生态环境和检查涉水基础设施，而涉水目标距离估计旨在定位涉水目标和感知距离深度。图 4.20 为视觉信息认知计算示意图。

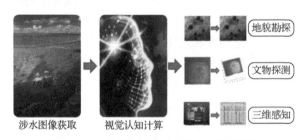

图 4.20　视觉信息认知计算示意图(见彩图)

涉水环境三维感知可为海洋生态系统的监控提供强有力的支撑。利用视觉探测数据，获取涉水环境态势，是一项有重要意义且极具有挑战的任务。由于传统立体视觉三维重建是针对带有朗伯反射的物体设计，涉水环境具有非常复杂的反射、透射、折射等，还会遇到水体浑浊等情况，需要进行特殊的处理。因此，使用带有编码图案作为背景，利用折射光线路径来优化三维网格的方法被提出[81]。Castillón 等[82]通过两轴反射镜对涉水折射畸变进行补偿，主动地抵消涉水环境折射的影响。随着三维立体成像技术的快速发展及其应用的普及，高精度涉水三维重建的研究得到了快速发展，如利用 Kinect 深度相机采集获取大量涉水三维数据。DeBortoli 等[83]实现自动化提取声呐图像的特征，完成涉水环境的实时重建。

涉水目标检测作为目标检测任务的分支，其发展与通用目标检测技术有较强的关系。例如，在自然图像目标检测任务中，典型的通用检测算法主要有 SPP-Net、R-CNN 和 Faster R-CNN 等两阶段方法，也有 SSD 和 YOLO 等单阶段方法。为了适应复杂涉水环境并满足探测器实时性需求，研究者们对上述方法进行迁移和修改，并在涉水目标检测任务取得了良好效果。现有方法大多根据增强涉水弱光照图像并用多层卷积层进行目标检测，实现准确率和速度的提升。为丰富不同质量涉水图像数据集，Pedersen 等[84]创建了具有不同可见度的涉水生物数据集，为海洋监测的自动化系统提供大量数据支持。红外热成像也同样适用于涉水生命探测，Zitterbart 等[85]设计涉水热成像自动检测系统，帮助保护海洋哺乳生物免受船舶撞击。

涉水目标距离估计，即估计图像中目标物体和观测点之间的距离，对于深海探测、涉水潜航有重要应用价值。因此，研究者提出了基于查表法和曲线拟合的距离估计方法，该方法考虑了目标与摄像头处于不同角度下的距离计算，实验证明，该方法的测量准确率超过 98%[86]。

视觉信息依靠环境三维感知、目标检测和距离估计等方法，可对涉水环境进行全面感知，为涉水生态系统监控提供强力支撑。此外，相关技术在人类生产、生活、科研等很多领域得到广泛应用。相比国外，我国在涉水视觉信息认知计算的相关研究要稍晚一些，具有代表性的研究工作比较少。在复杂多变的涉水环境中，单纯依靠视觉信息的认知计算仍存在很多问题亟待解决，无法适用于高度浑浊和湍急水流等极端涉水环境的感知。未来，多探测模态信息融合将成为涉水环境认知的主要手段，光学和声学等各类模态信息将共同克服复杂水域环境，为涉水探测发挥更大作用。

2. 多探测模态认知计算

光信号在涉水环境传播会存在强散射现象，因此仅依赖视觉手段的探测能力有限。近年来，各海洋大国逐渐开展了光学与声学等多种手段联合探测的科研工作。其中，声呐是利用水中声波对涉水目标进行探测、定位和通信的电子设备，是水声学中应用最广泛、最重要的一种装置。图 4.21 为多探测模态认知计算示意图。

声呐技术不仅在水下通信、导航和反潜作战中享有非常重要的地位，而且在和平时期已经成为人类认识、开发和利用海洋的重要手段。目前，水底成像声呐主要有回声探测仪、前视声呐、测视声呐和合成孔径声呐等。随着计算机视觉技术的发展，基于声呐图像的涉水目标的探测、海底底质分类、涉水导航与三维定位等视觉任务，提高了水下无人平台绘制和监测海洋环境的能力。前视声呐是水下目标检测中必不可少的成像设备之一，当与其他导航设备(如海图绘图仪)集成

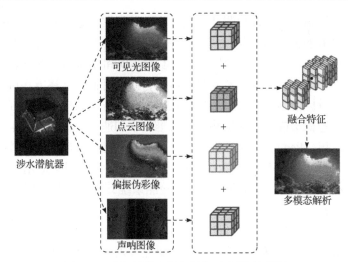

图 4.21　　多探测模态认知计算示意图(见彩图)

时，将成为非常有用的导航辅助设备。Nnabuife 等[87]提出了一种基于脉冲耦合神经网络的前视声呐图像检测网络，实现了良好的远距离小目标的水下目标检测。侧扫声呐(也称侧成像声呐)是一种声呐系统，用于高效地创建海底大面积图像。它向海底发出圆锥状或扇形脉冲，这种扇形波束的海底声波反射强度被记录在一系列横道切片中，当沿着运动方向缝合在一起时，这些切片就形成了波束条带(覆盖宽度)内的海底图像。此外，前视声呐对于水下无人平台同样重要。例如，采用模糊数学方法对前视声呐图像进行去噪和分割，然后对目标区域几何特征进行处理统计，从而辅助水下无人平台的稳定航行。

　　声呐图像仿真技术可以缓解声呐图像获取的困难。二维声呐图像包含大范围的强度信息和精确的形状信息，但没有高度信息，因此三维声呐成像系统应运而生。针对此，基于生成对抗网络的真实感声呐图像合成方法被提出，将合成图像应用于水下目标检测任务，对沉船调查、扫雷和基于地标的导航具有很大帮助[88]。McConnell 等[89]解决了俯拍图像和水下声呐仿真图像之间的配准问题，并且上述内容整合到结合了里程数和基于声呐的环路闭包的即时定位与地图构建(SLAM)框架中。Kim 等[90]提出了利用安装在水下无人平台上的成像声呐图像生成高精度三维地图的方法，从二维声呐图像序列中生成三维点云，利用水下机器人的机动特性重建高度信息，部分解决了成像声呐仰角模糊的问题，避免了大平面阵列的硬件成本问题。在三维声呐系统中，散斑噪声和旁瓣现象减弱可导致图像质量降低。因此，如何有效地降低散斑噪声和旁瓣对图像的退化影响，开发一种低复杂度的三维涉水成像去噪系统受到关注。

　　超声成像是利用超声换能器阵列向介质发射声波并记录它们之间的相互作

用，从而获得有关介质声学特性的信息。因此，基于其声学成像特点，既能发挥声波探测距离远的特性，又能呈现视觉图像的直观性。已有研究者利用激光致声原理，使用经过调制的激光照射水面，使水在激光的激励下产生声波，从而提高能量传递效率，节省了界面传输损耗。Nnabuife 等[87]通过研究利用超声信号对气液两相流流型进行分类的问题，提出了一种对预处理数据进行特征提取的带状特征(belt-shaped features，BSFs)，提出的 ConvNet 分类器既降低了分类维数又学习到了分类特征。不同的扫查模式可产生多种数据采集图像，能够反映散射体的不同几何信息。

　　目前，多探测模态认知计算还存在诸多亟待解决的问题，如超声波在面对较厚材质的物体难以穿透，成像效果就会降低；声呐在浅水区成像过程中，声波信号会与海面相互作用，可能产生多径现象等。未来，通过机器学习，尤其是深度学习方法，充分分析多模态信息特性，关注光学数据获取能力的提升和声学数据的算法优化。从数据获取端与数据处理端协同优化多模态探测任务，采用搜集或者生成的方法不断推进多模态信息数据集的扩充，构建多模态信息决策体系，提升多模态探测信息的融合及协同处理能力，推动涉水探测及导航定位等工作的突破。

4.2.5　涉水智能体自主决策

　　水下无人平台是深海探测与开发的重要工具，得益于世界海洋大国的关注和大量的资源投入。目前，水下无人平台已在海底搜索、生态研究、管道检测、地质调查、环境监测、扫雷和反潜等应用领域广泛应用。然而，水下无人平台的技术发展水平还不能满足大规模、广泛应用的需要，仍有一些关键技术需要开发和改进，如自主技术、协同技术、导航规划技术等。其中，自主技术是决定水下无人平台能否在海洋环境中安全、准确地航行和完成任务的关键，也是衡量水下无人平台发展水平的主要指标。图 4.22 为涉水智能体应用情况。

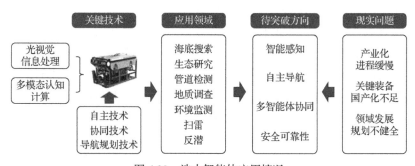

图 4.22　涉水智能体应用情况

　　水下无人平台对周围的局部环境，尤其是其中存在的各类水下目标的认知技术是其自主性技术的基础支撑技术，也是决定水下无人平台能否准确完成态势评估、行为决策、危险规避、路径规划和信息收集等智能行为的关键, 对局部环境和水下目标的不准确认知行为可能会导致水下无人平台放弃当前的使命任务, 甚至会做出错误的行为决策, 严重威胁水下无人平台在复杂水下环境中航行的安全性和自主作业能力。水下无人平台的自主导航能力建立在涉水视觉信息认知计算和多探测模态认知计算的基础上, 使水下无人平台不会与水中物体发生碰撞并损坏自身, 并找到最佳和次优的导航路径。自主导航技术可以是全域或局域的, 全域导航需要系统具备大量环境的先验信息, 而局域导航可使用传感器数据(如声呐、红外测距仪、激光和立体视觉相机等)来对航行路径进行规划, 其目标是缩短航行路径长度, 制订更安全和平滑的航行轨迹。水下路径规划算法还必须快速适应不断变化的水下环境, 并根据周围信息选择轨迹, 以最少的时间或能量消耗避开障碍物。因此, 为了实现更高效和更安全的水下无人平台自主导航, 安全高度动态的水下无人平台路径规划系统受到广泛关注。

水下无人平台路径规划方法可分为两大类, 分别是点对点路径规划方法和全覆盖路径规划方法。其中, 点对点路径规划方法主要采用传统的地图建模方法、人工势场方法和智能路径规划方法。传统的地图建模方法包括两种广泛使用的方法, 一种在水下无人平台、障碍物和目的地之间建立连接图的可见图方法, 其优点是可以确定最短路径, 缺点是路径搜索时间较长且缺乏灵活性; 另一种是基于网格的路径规划方法, 其需要对所有可能的路径解决方法进行全局搜索, 计算量大且需要高精度和一致性的地图。人工势场(APF)方法是将目的地定义为对水下无人平台具有吸引力的物体, 而障碍物被定义为产生排斥力, 所有的吸引力和排斥力都被量化并以重力的形式呈现, 显著降低了计算复杂度并拥有出色的实时反应, 大多数 APF 方法并未在研究中涉及环境扰动问题。近年来, 越来越多的人工智能方法被应用于水下无人平台路径规划的研究中, 涵盖遗传算法、群体智能、模糊逻辑和神经网络算法等。这些方法将路径规划定义为搜索优化问题, 以搜索成本为目标函数, 并通过迭代对算法和路径进行优化, 具有易于实施和适应性强的优点, 但计算复杂度较高, 实时性较差且可能陷入局部最优解。全覆盖路径规划方法被用于当水下无人平台在指定区域做搜索时, 必须考虑全覆盖路径规划, 其目标是路径的高覆盖率、低重复路线和短航行距离。全覆盖路径规划方法的分类主要有随机覆盖策略方法、基于传感器的地图重建方法、智能的全覆盖路径规划方法和基于概率优先级的全覆盖路径规划方法。

水下无人平台的运动规划和跟踪控制, 在水下救援、探测、调查、管道铺设、生物研究等海事项目中具有广阔的应用前景。因此, 对多水下无人平台协作, 复杂和计算环境下, 水下无人平台自主导航、动态目标跟踪、高效水下定位和路径规划, 鲁棒的水下轨迹跟踪的深入和系统研究仍然存在很大的需求。同时, 研发的水下无人平台系统的智能性和自主性仍存许多不足, 需要在智能感知、水下定位、多智能体水下群体通信与协同、智能体水下控制与导航、系统水下安全可靠性等多个方向取得进一步突破。

我国水下无人平台领域的相关研究起步稍晚，但发展迅速。近年来，我国在全海深无人潜水器、水下机器人自主避障与规划控制等方面积极部署，并开展了大量技术和工程验证实验，促进了我国深海探潜能力与智能化装备水平的提升。其中，"海斗一号"自主遥控式复合型潜水器最大潜深达 10888m，标志着我国成为世界第三个具备万米级无人潜水器研制能力的国家。

参 考 文 献

[1] JAFFE J. Computer modeling and the design of optimal underwater imaging systems[J]. IEEE Journal of Oceanic Engineering, 1990, 15(2): 101-111.

[2] PRIYADHARSINI R, SREE SHARMILA T, RAJENDRAN V. A wavelet transform based contrast enhancement method for underwater acoustic images[J]. Multidimensional Systems and Signal Processing, 2018, 29: 1845-1859.

[3] IQBAL K, SALAM R A, OSMAN A, et al. Underwater image enhancement using an integrated colour model[C]. IAENG International Journal of Computer Science, HongKong, China, 2007: 34.

[4] SANKPAL S, DESHPANDE S. Underwater image enhancement by Rayleigh stretching with adaptive scale parameter and energy correction[C]//IYER B, NALBALWAR S, PATHAK N. Computing, Communication and Signal Processing, Advances in Intelligent Systems and Computing, Singapore: Springer, 2019: 935-947.

[5] LI Y, LU H, LI J, et al. Underwater image de-scattering and classification by deep neural network[J]. Computers and Electrical Engineering, 2016, 54: 68-77.

[6] SHAMSUDDIN N, BAHARUDIN B, KUSHAIRI M, et al. Significance level of image enhancement techniques for underwater images[C]. 2012 International Conference on Computer & Information Science, Kuala Lumpur, Malaysia, 2012: 490-494.

[7] SETHI R, SREEDEVI I, VERMA O P, et al. An optimal underwater image enhancement based on fuzzy gray world algorithm and bacterial foraging algorithm[C]. 2015 Fifth National Conference on Computer Vision, Pattern Recognition, Image Processing and Graphics, Patna, India, 2015: 1-4.

[8] SANKPAL S S, DESHPANDE S S. Nonuniform illumination correction algorithm for underwater images using maximum likelihood estimation method[J]. Journal of Engineering, 2016, 2016(1): 5718297.

[9] AO J, MA C. Adaptive stretching method for underwater image color correction[J]. International Journal of Pattern Recognition and Artificial Intelligence, 2018, 32: 1854001.

[10] GHANI A S A, ISA N A M. Underwater image quality enhancement through integrated color model with Rayleigh distribution[J]. Applied Soft Computing, 2015, 27: 219-230.

[11] SUN X, LIU L, DONG J. Underwater image enhancement with encoding-decoding deep CNN networks[C]. 2017 IEEE Smart World, Ubiquitous Intelligence & Computing, Advanced & Trusted Computed, Scalable Computing & Communications, Cloud & Big Data Computing, Internet of People and Smart City Innovation, IEEE, San Francisco, USA, 2017: 1-6.

[12] GOCERI E. Skin disease diagnosis from photographs using deep learning[C]. Proceedings of the Ⅶ ECCOMAS Thematic Conference on Computational Vision and Medical Image Processing, Porto, Portugal, 2019: 239-246.

[13] BINDHU A, MAHESWARI O U. Under water image enhancement based on linear image interpolation and limited image enhancer techniques[C]. 2017 Fourth International Conference on Signal Processing, Communication and Networking, Chennai, India, 2017: 1-5.

[14] GÜRAKSIN G E, KÖSE U, DEPERLIOĞLU Ö. Underwater image enhancement based on contrast adjustment via differential evolution algorithm[C]. 2016 International symposium on innovations in intelligent systems and applications, Thessaloniki, Greece, 2016: 1-5.

[15] ZHENG L, SHI H, SUN S. Underwater image enhancement algorithm based on CLAHE and USM[C]. 2016 IEEE International Conference on Information and Automation, Stockholm, Sweden, 2016: 585-590.

[16] SINGH G, JAGGI N, VASAMSETTI S, et al. Underwater image/video enhancement using wavelet based color correction (WBCC) method[C]. 2015 IEEE Underwater Technology, Chennai, India, 2015: 1-5.

[17] ZON N, HANOCKA R, KIRYATI N. Fast and easy blind deblurring using an inverse filter and probe[C]. Computer Analysis of Images and Patterns: 17th International Conference, CAIP 2017, Ystad, Sweden, 2017: 269-281.

[18] MCCARTNEY E J. Optics of the Atmosphere: Scattering by Molecules and Particles[M]. New York: Wiley, 1976.

[19] HE K, SUN J, TANG X. Single image haze removal using dark channel prior[J]. IEEE Transactions on Pattern Analysis and Machine Intelligence, 2010, 33: 2341-2353.

[20] REZA A M. Realization of the contrast limited adaptive histogram equalization (CLAHE) for real-time image enhancement[J]. Journal of VLSI Signal Processing Systems for Signal, Image and Video Technology, 2004, 38: 35-44.

[21] CHENG H D, SHI X. A simple and effective histogram equalization approach to image enhancement[J]. Digital Signal Processing, 2004, 14: 158-170.

[22] XIE B, GUO F, CAI Z. Improved single image dehazing using dark channel prior and multi-scale Retinex[C]. 2010 International Conference on Intelligent System Design and Engineering Application, NanJing, China, 2010: 848-851.

[23] TANG Q, YANG J, HE X, et al. Nighttime image dehazing based on Retinex and dark channel prior using taylor series expansion[J]. Computer Vision and Image Understanding, 2021, 202: 103086.

[24] XUE M, JI Y, ZHANG Y, et al. Video image dehazing algorithm based on multi-scale Retinex with color restoration[C]. 2016 International Conference on Smart Grid and Electrical Automation, Nanchang, China, 2016: 195-200.

[25] CAI B, XU X, JIA K, et al. Dehazenet: An end-to-end system for single image haze removal[J]. IEEE Transactions on Image Processing, 2016, 25: 5187-5198.

[26] LI B, PENG X, WANG Z, et al. Aod-net: All-in-one dehazing network[C]. Proceedings of the IEEE International Conference on Computer Vision, Venice, Italy, 2017: 4770-4778.

[27] REN W, MA L, ZHANG J, et al. Gated fusion network for single image dehazing[C]. Proceedings of the IEEE Conference on Computer Vision and Pattern Recognition, Salt Lake City, USA, 2018: 3253-3261.

[28] RONNEBERGER O, FISCHER P, BROX T. U-net: Convolutional networks for biomedical image segmentation[C]. Medical Image Computing and Computer-Assisted Intervention: 18th International Conference, Munich, Germany, 2015: 234-241.

[29] QU Y, CHEN Y, HUANG J, et al. Enhanced pix2pix dehazing network[C]. Proceedings of the IEEE/CVF Conference on Computer Vision and Pattern Recognition, Long Beach, USA, 2019: 8160-8168.

[30] LI L, DONG Y, REN W, et al. Semi-supervised image dehazing[J]. IEEE Transactions on Image Processing, 2019, 29: 2766-2779.

[31] SHAO Y, LI L, REN W, et al. Domain adaptation for image dehazing[C]. Proceedings of the IEEE/CVF Conference on Computer Vision and Pattern Recognition, Seattle, USA, 2020: 2808-2817.

[32] ZHANG X, DONG H, PAN J, et al. Learning to restore hazy video: A new real-world dataset and a new method[C]. Proceedings of the IEEE/CVF Conference on Computer Vision and Pattern Recognition, Kuala Lumpur, Malaysia, 2021: 9239-9248.

[33] YANG Y, WANG C, LIU R, et al. Self-augmented unpaired image dehazing via density and depth decomposition[C]. Proceedings of the IEEE/CVF Conference on Computer Vision and Pattern Recognition, New Orleans, USA, 2022: 2037-2046.

[34] HE K, SUN J, TANG X. Guided image filtering[J]. IEEE Transactions on Pattern Analysis and Machine Intelligence, 2012, 35: 1397-1409.

[35] XU J, ZHAO W, LIU P, et al. An improved guidance image based method to remove rain and snow in a single image[J]. Computer and Information Science, 2012, 5: 49.

[36] ZHENG X, LIAO Y, GUO W, et al. Single-image-based rain and snow removal using multi-guided filter[C]. Neural Information Processing: 20th International Conference, Daegu, Korea, 2013: 258-265.

[37] KIM J H, LEE C, SIM J Y, et al. Single-image deraining using an adaptive nonlocal means filter[C]. 2013 IEEE International Conference on Image Processing, Melbourne, Australia, 2013: 914-917.

[38] DING X, CHEN L, ZHENG X, et al. Single image rain and snow removal via guided 10 smoothing filter[J]. Multimedia Tools and Applications, 2016, 75: 2697-2712.

[39] KANG L W, LIN C W, FU Y H. Automatic single-image-based rain streaks removal via image decomposition[J]. IEEE Transactions on Image Processing, 2011, 21: 1742-1755.

[40] SUN S H, FAN S P, WANG Y C F. Exploiting image structural similarity for single image rain removal[C]. 2014 IEEE International Conference on Image Processing, Paris, France, 2014: 4482-4486.

[41] LUO Y, XU Y, JI H. Removing rain from a single image via discriminative sparse coding[C]. Proceedings of the IEEE International Conference on Computer Vision, Santiago, Chile, 2015: 3397-3405.

[42] CHEN D Y, CHEN C C, KANG L W. Visual depth guided color image rain streaks removal using sparse coding[J]. IEEE Transactions on Circuits and Systems for Video Technology, 2014, 24: 1430-1455.

[43] LI Y, TAN R T, GUO X, et al. Rain streak removal using layer priors[C]. Proceedings of the IEEE Conference on Computer Cision and Pattern Recognition, Las Vegas, USA, 2016: 2736-2744.

[44] EIGEN D, KRISHNAN D, FERGUS R. Restoring an image taken through a window covered with dirt or rain[C]. Proceedings of the IEEE International Conference on Computer Vision, Sydney, Australia, 2013: 633-640.

[45] YANG W, TAN R T, FENG J, et al. Deep joint rain detection and removal from a single image[C]. Proceedings of the IEEE Conference on Computer Vision and Pattern Recognition, Honolulu, USA, 2017: 1357-1366.

[46] PAN J, LIU S, SUN D, et al. Learning dual convolutional neural networks for low-level vision[C]. Proceedings of the IEEE Conference on Computer Vision and Pattern Recognition, Salt Lake City, USA, 2018: 3070-3079.

[47] REN D, ZUO W, HU Q, et al. Progressive image deraining networks: A better and simpler baseline[C]. Proceedings of the IEEE/CVF Conference on Computer Vision and Pattern Recognition, Long Beach, USA, 2019: 3937-3946.

[48] YANG W, WANG S, XU D, et al. Towards scale-free rain streak removal via self-supervised fractal band learning[C]. Proceedings of the AAAI Conference on Artificial Intelligence, New York, USA, 2020, 34: 12629-12636.

[49] CHEN X, PAN J, JIANG K, et al. Unpaired deep image deraining using dual contrastive learning[C]. Proceedings of the IEEE/CVF Conference on Computer Vision and Pattern Recognition, New Orleans, USA, 2022: 2017-2026.

[50] QIAN R, TAN R T, YANG W, et al. Attentive generative adversarial network for raindrop removal from a single image[C]. Proceedings of the IEEE Conference on Computer Vision and Pattern Recognition, Salt Lake City, USA, 2018: 2482-2491.

[51] ZHANG H, SINDAGI V, PATEL V M. Image de-raining using a conditional generative adversarial network[J]. IEEE Transactions on Circuits and Systems for Video Technology, 2019, 30: 3943-3956.

[52] LI R, CHEONG L F, TAN R T. Heavy rain image restoration: Integrating physics model and conditional adversarial learning[C]. Proceedings of the IEEE/CVF Conference on Computer Vision and Pattern Recognition, Long Beach, USA, 2019: 1633-1642.

[53] RAVANBAKHSH M, SHORTIS M R, SHAFAIT F, et al. Automated fish detection in underwater images using shape-based level sets[J]. The Photogrammetric Record, 2015, 30: 46-62.

[54] SPAMPINATO C, CHEN-BURGER Y H, NADARAJAN G, et al. Detecting, tracking and counting fish in low quality unconstrained underwater videos[C]. International Conference on Computer Vision Theory and Applications, Funchal, Portugal, 2008, 2: 514-519.

[55] LI X, SHANG M, QIN H, et al. Fast accurate fish detection and recognition of underwater images with fast R-CNN[C]. OCEANS 2015-MTS/IEEE, Washington D C, USA, 2015: 1-5.

[56] FISHER R B, SHAO K T, CHEN-BURGER Y H. Overview of the Fish4Knowledge Project[M]//FISHER R, CHEN-BURGER Y H, GIORDANO D, et al. Fish4Knowledge: Collecting and Analyzing Massive Coral Reef Fish Video Data. Berlin: Springer, 2016.

[57] VILLON S, CHAUMONT M, SUBSOL G, et al. Coral reef fish detection and recognition in underwater videos by supervised machine learning: Comparison between deep learning and HOG+ SVM methods[C]. Advanced Concepts for Intelligent Vision Systems: 17th International Conference, Lecce, Italy, 2016: 160-171.

[58] LEE H, PARK M, KIM J. Plankton classification on imbalanced large scale database via convolutional neural networks with transfer learning[C]. 2016 IEEE International Conference on Image Processing, Phoenix, USA, 2016: 3713-3717.

[59] DAI J, WANG R, ZHENG H, et al. Zooplanktonet: Deep convolutional network for zooplankton classification[C]. OCEANS 2016-Shanghai, IEEE, 2016: 1-6.

[60] MARCOS M S A C, SORIANO M N, SALOMA C A. Classification of coral reef images from underwater video using neural networks[J]. Optics Express, 2005, 13: 8766-8771.

[61] BEIJBOM O, EDMUNDS P J, KLINE D I, et al. Automated annotation of coral reef survey images[C]. 2012 IEEE Conference on Computer Vision and Pattern Recognition, Providence, USA, 2012: 1170-1177.

[62] ELAWADY M. Sparse coral classification using deep convolutional neural networks[J]. arXiv Preprint arXiv: 1511.09067, 2015.

[63] MAHMOOD A, BENNAMOUN M, AN S, et al. Coral classification with hybrid feature representations[C]. 2016 IEEE International Conference on Image Processing, Phoenix, USA, 2016: 519-523.

[64] HU W C, YANG C Y, HUANG D Y. Robust real-time ship detection and tracking for visual surveillance of cage aquaculture[J]. Journal of Visual Communication and Image Representation, 2011, 22: 543-556.

[65] SUMIMOTO T, KURAMOTO K, OKADA S, et al. Machine vision for detection of the rescue target in the marine casualty[C]. Proceedings of IECON'94-20th Annual Conference of IEEE Industrial Electronics, Bologna, Italy, 1994: 723-726.

[66] ROBERT-INACIO F, RAYBAUD A, CLEMENT E. Multispectral target detection and tracking for seaport video surveillance[C]. Proceedings of the IVS Image and Vision Computing, New Zealand, 2007: 169-174.

[67] WESTALL P, FORD J J, O'SHEA P, et al. Evaluation of maritime vision techniques for aerial search of humans in maritime environments[C]. 2008 Digital Image Computing: Techniques and Applications, Sydney, Australia, 2008: 176-183.

[68] BLOISI D, IOCCHI L, FIORINI M, et al. Automatic maritime surveillance with visual target detection[C]. Proceedings of the International Defense and Homeland Security Simulation Workshop , Rome, Italy, 2011: 141-145.

[69] SEBASTIAAN P, VAN DEN BROEK, PIET B W, et al. Persistent maritime surveillance using multi-sensor feature association and classification[C]. Signal Processing, Sensor Fusion, and Target Recognition XXI, 2012: 341-351.

[70] FROST D, TAPAMO J R. Detection and tracking of moving objects in a maritime environment using level set with shape priors[J]. EURASIP Journal on Image and Video Processing, 2013, 2013: 1-16.

[71] ZHONG J, SCLAROFF S. Segmenting foreground objects from a dynamic textured background via a robust kalman filter[C]. Proceedings ninth IEEE International Conference on Computer Vision, Nice, France, 2003: 44-50.

[72] ANGELOVA D, MIHAYLOVA L. Extended object tracking using Monte Carlo methods[J]. IEEE Transactions on Signal Processing, 2008, 56: 825-832.

[73] REID D. An algorithm for tracking multiple targets[J]. IEEE Transactions on Automatic Control, 1979, 24: 843-854.

[74] WEI H, NGUYEN H, RAMU P, et al. Automated intelligent video surveillance system for ships[C]. Optics and Photonics in Global Homeland Security V and Biometric Technology for Human Identification VI, Orlando, USA, 2009, 7306: 274-285.

[75] BLOISI D, IOCCHI L. Argos: A video surveillance system for boat traffic monitoring in venice[J]. International Journal of Pattern Recognition and Artificial Intelligence, 2009, 23: 1477-1502.

[76] SHAN Y, ZHOU X, LIU S, et al. SiamFPN: A deep learning method for accurate and real-time maritime ship tracking[J]. IEEE Transactions on Circuits and Systems for Video Technology, 2020, 31: 315-325.

[77] CHUANG M C, HWANG J N, YE J H, et al. Underwater fish tracking for moving cameras based on deformable multiple kernels[J]. IEEE Transactions on Systems, Man, and Cybernetics: Systems, 2016, 47: 2467-2477.

[78] WANG H, ZHANG S, ZHAO S, et al. Real-time detection and tracking of fish abnormal behavior based on improved YOLOV5 and SiamRPN++[J]. Computers and Electronics in Agriculture, 2022, 192: 106512.

[79] LI W, LI F, LI Z. CMFTNet: Multiple fish tracking based on counterpoised JointNet[J]. Computers and Electronics in Agriculture, 2022, 198: 107018.

[80] YANG M, SOWMYA A. An underwater color image quality evaluation metric[J]. IEEE Transactions on Image Processing, 2015, 24(12): 6062-6071.

[81] LYU J, WU B, LISCHINSKI D, et al. Differentiable refraction-tracing for mesh reconstruction of transparent objects[J]. ACM Transactions on Graphics, 2020, 39(6): 1-13.

[82] CASTILLÓN M, FOREST J, RIDAO P. Underwater 3D scanner to counteract refraction: Calibration and experimental results[J]. IEEE/ASME Transactions on Mechatronics, 2022, 27(6): 4974-4982.

[83] DEBORTOLI R, NICOLAI A, LI F, et al. Real-time underwater 3D reconstruction using global context and active labeling[C]. 2018 IEEE International Conference on Robotics and Automation, Brisbane, Australia, 2018: 6204-6211.

[84] PEDERSEN M, HAURUM J B, GADE R, et al. Detection of marine animals in a new underwater dataset with varying visibility[C]. IEEE Conference on Computer Vision and Pattern Recognition, Long Beach, USA, 2019: 18-26.

[85] ZITTERBART D P, SMITH H R, FLAU M, et al. Scaling the laws of thermal imaging: Based whale detection[J]. Journal of Atmospheric and Oceanic Technology, 2020, 37(5): 807-824.

[86] SOLAK B, BOLAT E D. A new hybrid stereovision-based distance-estimation approach for mobile robot platforms[J].

Computers and Electrical Engineering, 2018, 67: 672-689.

[87] NNABUIFE S, KUANG B, WHIDBORNE J, et al. Development of gas-liquid flow regimes identification using a noninvasive ultrasonic sensor, belt-shape features, and convolutional neural network in an s-shaped riser[J]. IEEE Transactions on Cybernetics, 2023, 53(1): 3-17.

[88] SUNG M, KIM J, LEE M, et al. Realistic sonar image simulation using deep learning for underwater object detection[J]. International Journal of Control, Automation and Systems, 2020, 18(3): 523-534.

[89] MCCONNELL J, CHEN F, ENGLOT B. Overhead image factors for underwater sonar-based slam[J]. IEEE Robotics and Automation Letters, 2022, 7(2): 4901-4908.

[90] KIM B, JOE H, YU S C. High-precision underwater 3D mapping using imaging sonar for navigation of autonomous underwater vehicle[J]. International Journal of Control, Automation and Systems, 2021, 19(9): 3199-3208.

第5章　水下安防应用

在国家需求的驱使下，临地安防(vicinagearth security，VS)应运而生。临地安防是指面向临地空间内防卫、防护、生产、安全、救援等需求的多元化、跨域化、立体化、协同化、智能化技术体系，具体应用场景包括低空安防、水下安防和跨域安防等。与传统临近空间或近地空间不同，临地空间是指从海平面以下1000m(阳光穿透水深极限/南海平均水深)到海平面以上10000m(民航航线高度)的水域、地面及空域。其中，海平面以下100m(大陆架平均水深)到地面以上1000m(低空空域开放高度)是其核心区(图5.1)，基本覆盖人类主要生产生活。水下安防是临地安防的核心之一，主要涵盖海底监测、探测、通信、隐蔽、导引等方面，覆盖了工业生产、社会经济、科研教育等方面的防护、生产、安全、救援，对社会稳定、经济发展均具有重要意义[1]。

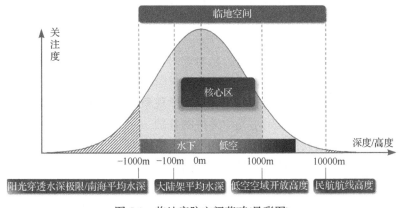

图 5.1　临地安防空间范畴(见彩图)

针对我国沿海港口水下安防系统建设的迫切需求，急需以"需求主导，信息支撑，多层防御，网络融合"为指导思想，联合我国在水下探测、通信系统及防御武器系统方面的优势资源，构建智能化立体水下安防预警系统；形成以海洋环境，水上、水下目标监测为基础，数据传输网络为支撑，信息共享平台为核心，无人系统为前出力量，分布式水下信息网络为"倍增器"的新型智能化防护系统。通过更深入的探测、更全面的互联互通、更透彻的信息共享，全面提升水下安防系统的态势感知、指挥控制和攻防对抗能力，支撑海军对水下作战的防御能力和信息探测能力，保证国家领土安全，同时拓展军民融合领域，维护海外经济利益。

5.1 涉水光学成像

成像是在涉水环境进行探测的重要手段，涉水成像技术的发展直接影响我们对涉水环境的认知与开发。近年来，涉水成像已经在涉水科学研究的诸多领域广泛应用，在海洋牧场方面，可用于对刺参、磷虾、脉红螺等海洋牧场经济生物行为特征的长期监测；在海洋资源勘探方面，可用于对天然气和石油开采的地貌分析；在海洋生态上，可用于对海洋环境和水质情况的长期监测；在海洋工程方面，可用于对水下电缆、水下建筑、水下焊接、水下管道等的质量检查；在水利工程方面，可用于对水库大坝的长期安全监测；在智慧交通方面，可用于对雨雪、雾霾等恶劣天气条件下的道路监控。

基于涉水视觉处理和解析算法，涉水光学成像利用光与水的物质相互作用机理及光的跨介质传播机理，探索江河湖海、云雨雾雪，其中深海探测成像是战略制高点，先进深海成像装备作为大国海洋战略的核心，受到了世界各国的高度重视。面对新的国际形势，我国进一步明确了新时代海洋强国的发展战略，我国深海探潜事业迎来了新的发展机遇，新型智能化深海探潜装备不断涌现。

5.1.1 光学成像简史

第一份有据可查的水下成像报告是由德国工程师凯瑟(Kyeser)撰写，绘制了大量关于水下成像的画作[2]。17 世纪是现代光学学科诞生和发展的重要时期，尤其在欧洲，一系列重要的科学家和研究者对光学现象进行了深入研究，几何光学是光学发展史上的转折点，奠定了光学学科的基础。

1608 年，荷兰的利伯希(Lippershey)发明了第一架望远镜[3]。利伯希是荷兰一位眼镜制造商和数学家，被认为是望远镜的发明者之一，他的贡献对于现代天文学和光学的发展产生了深远影响。

1611 年，开普勒(Kepler)提出了"折光学"。开普勒是一位德国天文学家、数学家和天主教神父，他在行星运动和光学领域所做的贡献具有重要意义。开普勒的研究对于现代天文学和光学的发展产生了深远影响。开普勒提出了"折光学"理论，即关于光在不同介质中传播时的折射规律，这一研究使人们更深入地理解了光的行为，并为后来的光学研究奠定了基础。虽然开普勒的光学研究在当时并没有像他的天文学成就那样受到广泛关注，但他的贡献仍然对现代光学学科产生了深远影响[4]。

斯涅尔(Snell)是 17 世纪荷兰的一位数学家和天文学家，他对光的折射现象研究做出了重要贡献，提出了著名的折射定律，也被称为斯涅尔定律。1837 年，惠威尔(Whewell)明确指出斯涅尔提出了折射定律[5]。折射定律描述了光线从一个介质进入另一个介质时发生的折射现象，即光线的偏离。斯涅尔定律是一种量化关系，表达了入射角、折射角和两个介质的折射率之间的关系。斯涅尔定律的重要性在于它揭示了光在不同介质之间传播时的行为，以及在界面处发生的折射现象。这一定律对于理解透镜、棱镜、眼镜等光学元件的工作原理至关重要。斯涅尔定律也为折射现象的定量分析提供了数学工具，使得人们能够准确地计算光线在不同介质中的传播路径和偏离程度。

1657 年，费马(Fermat)首先给出了光在介质中传播时所走路程取极值的原理，即著名的费马原理，并根据这个原理提出光的反射定律和折射定律。到 17 世纪中叶，该原理基本奠定了几何光学的基础。费马原理是光学中的一个基本原理，它对光线在不同介质中的传播路径进行了描述和解释。费马原理的核心思想是光线在从一个点到另一个点的传播路径上，会沿着需要用时最短的路径传播，即所谓的最速路径原理。这个原理可以用来解释光线在折射、反射和干涉等现象中的行为[6]。

费马原理的数学表达方式是通过光程来描述的。光程是光线传播过程中所需时间的积分，与光线路径的长度和介质的折射率相关。费马原理的应用非常广泛，涵盖了从折射定律到反射定律，以及各种光学现象，如成像、干涉和衍射等。费马原理在光学系统的设计和分析中具有重要作用，能够帮助确定光线的传播路径以及成像的性质。

随着科技进步，水下成像的重大进步发生在 20 世纪 70 年代。为了研究海底地质，美国斯克里普斯海洋学研究所(Scripps Institution of Oceanography)和伍兹霍尔海洋学研究所(Woods Hole Oceanographic Institute)分别研制了深海摄影系统 Deep Tow 和 ANGUS。1977 年，加拉帕戈斯热液探险队使用 ANGUS 拍摄到了壮观的深海蛤蜊场图像，这些图像首次显示了海底地热喷口独特且惊人的生物环境，并发现了一种不依赖光合作用的化学合成生态系统，这被誉为 20 世纪最重要发现之一[7]。

尽管胶片相机开启了水下摄影的新革命，但是水下高清成像能力仍需提高，伍兹霍尔海洋学研究所研发了地转海洋学实时观测阵(Array for Real-time Geostrophic Oceanography，ARGO)全球海洋观测网系统，配备了摄像机，可通过电缆进行实时观测。通过 ARGO 拍摄的最著名图像是泰坦尼克号上一个巨大锅炉的照片，为泰坦尼克号船体的发现提供了帮助，证明海底实时数据获取对海底绘图的重要性。随着数字记录、传输和数据处理技术的不断发展，衰减后的模糊图像还可以进行复原。随着高动态范围数码相机的发明，水下的后向散射通过图像对比度均衡能够得到一定程度的改善，由此，水下成像迈入计算成像时代。

5.1.2　涉水光学成像的挑战

在涉水环境下，激光在不同散射区域的传播规律如图 5.2 所示，探测器接收到的散射信号主要由弹道光区域和散射增强区域返回，形成两类光子，一类是弹道光子，即光线在传播过程中未经散射而直接到达探测器的光子；另一类是散射光子，即光线在传播过程中受到散射多路径的影响，导致传播方向、传播时间和相干性等出现变化的光子。这两类光子产生的原因主要与光在经过散射介质时所发生的吸收和散射有关。其中，吸收会将光能转化为其他形式的能量，导致光的总能量降低。散射虽然保持光的总能量不变，但会导致散射后光的传播方向和能量分布发生变化。

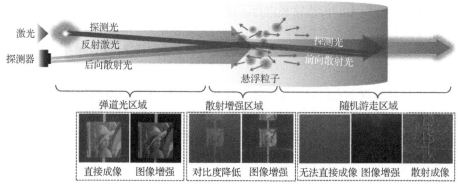

图 5.2　激光在不同散射区域的传播规律(见彩图)

1963 年，Duntley[8]经过细致的实验研究发现，处在 450～580nm 光谱波段的蓝绿光，其衰减远小于其他波段的光，这一发现为人们利用光波进行水下探测提供了全新的思路。虽然光波在海水中传播时，容易受到海水介质散射的影响，导致探测距离远小于声呐系统，但在其他方面利用光波进行探测却有着明显优势。

水体的光散射特性相对于吸收特性来说更为复杂，当一束光射入水中时，经过光与水的相互作用，会发生弹性散射和非弹性散射。弹性散射光没有发生频移变化，但是散射特性与入射光的波长、水体属性及悬浮粒子的大小和密度等有关。在水中引发光弹性散射的散射元主要是水分子和悬浮粒子。弹性散射主要包括瑞利散射、米氏散射和无选择性散射三类，其中水分子主要引起的是瑞利散射，而悬浮粒子主要引起的是米氏散射。通过研究悬浮粒子的米氏散射特性，可以得到各种悬浮粒子的大小、密度等信息。光与水产生的另一类散射是非弹性散射，这类散射存在散射光的频率相对于入射光的频率发生移动。非弹性散射又分为两类，即拉曼散射与布里渊散射。拉曼散射与物质的分子结构有关，而布里渊散射实际上是由多普勒效应引起的。水的布里渊散射特性与温度和盐度等密切相关。通过分析悬浮粒子的布里渊散射特性,可以构建悬浮粒子水体的温度和盐度检测模型。通常,水分子比光波波长小很多,可以用瑞利散射理论来描述其散射特性;悬浮粒子主要包括浮游植物和非色素悬浮粒子这两大类,其粒子的密度、大小、分布极其复杂,还没有严格的描述理论,必须采用等效球的米氏散射理论来研究其散射特性。

散射效应又分为前向散射和后向散射。被目标物体表面反射的辐射,在到达相机前遇到水中悬浮粒子会发生散射角度小于 90°的散射,称为前向散射。前向散射使得目标信息光无法完整地被探测器接收,造成图像细节模糊、信息缺失。前向散射在以小尺寸悬浮颗粒为主的涉水介质中影响不大,因此在很多关于大气图像去雾的研究工作中前向散射的影响都被忽略了。随着颗粒物尺寸的增大,前向散射强度也相应增大。水下环境中的悬浮颗粒具有尺寸大的特点,导致前向散射对水下图像的影响较大。被介质中颗粒直接散射到相机而没有到达物体的辐射称为后向散射。后向散射噪声还会和反射光同时进入成像系统,造成图像中的背景噪声增强,图像表面呈现白色雾化效果,目标信息容易被水下介质产生的强烈后向散射噪声淹没,造成图像整体对比度低、分辨率低。无论是以大尺寸悬浮颗粒为主,还是以小尺寸悬浮颗粒为主的环境,后向散射都是影响图像质量的主要因素。

另外,影响涉水成像的因素是水—玻璃—空气的跨介质分界面。无论是何种跨介质分界面,都会造成光线的反射,影响像面的照度,从而影响像面的衬度;不规则或不均匀的表面还会引入额外的像差,降低系统的分辨率。同时,由于水—玻璃—空气的跨介质分界面上存在折射,将改变物像关系,降低系统视场,使涉水成像系统往往要使用结构更复杂的广角物镜,进一步增加了涉水成像系统的复杂性。

5.1.3　涉水光学成像方法

如何获得清晰的图像对水下光学成像至关重要,根据软件方法大致可以分为三类:非物理模型方法、物理模型方法、深度学习方法。基于图像处理的增强方法是对相机拍摄的图像进行数字图像处理以提升图像质量的方法,包括以空间域法、频率域法为代表的非物理模型图像处理方法,以暗通道先验法为代表的物理模型图像处理方法,以及基于深度学习的图像处理方法。图 5.3 为涉水光学成像方法。

非物理模型图像处理方法针对图像的退化特点,选取相应的图像增强技术,采用一种或者多种图像增强方法,灵活构建图像增强方案。基于物理模型图像处理方法主要指充分利用光波的强度、光谱、偏振等多维度信息,建立水下光学成像物理模型,借助先验信息来估计模型中的未知参数,最终实现水下目标的重建

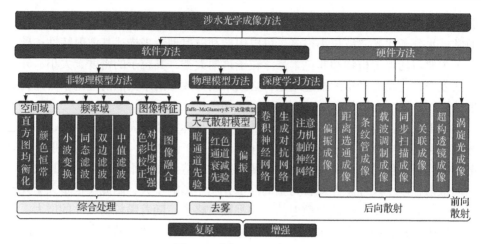

图 5.3　涉水光学成像方法

和成像的方法。基于深度学习的图像处理方法是在没有先验条件情况下，从原始图像和退化图像中学习高层语义特征，并对退化图像进行还原的数据驱动方法。

　　按照硬件方法大致可以分为偏振成像、距离选通成像、同步扫描成像、条纹管成像、载波调制成像、关联成像、超构透镜成像和涡旋光成像等，本小节将对前六种进行详细介绍。

　　基于软件的水下图像处理方法主要有基于非物理模型的图像处理方法、基于物理模型的图像处理方法和基于深度学习的图像处理方法。

1. 软件方法

1) 基于非物理模型的图像处理方法

　　基于非物理模型的图像处理方法主要针对图像的退化特点，如颜色失真、清晰度低、边缘模糊等，采用一种或者多种图像增强方法，灵活构建图像增强方案，改善水下图像的视觉质量。这类方法较为简单且容易实现，但是由于没有考虑水下图像降质的物理参数，其增强效果并不完全符合图像的真实涉水场景。基于非物理模型的图像处理方法主要有基于空间域的图像增强方法、基于图像特征的色彩校正方法、基于频率域的图像增强方法和融合方法。

　　(1) 直方图均衡化(HE)算法属于空间域方法，其核心思想是对给定退化图像各个通道的像素直方图进行拉伸操作，达到重新分配的目的。将各个颜色通道像素的分布，从比较集中的某个区间转变成平均地遍布在整个区间内，使图像在一定大小的区间内像素数量大体上一致，从而整幅图像的全局对比度得到了调整与增强，提升了图像质量。经过该方法均衡后，图像的像素值分布较为平坦，使原始图像的全局对比度得到较大增强。但是，真实的涉水图像的模糊程度难以预知，单一均衡化方法难以对图像的不同局部区域达到理想的处理效果。针对直方图均衡化算法的缺点,自适应直方图均衡化(adaptive histogram equalization, AHE)算法、对比度限制自适应直方图均衡化(CLAHE)算法等一系列改进的算法被针对性地陆续提出。自适应直方图均衡化算法通过对图像各小范围直方图进行计算,使图像灰度得到再分配,以此对图像对比度进行修改,该算法在丰富了更多细节的同时提升了图像各小范围的对比度。由于直方图均衡化算法没有考虑位置信息,通常会放大噪声。

(2) Retinex 理论(颜色恒常)。水下图像退化主要来自两个方面:水体介质对光的选择性吸收衰减导致的颜色失真,背景光散射引起的图像对比度下降。当目标成像物体与相机的距离较近,前向散射对图像退化的影响相对可以忽略不计。因此,如果简化水下成像过程为场景辐射直接分量和后向散射分量的线性叠加,水下成像处理可以理解为图像的色彩校正和对比度增强,其中色彩校正是为了解决水体对光吸收和散射导致颜色失真而采取的措施。

传统的色彩校正方法有灰度世界假设、白平衡假设和灰度边缘假设。灰度世界假设(gray world assumption, GWA)特点在于假设整个场景的平均颜色是灰色的,通过调整图像的颜色通道来使整个图像呈现中性灰度。然而,对于复杂的水下光学环境,这种方法可能无法很好地适应各种光照条件。白平衡(white balance, WB)假设是基于场景中的白色参考物体来调整图像的颜色平衡,考虑了场景中的白平衡信息,但是需要找到合适的白色参考物体。灰度边缘假设(gray edge assumption, GEA)是一种用于图像增强和边缘检测的方法。由于物体图像边缘通常具有比相邻区域更强烈的灰度变化,通过检测图像中的灰度边缘,可以突出物体的轮廓和结构。但是,水下图像对比度低、可视化边缘少,灰度边缘假设算法的假设条件会被破坏,在某些情况下效果有限。深度学习利用卷积神经网络、生成对抗网络等模型,通过学习大量水下图像样本来实现色偏校正,因此具有较强的自适应性,能够处理复杂的水下光学场景,但其对于训练数据的需求较大,需要大规模地标注水下图像数据集。

从人眼对颜色的感知特性出发,兰德(Land)提出了基于颜色恒常性的 Retinex 理论。Retinex 是"Retina"(视网膜)和"Cortex"(大脑皮层)两个单词的合成,又称视网膜大脑皮层理论。Retinex 理论主要包括两个方面:物体的颜色是由物体对不同波长诸如长波(红色)、中波(绿色)、短波(蓝色)光线的反射能力决定的,而与反射光强度的绝对值无关;物体的颜色不受光照非均匀性的影响,具有一致性。与传统的图像增强算法只能够实现对比度增强或色彩增强等不同,基于 Retinex 理论的图像增强算法能够很好地平衡图像细节增强和色偏校正等问题,同时实现颜色恒常、对比度增强和动态范围压缩,具有更好的适应性,广泛应用于水下图像增强中。

　　基于 Retinex 理论的成像方法一般通过消除物体的照射分量获得相应的反射分量，进而达到最终的处理效果，如图 5.4 所示。一幅图像 $I(x,y)$可以表示为反射分量 $R(x,y)$和照射分量 $L(x,y)$的乘积形式：

$$I(x,y) = L(x,y) \cdot R(x,y) \tag{5.1}$$

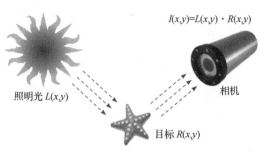

$$I(x,y)=L(x,y) \cdot R(x,y)$$

照明光 $L(x,y)$　　　　　　　　　　　相机

目标 $R(x,y)$

图 5.4　基于 Retinex 理论的成像方法

　　Retinex 理论的目的是消除照射分量 $L(x,y)$对物体颜色的影响，得出的反射分量 $R(x,y)$，即去除入射光的性质来获得物体的本来面貌。照射分量的估计一般用原图像与环绕函数的卷积来计算：

$$L(x,y)=I(x,y) * F(x,y) \tag{5.2}$$

式中，$F(x,y)$为环绕函数。颜色恒定性是计算机视觉的一个理想特征，根据所使用环绕函数的不同，已经开发了多种算法。

　　(3) 基于变换域的图像增强方法是将原始图像通过小波变换、同态滤波、双边滤波、各向异性滤波、傅里叶变换、离散余弦变换等手段，转换到对应域后，进一步进行滤波等处理并进行反变换增强图像。在图像频谱中，低频部分主要对应图像平滑区域的总体灰度级分布，而高频部分则对应图像的细节部分和噪声。因此，图像平滑操作可通过衰减图像频谱中的高频部分来实现，而图像锐化操作则可通过突出图像频谱中的高频部分来实现。

　　小波变换(wavelet transform, WT)是在傅里叶变换的基础上，通过一个随频率改变的"时间-频率"窗口，进行信号时频分析和处理，最终通过参数的反演精确重构原始信号。小波变换以其独特的优点在信号处理领域占据重要地位。其主要特征有：时频局部性，能够在时域和频域上精确捕捉信号的局部特征；多尺度分析，通过调整小波函数的尺度实现对不同频率成分的灵活分析；时间-频率精度权衡，在时频域上取得平衡，适应非平稳信号的处理；能量集中，使得信号的大部分能量集中在小波变换的特定系数上，有助于压缩和去噪；离散性，便于数字信号处理；分解与重构特性，支持信号的分层分析。由于水体对光线的散射和选择性吸收作用，这类方法对水下图像的色偏、低对比度等问题的处理效果并不明显。

1986 年，著名数学家梅耶尔(Meyer)偶然构造出一个真正的小波基[9]，并与马拉特(Mallat)合作建立了构造小波基的多尺度分析，小波分析才开始蓬勃发展起来，其中比利时女数学家多贝西(Daubechies)撰写的《小波十讲》(Ten Lectures on Wavelets)对小波的普及起到了重要的推动作用[10]。除了经典的小波变换外，同态滤波器(homomorphic filtering，HF)作为一种非线性滤波器，不但能够极大地保存图像细节信息，而且还能削弱噪声。图像的同态滤波技术根据图像采集过程中的照明反射成像原理，根据它的特征来增强其对比度，减弱因为光照条件变化不均匀导致的质量退化。双边滤波(bilateral filtering，BF)是一种图像处理中用于平滑图像的滤波方法，同时考虑像素之间的空间距离和像素值之间的灰度差异，这使得双边滤波能够在平滑图像的同时保留图像中的边缘信息。各向异性滤波(anisotropic filtering，AF)是一种图像处理中的滤波方法，其目的是根据图像中的结构方向对不同方向的特征进行不同程度的滤波。各向异性滤波常用于强调或减弱图像中的某些方向性信息，以达到图像增强或去除噪声的目的。中值滤波(median filtering，MF)也是一种非线性的滤波方法，不仅能有效去除噪声，而且不会破坏图像边缘，从而获得较好的去噪结果，而且这种方法的计算量较小。对细节较多，特别是点、线等细节比较明显的图像，中值滤波会使细节有所损失，所以此类图像不太适合采用中值滤波。离散余弦变换(discrete cosine transform，DCT)是一种在信号处理和图像压缩中广泛使用的变换方法，它能够将信号或图像从时域转换到频域，使得信号的能量分布在频域上更加集中。

(4) 图像融合是将不同图像或图像源的信息合并成一个单一的图像，以改善对目标或场景的感知、分析和理解。这个过程的目标是通过融合多个图像或图像的不同特征，以产生一个信息更丰富、质量更高或更适合特定应用的图像。有效的图像融合能够通过从图像中提取所有重要信息来保留重要信息，而不会在输出图像中产生任何不一致。融合后的图像更适合机器和人类的感知。

根据图像融合的层次，图像融合算法分为像素级图像融合、特征级图像融合和决策级图像融合。像素级图像融合主要是在像素层面上操作处理图像数据，属于基础层次的图像融合。该方法能够保持源图像更多的原始数据，细节更丰富，目标空间位置更精确，但是融合前需要对融合源图像进行严格点对点地校正、降噪和配准。像素级图像融合主要包括主成分分析(principal component analysis，PCA)、脉冲耦合神经网络(pulse coupled neural network，PCNN)等算法。特征级图像融合属于中间层次的图像融合，该类方法依据已有的关于各传感器的成像特点，有针对性地提取各图像的优势特征信息，如边缘、纹理等，主要包括模糊聚类、支持向量聚类等算法。决策级图像融合属于最高层次的图像融合，对源图像的处理是在提取出图像的目标特征之后，继续进行特征识别、决策分类等，然后联合各个源图像的决策信息进行联合推理，最后得到推理结果。决策级图像融合主要包括支持向量机、神经网络等算法。决策级图像融合是一种高级的图像融合技术，对数据的质量要求比较高，算法的复杂性极高。目前，稀疏表示(sparse representation，SR)和多尺度分解等几种技术有望提升增强图像融合性能。稀疏表示是一种图像表示理论，用于插值、去噪和识别等图像处理任务。

图像融合技术可分为空间域和频谱域。在空间域，通过控制输入图像的像素值以获得最佳的图像，是一种简单的图像融合方法。在频谱域，使用图像的傅里叶变换评估整个合成操作，然后通过傅里叶逆变换以获得最佳的图像。空间失真可以通过频率法来处理。

由于深度学习具有很强的特征提取和数据表示能力，且可以利用神经网络强大的非线性拟合能力，在图像融合领域取得了飞速发展。深度学习融合方法大致可以分为卷积神经网络(CNN)、生成对抗网络(GAN)和基于 Transformer 的图像融合方法。基于 CNN 设计的图像融合模型，提取图像深度特征，设计相应融合策略，通过解码器重构融合图像。基于 GAN 设计的图像融合模型，将图像融合视作一个生成器与鉴别器不断对抗的过程,通过鉴别器的对抗学习不断优化生成器，从而获得最终的融合图像。基于 Transformer 设计的图像融合模型，提取图像全局特征，设计所需要的融合策略，在解码过程中实现端到端或者非端到端的图像融合。

总之，基于非物理模型的方法不需要有关成像环境的先验信息，单纯地通过图像处理手段来改善图像的视觉质量，这类方法大多易于实现，计算复杂度低。然而，由于不考虑水下图像质量下降的本质原因，其处理结果不一定代表图像的真实原貌，图像的细节增强不够明显，处理后的图像存在明显的噪声放大问题。

2) 基于物理模型的图像处理方法

根据成像机理，基于物理模型的图像处理方法研究光在水体中的吸收和散射特性，对涉水图像退化过程建模，在此基础上反演出未降质的清晰图像。这类方法的优点是，如果模型恰当，得到的复原图像将接近于真实图像；缺点是由于水下成像过程较为复杂，现有的模型普遍存在参数估计较为简单、适用性较差、具有较多限制等。

制约涉水成像系统的一个重要因素是水体对光的散射作用。电磁场理论是处理光散射理论的物理基础，所有经典光学现象的数学描述都是基于介质内部某一点宏观电磁场的 Maxwell 方程组。1908 年,德国物理学家 Mie 第一次利用 Maxwell 电磁散射理论计算球形粒子光散射，这个理论得出了任意尺寸、任意成分的均匀球形粒子的散射规律，获得了光散射的严格解。同时,丹麦物理学家洛伦茨(Lorenz)对球体辐射散射计算做出了相同贡献，因此均匀各向同性球体的平面电磁波散射简称为米氏散射，或 Lorenz-Mie 散射。米氏散射理论可以描述任何尺寸、各向同性的均匀球形粒子的散射特性[11]。20 世纪 50 年代以来，米氏散射理论开始应用得极为广泛，米氏散射理论严格要求散射粒子的形状为球形或近似球形，基于米氏散射理论的光散射理论相继提出。目前，水下成像仿真模拟研究方法主要包括基于米氏散射模型、蒙特卡罗法和涉水成像模型等。

(1) 米氏散射模型是一种描述颗粒散射光的数学模型，通常用于研究粒子的尺寸与波长相当的散射现象，如空气中的气溶胶粒子、云滴等。米氏散射模型的核心方程是米氏散射的横截面(cross-section)方程，它描述了颗粒对入射光的散射效应，表达式为

$$C(\theta) = \frac{2\pi}{k^2} \sum_{n=1}^{\infty} (2n+1)\left(|a_n|^2 + |b_n|^2 \right) \tag{5.3}$$

式中，$C(\theta)$是散射截面，θ是散射角，表示散射光相对于入射光的偏离角度；k是波数，$k=2\pi/\lambda$，λ是光波的波长；a_n和b_n分别是前向散射系数和后向散射系数，具体值取决于颗粒的尺寸、介质的性质以及入射光的波长。

$$a_n = \frac{m'}{x} \sum_{m=1}^{\infty} (2m+1)\left[J_m(mx)\frac{H_m^{(1)}(x)}{H_m^{(1)}(x)} - \frac{n \cdot n'}{m \cdot m'}\frac{J_{m'}(mx)}{J_{m'}'(mx)}\frac{H_m^{(1)'}(x)}{H_m^{(1)}(x)} \right] \tag{5.4}$$

$$b_n = \frac{m'}{x} \sum_{m=1}^{\infty} (2m+1)\left[\frac{J_m'(mx)}{J_m(mx)}\frac{H_m^{(1)}(x)}{H_m^{(1)}(x)} - \frac{n \cdot n'}{m \cdot m'}\frac{J_{m'}'(mx)}{J_{m'}(mx)}\frac{H_m^{(1)}(x)}{H_m^{(1)}(x)} \right] \tag{5.5}$$

式中，x是尺寸参数，$x=2\pi a/\lambda$，a是颗粒的半径；$m = \sqrt{n^2 - 1}$和$m' = \sqrt{n'^2 - 1}$，是相对折射率，分别对应颗粒所在介质和周围介质；J_m是贝塞尔函数；$H_m^{(1)}$是第一类修正贝塞尔函数。

当散射体的尺寸比光波长小得多时，米氏散射可以近似简单描述和瑞利散射理论相似的结果；当散射体的尺寸比光波长大得多时，米氏散射的结果又近似与几何光学描述的结果相一致；在散射体的尺寸和光波长相当时，只有用米氏散射才能得到唯一正确的结果。米氏散射模型的精度取决于模型的准确性和适用范围，计算具有较高的稳定性和可靠性。米氏散射模型的优点在于计算速度快、计算结果精确，而且对输入参数的敏感度相对较低。然而，米氏散射模型只适用于简单的散射过程，无法处理复杂的物理情况。米氏散射理论基于两个前提：一是要求把求解对象颗粒假定为一个规则的球体，二是粒子尺度与波长可比拟。因此，米氏散射模型对散射体的形状、材料特性等有一定的限制，对于复杂的几何形状或微观结构的散射体可能不适用。

然而，自然界水体中绝大多数粒子都是非球体的，或缺乏球体对称的内部结构。由于缺乏一般性的分析理论处理任意形状粒子的光散射，过去通常都是使用等效球体模型，并用米氏散射理论进行计算。但是，如何选择合适的等效球体模

型，在理论光学中则缺乏系统的分析和研究，因此没有建立一般性的规则和严格的标准。米氏散射理论只适合于求解均匀各向同性球体的电磁波散射问题，因此在许多领域的应用中，用等效球体的米氏散射理论处理各种粒子的光散射，只是一种半经验理论近似。非球体粒子的光散射特性与等效球体粒子的散射特性差异很大，特别是散射矩阵。

(2) 蒙特卡罗法。为了精确获得水体参数，Petzold[12]于 1972 年研制和建造了两套测量水的体积散射函数的仪器，用来收集不同水域的光学数据。Petzold 测量的海水衰减系数和体积散射函数相关数据是迄今为止比较准确的实验数据，很多相关试验和文献都会引用。然而，由于实验条件限制，有些光学特性也很难用实验的方法测量。鉴于解析方法和实验方法存在的一些弊端，Lerner 等[13]和 Wang 等[14]使用数值模拟方法，即蒙特卡罗法，对光子在随机介质中传播模型进行修正，成为研究光在随机介质中多次散射传播的常用方法。蒙特卡罗法起源于科学计算和概率论的交叉领域，其历史可以追溯到 20 世纪初。这一方法的名称来源于摩纳哥的蒙特卡罗赌场，与随机性和概率有关。数学家乌拉姆(Ulam)和物理学家米特罗波利斯(Metropolis)在洛斯·阿拉莫斯国家实验室工作期间，为了解决中子传输问题而首次提出了蒙特卡罗法的概念。他们使用随机抽样的方法模拟中子的运动，这种方法在解决高度复杂的物理问题上表现出色。蒙特卡罗法在统计物理学中的应用逐渐增多，特别是用于模拟粒子系统的行为。随着计算机技术的发展，蒙特卡罗法得以更广泛地应用[15]。蒙特卡罗法是一种统计随机样本的数值模拟试验方法，通过抓住样本在随机变化的过程中的各种几何特征，建立一个通用的模型，在计算机上用数学方法来实现数值模拟方法。由于水体是一种不稳定的、复杂的介质，光在水体中的传播是随机的，想要创建一套水下光学传播辐射理论相对困难，使用蒙特卡罗法模拟光传输信道的衰减、信号波形、光束的脉冲响应和角度扩展等，可以得到与实验方法相吻合的结果。蒙特卡罗法将光在水体内的传输看作大量的光子与悬浮粒子随机碰撞迁移的过程，利用随机数和概率计算其统计结果，简化少、参数设置灵活，适用范围较广。理论上，只要发射的光子数足够多，蒙特卡罗法可以实现真正模拟实际的物理过程，从而得到其他数值模拟方法难以获得的精确解。

在涉水光学成像系统中，蒙特卡罗法的出发点是光的粒子性，将光在水体中传输等效为无数单光子组成的集合共同进行传输的问题，且满足高斯分布的特点。光子的散射可以视为光与水体中的悬浮粒子持续进行随机碰撞的过程，彼此相互独立且互不影响。

(3) Jaffe-McGlamery 模型。涉水成像物理模型主要包括水下成像物理模型和雾化成像物理模型，二者有许多相似之处。水下成像和雾化成像都是光在传输的过程中受到了大气或水中粒子对光的散射效应等影响，使探测器接收到的辐射信息与目标物体本身反射的辐射信息有所不同。

针对涉水光传输过程，主要有三种理论分析方法，分别是 1969 年 Wells[16]提出的基于辐射传输的水下成像模型，1971 年 Duntley[17]提出的基于实验测量点扩散函数的水下成像模型，1980 年 McGlamery[18]提出的水下成像计算模型。Duntley 模型在实验室条件下模拟海水，通过测量光束接收面上的光束扩散函数，根据发射端的点扩散函数与接收端的光束传递函数满足镜像对称的关系，测量得到点扩散函数经验公式。该成像模型只取决于光学长度和散射反照率两个参数，缺乏对于环境改变的反应能力，因此并不实用。1975 年，McGlamery 通过假设整个介质为均匀分布，首次提出基于米氏散射的大气散射模型，该模型有效地刻画出雾气对图像的作用机理，是图像去雾技术发展的基础，后期大多数基于图像复原的去雾技术均在此模型或其变形形式上建立。McGlamery 成像模型假设在光传播途径中，每个体积微元内的散射辐射都是一致的，在相机处观察到的散射辐射总强度是对沿视线方向所有粒子散射积分后的结果。McGlamery 模型将相机接收到的光分为三部分构成：直接光分量、前向散射光分量及后向散射光分量。但是，该模型只能表示进入接收器的能量与水体光学特性的关系，无法直接得到成像分辨率，因此多应用于水下激光通信和激光探测领域。

由于水下成像物理模型和去雾成像物理模型原理相似，许多学者尝试直接将去雾成像物理模型直接应用于水下成像，都取得了一定的图像增强效果。然而，光在水下的传播路径和在雾气中的传播路径并不是完全相同，光在水下传播时，除了会发生散射效应，还存在水体本身对光线的吸收效应。因此，在利用物理模型处理水下图像时，除了散射效应，还需要将吸收效应考虑进去，这些都是导致光能量在传输过程中产生强烈衰减的原因。

Jaffe[19]在 McGlamery 模型的基础上，开发了模拟水下成像的仿真模型。该模型结合了光在水下的传播特性，保留了与 McGlamery 模型类似的处理过程，将水下图像近似分为多个水下图像分量的线性叠加，进而形成了 Jaffe-McGlamery 水下成像模型。

根据 Jaffe-McGlamery 水下成像模型，水下光学成像可以看成直接衰减分量、前向散射分量、后向散射分量的线性叠加，如图 5.5 所示。式(5.6)即为水下光学成像物理模型：

$$I(x,y) = I_d(x,y) + I_F(x,y) + I_B(x,y) \tag{5.6}$$

式中，(x,y) 为像素点在图像的位置；$I(x,y)$ 为相机拍摄到的图像；$I_d(x,y)$ 为直接衰减部分的辐射信息；$I_F(x,y)$ 为前向散射部分的辐射信息；$I_B(x,y)$ 为后向散射部分的辐射信息。

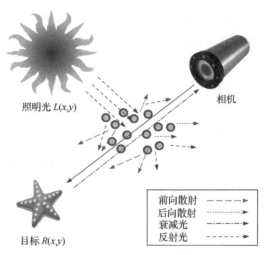

照明光 $L(x,y)$

相机

前向散射 ----►
后向散射 ·····►
衰减光 ·-·-·►
反射光 --- -►

目标 $R(x,y)$

图 5.5　Jaffe-McGlamery 水下成像模型

(4) Schechner-Karpel 模型。研究人员对 Jaffe-McGlamery 模型进行了简化，最具代表性且广泛应用的模型是 Schechner-Karpel 模型。该模型将直接分量和前向散射分量视为有用信号，将后向散射分量视为干扰。考虑到前向散射分量近似直接衰减分量，可以表示为直接衰减分量与点扩散函数的卷积，从而将直接衰减分量和前向散射分量合并为一个分量。直接衰减分量表达式为

$$I_d(x,y) = J(x,y)t(x,y) \tag{5.7}$$

式中，$J(x,y)$为水下被测目标物体的反射光，即期望获得的复原图像；$t(x,y)$为介质透射率，取值范围为 $0 \leqslant t(x,y) \leqslant 1$，是衰减系数 β 和景深 $d(x,y)$ 之间的关系表达：

$$t(x,y) = e^{-\beta d(x,y)} \tag{5.8}$$

将直接衰减分量 $I_d(x,y)$ 和点扩展函数 $g(x,y)$ 进行卷积操作可以获得前向散射分量，表达式为

$$I_F(x,y) = g(x,y) \otimes I_d(x,y) \tag{5.9}$$

式中，$\otimes$ 为卷积算符。

后向散射分量表达式为

$$I_B(x,y) = B[1-t(x,y)] \tag{5.10}$$

式中，B 为背景光值。后向散射是导致水下能见度下降的主要原因，前向散射分量对水下图像质量造成的影响较小，所以一般在考虑水下图像质量退化时，可以将前向散射分量的影响忽略不计。对式(5.6)进行简化可得

$$I(x,y) = J(x,y)t(x,y) + B[1-t(x,y)] \tag{5.11}$$

式(5.11)即为水下光学成像物理模型,将光在水中选择性衰减的特性考虑在内,可以将水下成像过程视为一个线性的过程,求出模型中的未知参数之后,即可利用逆运算得到恢复后的水下图像。

Schechner-Karpel 模型考虑了不同波长光的选择性衰减,形式简单、参数少,因此广泛用于基于物理模型的水下图像复原方法。现阶段大多数基于成像模型的水下图像复原方法都是采用此模型,或是采用此模型的简化模型。但是,由于水下成像环境复杂、光照条件多变、成像设备不同等问题,该模型的应用存在一些局限性。因此,水下图像复原的核心问题就是如何准确估计透射率 $t(x,y)$ 和全局背景光值 B。为了这两个未知模型参数,国内外学者相继提出了不同的先验,如暗通道先验(dark channel prior,DCP)、深度学习方法等。

(5) Akkaynak-Treibitz 模型。Akkaynak 等[20]基于在红海和地中海实验,提出了一种修订的水下物理成像模型,即 Akkaynak-Treibitz 模型。在模型中,直接传输分量和反向散射分量的衰减系数不同,主要表征了相机与目标之间的距离与直接传输分量之间的关系:

$$I(x,y) = J(x,y)t_D(x,y) + B[1 - t_B(x,y)] \tag{5.12}$$

式中,$t_D(x,y)$ 为直接透过率;$t_B(x,y)$ 为后向散射率:

$$t_D(x,y) = e^{-\beta_D(\nu_D)d(x,y)} \tag{5.13}$$

$$t_B(x,y) = e^{-\beta_B(\nu_B)d(x,y)} \tag{5.14}$$

式中,$\beta_D(\nu_D)$ 和 $\beta_B(\nu_B)$ 分别为与光波长有关的直接传输和后向散射分量的衰减系数;ν_D 描述了目标物体的光学特性,ν_B 描述了背景光的光学特性,$\nu_D = \{d(x,y),\rho,\mathrm{Sc},\beta\}$,$\nu_B = \{E,\mathrm{Sc},b,\beta'\}$,$\rho$ 为反射系数,E 为辐射度,Sc 为探测器光谱响应度,β' 为光散射系数,b 为物理散射衰减系数。

Akkaynak-Treibitz 模型可以看作是简化的 Schechner-Karpel 模型的增强,需要确定的参数更多,如需要为直接传输分量和后向散射传输分量引入非均匀衰减系数,在这两个分量的衰减系数与相机和目标距离之间建立相关性,计算结果更精确。尽管 Akkaynak-Treibitz 模型的准确率在水下图像修复领域得到了证实,但是由于其复杂性,目前主流水下图像处理算法仍然采用 Schechner-Karpel 模型。

(6) 暗通道先验理论。在涉水光学成像中,雾天光学成像与水下光学成像具有类似的数学模型,光在涉水环境中传播,都是随着距离呈指数衰减。自何凯明首次提出暗通道先验方法,暗通道先验理论被广泛地应用于水下图像处理[21]。暗通道先验是通过分析大量户外清晰图像获取的统计规律,通过统计发现大部分户外清晰图像中都存在暗像素,即其三个通道内至少有一个通道具有较低的亮度值,可以近似 0,当在相同场景下出现雾天时,暗像素强度值发生改变,可以通过该

现象推断出光线在雾中的透过率，从而实现图像去雾。暗通道用数学表达式为[22]

$$J^{\text{dark}}(x) = \min_{y \in \Omega(x)} [\min_{c \in \{R,G,B\}} J^c(y)] \tag{5.15}$$

式中，J^c 为图像 J 的一个色彩通道；$\Omega(x)$ 为以像素 x 为中心的图像 J 局部分块。根据暗通道先验理论，对于户外无雾图像的暗通道近似趋于零。

3) 基于深度学习的图像处理方法

随着深度学习理论的成熟，深度网络模型在计算机视觉领域得到广泛应用，如水下图像去噪、水下图像去雾与水下图像重构。基于深度学习的水下图像处理方法主要利用网络模型自动提取图像特征的功能，得到原始水下图像与增强图像之间的映射关系，从而实现水下图像清晰化。

在围绕水下成像的深度学习技术中，应用最广泛的是 CNN 和 GAN 两种网络，分别用以完成不同的任务并具有不同的效果。CNN 是当前深度学习领域中应用最为广泛的网络结构，利用同一 CNN 分别估计局部透射率和全局背景光，整个网络包括多尺度融合、特征提取和非线性回归三个关键阶段。通过使用合成数据作为训练集，输入不同色偏的水下模拟图像块，CNN 能够输出对应块的透射率或全局背景光。通过监督学习，这一方法能够有效地提取底层细节和高层语义相关特征。通过这些具有判别力的特征表达，水下光学图像的视觉质量得到显著提升。

GAN 由生成网络和判别网络两部分组成，运用博弈思想进行训练，在这个过程中，生成网络生成的图像与真实图像经判别网络评估真伪，结果反馈给生成模型以加强损失函数，从而训练生成网络。通过不断地博弈式训练，生成网络和判别网络的能力逐渐提升，最终实现了生成网络生成所需图像的目标。这种方法常常在缺乏或难以获得相应数据的情况下被广泛应用，为水下成像提供了一种有效的策略。

在早期利用深度学习技术重建水下图像时，涌现的都是基于物理成像模型的深度学习方法。在 Jaffe-McGlamey 水下成像模型中，图像恢复最重要的任务是估计透射率和背景光参数，反演清晰图像。与传统复原方法的不同之处在于，传统复原方法依赖先验信息的可靠性，而先验信息多依靠人为选取，可靠性较低。深度学习复原方法则通过大量数据训练深度神经网络，继而利用训练好的网络来估计模型参数，可获得更稳健、更准确的估计。

目前，基于 CNN 和 GAN 获得了不错的图像复原效果，但是网络训练对成像模型的合成数据或训练数据只是局部图像块，缺少全局深度信息，导致水下图像复原能力有限。此外，在复杂的水体环境中，物理模型会出现偏差及更多限制因素，使先验条件的估计变得更加困难，复原图像会出现颜色失真和清晰度不足的现象。利用神经网络强大的自适应学习能力，可以在没有先验条件情况下，不借助物理模型，直接端到端地从原始图像和退化图像之间建立映射关系，并对退化图像进行还原，在图像增强中具有非常出色的表现。由于不依赖成像模型，这类方法更容易构建丰富多样的水下数据集，同时网络结构的设计也更加灵活，已经成为水下图像重建的主流方法。通过精细设计 CNN 模型，构建相关损失函数，端到端地复原水下退化图像，能够获得清晰的水下图像。

对于深度学习算法，构建大规模训练数据集是获得清晰水下图像的主要任务之一。深度学习网络通常需要从大量配对数据中学习训练，但对于水下图像增强任务，高质量的配对训练数据往往很难获得，为此，在水下图像增强任务中引入了 GAN 模型。GAN 模型可以通过无监督训练生成逼真水下图像或进行迁移训练，解决数据集缺乏的问题，广泛应用于水下图像增强中。另外，由于 Transformer 网络模型具有强大的全局特征建模能力，被逐渐引入到涉水图像增强领域，基于 Transformer 的图像去雾算法被相继提出。

总体来看，传统图像复原与增强方法在一定程度上恢复了水下图像色彩，提高了水下图像对比度，但是受限于各类涉水环境差异，获取真实模型参数难度较大，应用效果有限。空间域法主要在像素级别进行处理，通过滤波、锐化等操作直接作用于图像的原始像素，如直方图均衡化算法等。简单直观，易于理解，但是，对于复杂的图像结构和噪声较多的情况可能效果有限，容易放大噪声，引入伪影。变换域法则是通过滤波等方式去除图像噪声，如傅里叶变换、小波变换等。这种方法在处理频域特征上有优势，能够有效地处理一些特定的图像问题，但对低对比度和边缘特征不明显的图像处理效果较差。图像融合法尝试将多个图像处理方法结合起来，以弥补各自方法的不足，提高图像的复原与增强效果。然而，图像融合法需要仔细设计融合策略，且对于处理复杂场景的性能仍有限。暗通道先验法主要利用自然图像中存在的暗通道先验，通过减小图像的亮度来增强图像的细节。该方法在天空、云层等场景中表现出色，但对于一些低对比度图像的处理效果可能较差。颜色恒常基于图像中相邻像素颜色之间的一致性，旨在提高图像的颜色还原效果。然而该方法较大程度上依赖先验假设，受水体复杂环境影响，难以进行准确先验估计。此外，传统单一处理方法无法兼顾水下图像的噪声及颜色失真等多重问题，通常需要多种方法联合使用，对图像进行多次处理，耗时且不同方法应用顺序对结果影响大。深度学习法则是近年来取得显著成果的一种方法，基于大量数据集学习水下退化图像与复原增强图像的映射关系，对水下图像进行去噪、去雾、色彩校正、对比度提升等操作，适应性地处理各种图像复原与增强任务，较传统方法获得了更好的效果。但是，深度学习法需要大量的计算资源和数据来训练，单一网络对不同水体的泛化能力不足，并且对于小样本数据可能容易过拟合。

2. 硬件方法

基于硬件的水下激光成像技术利用激光光源对水下目标进行照明，使用相机接收反射光并利用成像设备对目标进行成像，获得水下目标二维图像甚至三维图像。基于硬件的水下成像技术可以弥补基于软件的水下图像处理方法的不足，该类技术主要包括：偏振成像、距离选通成像、同步扫描成像、条纹管成像、载波调制成像和关联成像等。该类技术主要利用光的强度、频谱、偏振等信息，结合光在水下传播的散射、传输特性及物理模型，解决涉水成像过程中，水体散射造成的目标物体图像畸变、对比度降低、解析度差、色彩失真和成像距离受限等问题。

针对涉水环境复杂、成像光束能量损耗高等问题，研究人员最早想到的解决办法是通过引入人工主动照明，增加初始发射成像光束能量，在高损耗的情况下，也能保证成像光束有足够的能量使其到达目标物体。尤其随着激光技术的发展以及对水体光吸收损耗频谱特性的研究深入，蓝绿激光逐渐成为水下主动照明技术所使用的照明光源。

水体存在"蓝绿窗口"，这个波段范围的光吸收系数较小。因激光单色性好，更适合用于水下照明，另外激光还具有能量密度高和方向性强等优势。因此，激光作为照明光源不仅能有效抵消照明光能量衰减，而且利用激光容易控制的特点，通过时间域或者空间域对成像过程进行控制，能较好地抑制水下照明时光散射的影响。

水下主动照明技术的应用，虽然提高了成像光束的绝对能量，增加了成像距离，一定程度上提高了成像质量，但是对远距离目标物进行观测时，继续使用普通光源则会产生大量的后向散射和其他杂散射光，产生虚假轮廓甚至伪影，影响成像质量。如果单纯提高光源照明功率，会导致后向散射更加严重。

1) 偏振成像

光与物质相互作用过程中，偏振特性会随物质特性的不同而发生改变，利用偏振信息的这种改变可以获得物质的形状、材料、纹理等信息。偏振成像技术通过挖掘散射光场偏振信息，分析图像中目标与背景偏振特性的变化趋势，估算目标信息光和背景散射光偏振特性的差异性和唯一性，反演目标信息光和背景散射光的光强变化，有效去除水体散射，提高成像质量，增加成像距离。基于目标的偏振特性，能够快速实现对伪装目标的探测和识别等。水下偏振成像主要包括水下偏振差分成像、水下被动偏振成像、水下主动偏振成像，以及最近发展较快的基于深度学习的偏振成像。

(1) 水下偏振差分成像利用偏振信息的共模抑制特性，通过对两种不同偏振态图像的差分，可反映出场景不同偏振状态的变化情况，利用两种图像的差异抑制背景散射光,实现水下场景的清晰成像。通过在成像设备前加偏振片并旋转,获得偏振方向相互正交的目标强度分布。偏振差分成像的公式为

$$I_{object} = I_{\parallel} + I_{\perp} \tag{5.16}$$

式中,$I_{\parallel}$ 与 $I_{\perp}$ 为偏振方向相互正交的图像强度分布,通常选择图像中亮度最亮与最暗的 I_{max} 与 I_{min} 两张图像强度。

在实际涉水环境中,背景散射光与目标信号光通常不是理想的非偏振光和完全偏振光,而是具有不同偏振度的部分偏振光,因此仅靠传统偏振差分成像无法完全消除背景散射光的偏振部分。针对这个问题,研究人员利用斯托克斯矢量对光偏振态进行了完整描述,并进一步改进了水下偏振差分成像方法,在利用斯托克斯矢量分析基础上,引入了缪勒矩阵组合并进行差分处理,得到两个最佳正交偏振方向的偏振图像,提高了水下成像的质量和实时性[23]。

(2) 水下被动偏振成像技术是利用目标信息光和背景散射光偏振特性的差异,基于水下偏振成像模型,进行水下目标检测和成像的技术。水下被动偏振成像技术主要采用 Schechner 等[24]提出的被动水下偏振成像模型。图 5.6 为水下被动偏振成像模型,表达式为

$$I_{object} = \frac{I_{total} - B}{1 - B / B_{\infty}} \tag{5.17}$$

其中,I_{total} 为探测到的总图像强度分布,$I_{total}=I_{max}+I_{min}=S+B_{max}+B_{min}$,$I_{max}$ 和 I_{min} 为通过调整偏振片的不同位置而获得的两幅正交的偏振子图像分别为最大和最小的后向散射光强;B_{∞} 为无穷远处的背景散射光;B 为探测器接收到的背景散射光,$B=B_{\infty}(1-e^{\beta z})$,表示接收到的背景散射光强受散射系数 β 和距离 z 影响。

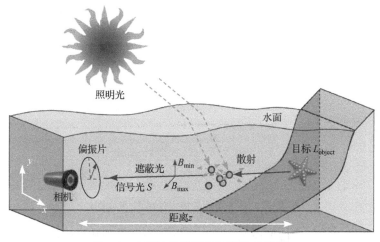

图 5.6　水下被动偏振成像模型(见彩图)

　　Schechner 等[24]认为，目标信息光的偏振度远小于背景散射光的偏振度，可以忽略不计，而 Tyo 等[25]认为，物体散射光的偏振度比背景散射光的偏振度更强。也有研究人员认为，目标物体的辐射也会对偏振产生影响，因此研究了遮蔽光(veiling light)偏振和物体亮度对水下成像形成的影响，并提出利用目标信号偏振差复原水下图像的方法，解决了传统模型中对于高反光目标物体失效的问题。随后，Tyo 等[25]在 Schechner 等[24]提出的模型基础上，考虑水体吸收和不同波段的成像特异性，建立了基于深度信息的水下朗伯反射模型。该模型描述了能量相同、波长不同的目标辐射光经水中传输后到达探测器的能量不同，能够在不增加任何先验条件的前提下，实现无色彩畸变的水下目标场景清晰成像探测。水下被动偏振成像技术主要应用于存在自然光照射的水下环境，当自然光源难以满足成像要求时，仍需要人造光源进行补光。

　　(3) 水下主动偏振成像采用主动偏振光源对水下目标物体照明，偏振光经过水体吸收和散射后，由完全偏振光变成部分偏振光。由于目标信息光的偏振特性在水下更为明显，不可忽略目标信息光的偏振度。目前，水下主动偏振成像技术主要采用 Treibitz 等[26]于 2009 年提出的水下主动偏振成像模型。图 5.7 为水下主动偏振成像模型，目标信息光 S 和背景散射光 B 分别表示为

$$S = \frac{1}{p_B - p_S} \left[I_{\min} \left(1 + p_B \right) - I_{\max} \left(1 - p_B \right) \right] \tag{5.18}$$

$$B = \frac{1}{p_B - p_S} \left[I_{\max} \left(1 - p_S \right) - I_{\min} \left(1 + p_S \right) \right] \tag{5.19}$$

式中，p_S 为目标信息光的偏振度；p_B 为背景散射光偏振度，与水下被动偏振成像模型相同，均通过选取水下场景空白区域进行求取。

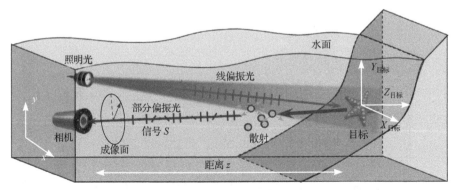

图 5.7　水下主动偏振成像模型(见彩图)

　　针对传统水下主动偏振成像技术中存在背景散射光和目标信息光分离时出现的噪声放大现象，限制重建图像质量的问题，在考虑水体不同散射和吸收特性的

基础上，研究人员根据波长选择特性，采用单色光源进行成像，并提出了一种高浑浊度水下偏振成像方法，在成像质量和成像距离上都取得了显著的提升[27]。针对水下高偏振度物体难以复原的问题，后向散射光偏振度进行全局估计的偏振成像复原算法被提出，对浑浊水体中的高、低偏振度物体成像都具有良好效果，细节保留完整，对比度提升明显。针对主动照明的不均匀性和物体偏振特性的多样性可能会降低水下成像质量的问题，研究人员又提出了一种基于非均匀照明的主动偏振成像方法，用于具有复杂光学特性的水下物体[28]。针对水下主动偏振成像实时性的问题，研究人员利用阵列正交偏振光源主动偏振成像和利用斯托克斯矢量直接生成最佳图像对，实时生成图像，具有实现简单、实时性高等优点[29]。

水下主动偏振成像技术利用目标与背景对入射偏振光的退偏作用产生的差异，实现了两者的有效分离。相较于水下被动偏振成像技术，水下主动偏振成像技术在图像复原方面的表现更为出色。然而，存在高低偏振度目标物体的场景时，水下主动偏振成像技术的复原效果相对较差，对算法的鲁棒性提出了更高要求。

(4) 基于深度学习的偏振成像。由于偏振是目标物体信息的一类明显特征标志，通过构建数据集对此类特征进行提取，通过多层处理的方式，将底层特征转换为高层特征并进行学习的能力，最终能够对新输入数据进行有效处理，完成复杂任务。根据 Schechner 等[24]水下被动偏振成像模型假设，目标物体与水体背景对入射偏振光的退偏差异可以用于特征信息进行提取和建模。在此基础上，基于深度学习的水下偏振图像复原方法逐渐被提出。研究人员利用 U-Net 将偏振信息流和灰度信息流在网络中不同位置进行汇合，在浑浊水体下获得了更好的复原效果[30]。后来又提出了具有偏振残差密集网络的深度学习模型，在高浊度水下环境中能够提高图像复原质量。

水下偏振成像技术因具有设备简便、性价比高、无先验信息、成像质量佳等特点，在涉水光学成像领域中发挥着重要作用。水下偏振差分成像技术利用物体和水体背景的偏振差异来滤除背景散射噪声，但对于复杂场景和浑浊水体度的成像效果有限。水下被动偏振成像技术利用水下光传输物理模型反演原始场景，随着对 Schechner 成像模型的不断优化，解决了均匀环境光场、忽略目标信息光偏振度等限定条件，进一步提升了成像效果。水下主动偏振成像技术引入目标物体的偏振信息，高效分离目标与背景相关性最小的偏振信息，丰富了复原图像细节信息。但是，对包含多种偏振度的目标物体复杂环境复原效果有限，对算法的鲁棒性和适用性提出了更高要求。由于建立精准水下偏振成像模型难度大，且无法利用多张偏振图像所包含的信息，成像效果提升能力有限。基于深度学习的偏振成像技术利用神经网络优良的拟合能力，从大量图像中充分提取特征信息，实现清晰成像，一定程度上弥补了传统水下偏振成像的不足。但是，深度学习方法在理论可解释性、数据集需求等方面仍然处于探索阶段。

2) 距离选通成像

水下距离选通成像技术是利用成像光束和非成像光束到达传感器时间上的非同时性，通过这个时间差异，选择性地控制成像快门开关，将非成像光信号挡在传感器外面，使传感器只能接收到成像光信号，即保证在成像光束到达的时间段打开成像快门，其余时间段保持成像快门处于关闭状态，以此来消除杂散光对成像质量带来的影响。图 5.8 为水下距离选通成像示意图。

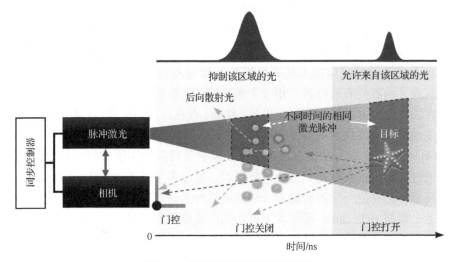

图 5.8　水下距离选通成像示意图

受海水吸收和散射的影响，不同于大气环境下的光学成像，传统水下光学成像作用距离通常仅为 1～3 个衰减长度，且只能获得二维图像，难以获取三维图像。相比传统水下摄像机，水下距离选通成像的作用距离可提高 2～3 倍。

水下激光距离选通成像技术是各海洋强国关注的重点。美国 SPARTA 公司研制的 See-Ray 激光距离选通系统，极限探测距离可达 6.4 倍衰减长度[31]。Mclean 等研发的距离选通激光成像系统，在 6.5 倍衰减长度实现了对分辨率板成像。瑞典国防研究所的 Aqua Lynx 水下距离选通相机，探测距离可达 6.7 倍衰减长度。加拿大国防研究和发展部 Valcartier 研究中心研发了三代 LUCIE 系列产品，搭载在 ROV 上，近海探测距离 15m，深海探测距离 50m。欧盟研发了 UTOFIA 系统，相比于传统水下成像探测距离提高近三倍，相比声呐空间分辨率提高 1 个数量级[32]。

另外，距离选通技术还广泛用于三维成像中，三维距离选通需要根据接收器探测到的光强计算出距离信息，再结合强度信息进行目标三维重建。丹麦科技大学的研究人员研发了距离选通步进延时扫描三维成像系统，获取不同距离下的切片图像，反演出具有距离信息的目标图像，但是存在实时性差和数据量大的问题。

为了解决时间切片选通三维成像存在的实时性差和数据量大的问题，法国与德国合作的圣路易斯研究所的研究人员提出了距离选通超分辨率三维成像技术，通过两幅空间交叠的选通图像间的距离能量相关性，获取目标距离信息，实现距离超分辨率三维重建。新加坡南洋理工大学的研究人员开发了一套距离选通成像系统，在距离选通成像系统基础上增加选通图像的自适应融合，结果表明，该方法可增加距离选通系统的成像景深。我国的代表性工作有中国科学院半导体研究所采用了距离能量相关三维成像技术，先后研制了用于渔网等微小目标探测的超视距激光选通三维成像系统——"绿瞳"系统，用于海洋生物激光三维原位探测系统——"凤眼"系统，以及面阵摆扫激光三维成像系统——"龙睛"系统，并搭载 ROV、AUV 和深海着陆器等进行了海上试验验证[33]。

距离选通成像技术凭借有效的后向散射光抑制作用，在提高成像衰减长度方面有一定的优势，但在不同距离多目标情况下，需要与图像处理方法结合，以消除散射光影响。

3) 同步扫描成像

光同步扫描成像技术最早由加拿大国家研究委员会电气工程部于 1984 年提出，随后美国伍兹霍尔海洋研究所将其应用于水下成像，由于其高角分辨率和较大的横向扫描视场，被广泛应用于水下测距、三维目标重建等领域。

距离选通成像技术利用从时域分离目标信息光与背景散射光，而同步扫描成像则是利用空间上的差异分离目标信息光和背景散射光。水下同步扫描成像技术属于扫描成像技术的一种，利用水体后向散射光强相对于光照中心轴迅速减小的特点，将成像目标光和散射光在空间上进行分离。水下同步扫描成像雷达通常将激光整形为点、线或面，再利用振镜、推扫，或依靠探测目标的移动，完成激光对目标的覆盖，利用高灵敏度窄视场的接收器跟踪接收反射光，逐点、逐线或逐面扫描完成目标图像重建，即激光点扫描、激光线扫描和激光场扫描。

激光点扫描采用逐点扫描方法，具有光束能量集中、成像分辨率高等优点，但是成像速度较慢。激光线扫描进一步提高了成像速度，与距离门控成像相比，激光线扫描降低了对激光功率的要求。激光场扫描使用微机电系统(MEMS)微镜，将激光束延伸成光栅图案，通过相位变化同时测量整个表面，实现快速成像。同步扫描成像技术原理如图 5.9 所示。

美国 Kaman 公司利用采用线扫描蓝绿激光器与距离选通增强相机，研制了 Magic Lantern 水雷探测激光雷达，成功实现了对浅海区域的水雷探测，该系统的发展型号 ALMDS 已经搭载于反潜直升机上，用于海上 120～460m 处对水下 12～61m 的水雷探测[34]。美国斯克里普斯海洋研究所研制了一套 L-Bath 激光线扫描成像系统，通过接收信号获得了目标图像信息，利用激光发射角信息获得了目标

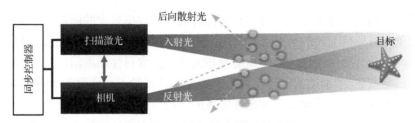

图 5.9　同步扫描成像技术原理

点的位置和强度。然而，水下同步扫描成像技术要求同步扫描机构能够精确控制。美国西屋电气公司(Westinghouse Electric Corporation)研发了一种以氩离子激光器作为光源的机械同步扫描 SM2000 型水下激光成像系统[35]，利用角锥棱镜旋转的方法，得到了高达 70°视场角的激光点扫描，比普通水下摄像机的成像距离高了 2～4 倍，而且在不同水质中，成像距离最远可达 45m。美国 Spectrum Engineering 公司开发的水下激光同步线扫描成像系统，有效提升了图像质量。美国劳伦斯利弗莫尔(Lawrence Livermore)国家实验室研发了快速二维同步扫描成像系统，成像速度在 128 帧时，达到了 6.3 个衰减长度的探测距离。美国港口海洋学研究所使用水下激光线扫描技术，开发了一套海底成像系统，扫描视场为 10°，探测距离为 20～40cm 情况下，分辨率约为 1mm。加拿大国立科学研究院研制了 SHOALS-3000 型机载测量雷达，系统最小探测深度为 0.2m，最大探测深度为 16m，蓝绿通道分别测量浅层和深层目标[36]。美国罗德岛大学的研究人员研发了用于考古的激光线扫描水下成像系统，安装于水下潜航器，绘制了高分辨率测深地图。

在水下同步扫描成像过程中，成像系统需要垂直/平行移动，以延长纵向视场角，同时需要较高的运动稳定性。尽管同步扫描系统原理简单，但是实现较为复杂。国外已有大量成熟设备，我国最新研究集中在系统稳定性的提高上。水下同步扫描成像技术采用减小视场重叠的策略以降低散射光的干扰，具有视场大、探测距离远、分辨率高等优势。然而，由于需要对目标进行持续扫描，无法完全避免传输光路上微粒引起的散射。尽管可以通过减小视场角来规避这一问题，但会导致扫描时间增加，降低成像效率。另外，对同一目标进行成像时，成像时间与精度成反比关系。因此，成像时间增加也会导致图像精度降低。为了在尽可能减少散射影响的同时提高成像效率，需要选择合适的视场角。

4) 条纹管成像

条纹管成像是一种水下扫描成像方法，将脉冲飞行时间转换为荧光屏上条纹的相对距离，其核心部件条纹管基于高速度光电偏转的原理。目标光学图像经过狭缝后变为一维的狭缝像，一维狭缝图像在与条纹管光电阴极作用后，将光学信号通过光电转换变为容易被调控的电子信号。电子信号在传输过程中会受到扫描偏转板内线性电场的作用，将不同时间到达的电子信号在空间上展开，这些电子轰击荧光屏后再产生光学信号，使用图像采集芯片记录这些光学信号。条纹相机在整个记录过程中将入射光的时间信息转换为了空间信息，根据事先设定的扫描速度及空间位置信息，计算出入射的时间间隔。条纹相机前面的狭缝像也导致了记录到的信息为一条一条的条纹。

Knight 等[37]于 1989 年首次提出条纹管激光成像技术，该技术利用条纹管获得三维图像的方法，利用光纤变换器将焦平面图像输入条纹管，以获得较高的时间分辨率，并获得了目标的三维模型。由于重建图像具有帧频高、视场大、分辨率高等优点，条纹管激光成像技术近年来在海上搜救、海底地形探测、鱼雷探测等领域得到了广泛应用。研究人员使用条纹管在海洋成像，对海水中水下 11m 的目标，雷达的横向分辨率达到 1.3cm，距离分辨率达到 2.5cm，可用于探测水面漂浮物、泊船、水下目标等，证明条纹管在激光扫描成像、多光谱成像、多光谱荧光成像等方面具有重要的应用价值。随后，条纹管图像数据处理方法也被提出，对系统成像过程中的多种噪声进行滤除。美国诺斯洛普·格鲁曼(Northrop Grumman)公司研制了机载激光海洋探测系统(ALMDS)[38]，应用于探测、分类、定位水面和近水面系泊水雷等方面，提供了一种新的对抗水雷的方法，已装备于美国濒海战斗舰(LCS)和海军 MH-60S 直升机。作者李学龙团队与中国科学院西安光学精密机械研究所合作，基于条纹相机，开发了水下条纹管成像激光雷达原理样机，如图 5.10 所示。

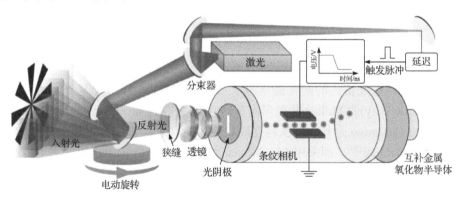

图 5.10　水下条纹管成像激光雷达原理样机

水下条纹管成像技术能实现低对比度环境水下目标的高质量成像，在水下目标探测、目标识别方面拥有较高的实用价值。但是，整个系统存在多次光电转换过程，能量损耗大、利用率低；条纹管体积较大、结构复杂，驱动电压近千伏，增加了系统功耗，内部噪声大，严重影响成像质量；荧光屏上的条纹光强普遍较弱，同时存在中间强、边缘暗的现象，易造成测距误差。图 5.11 为水下条纹管激光成像实验研究。

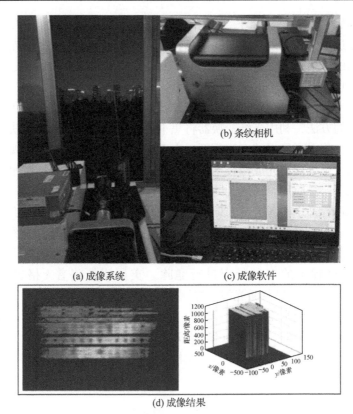

(b) 条纹相机

(a) 成像系统　　　　　　　　(c) 成像软件

(d) 成像结果

图 5.11　水下条纹管激光成像实验研究(见彩图)

5) 载波调制成像

载波调制激光雷达的研究最早源于 20 世纪 90 年代，美国德雷塞尔大学(Drexel University)的 Mullen 和美国海军航空发展中心(Naval Air Warfare Center，NAWC)的 Contarino 合作，首次将光波和微波技术结合起来，发展出一个新的概念——Lidar-Radar[39]。即采用 Lidar-Radar 技术将激光雷达(LiDAR)的水下传播能力与无线电波雷达(Radar)的相干信号处理技术结合，通过调制微波频率的光脉冲，产生相干的水下检测方案。微波信号通过调制器加到光载波上，光载波经过水下传播微波信号，并与微波包络一起被接收机检测到，通过光电探测器得到微波雷达回波，并采用相干信号处理技术得到目标信息，并于 1995 年在巴拿马安德罗斯岛进行海底测试，如图 5.12 和图 5.13 所示。结果显示，调制脉冲激光的目标返回信号对比度明显提高，实验证实了射频强度调制激光雷达的水下探测潜力。

国外针对微波频率激光脉冲的产生提出了几种方案，但是产生方式比较复杂，并且获得的脉冲能量较低。法国 Alem 等[40]提出的方案最简单，如果将光源替换

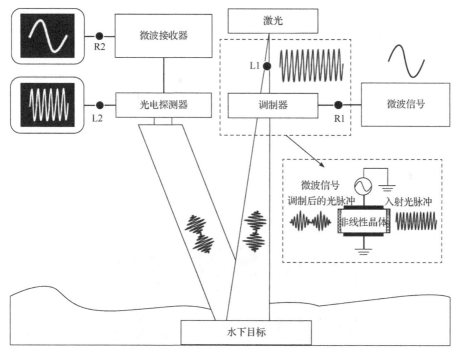

图 5.12　载波调制激光成像原理

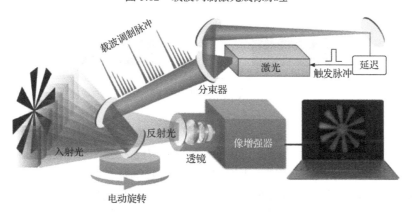

图 5.13　载波调制激光成像装置

为高能量的亚纳秒调 Q 脉冲，便能够实现大能量的微波频率激光脉冲。该团队首次搭建了一套微波频率亚纳秒激光光源结合条纹相机成像的 Lidar-Radar 系统，进行了水中目标探测实验，分析了测距精度、空间分辨力及微波频率的亚纳秒激光脉冲光源对 Lidar-Radar 系统性能的影响，如图 5.14 和图 5.15 所示。在清水 20m处，测得 Lidar-Radar 系统的空间分辨力小于 9mm。在浊水 10m 处，测得 Lidar-Radar 系统的测距精度为 4mm。在浊水 5.9m 处，不使用微波频率特性，回波信号被杂波覆盖，无法探测到目标；但是，在浊水 10.7m 处，利用激光源的微波特性，过滤掉杂波，能够获得清晰的目标图像。

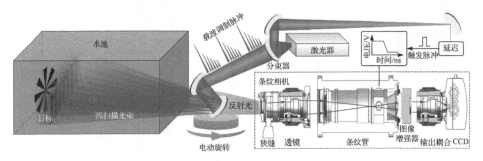

图 5.14 载波调制激光成像实验装置(见彩图)

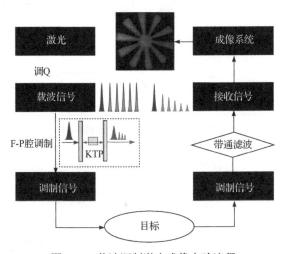

图 5.15 载波调制激光成像实验流程

条纹管激光雷达具有系统集成度高、距离分辨能力强、图像分辨率高等优点，与激光强度调制相结合是实现水下增程成像的理想选择。使用调 Q 技术结合 F-P 腔调制振荡输出得到具有高峰值功率、高能量的高频激光脉冲，拥有较强的探测能力。采用微波频率的激光源，可极大提高回波信号的信杂比，增大探测距离。

6) 关联成像

传统涉水光学成像系统依据几何光学三大定律获取目标物体信息。然而，光在传播时通常会受到涉水环境中不均匀介质的影响，部分光束会偏离原来方向而随机分散传播，即散射现象。散射效应越强的场景，传感器采集图像中弹道光子的占比越低，散射光子的占比越高，因此图像的模糊程度与降质程度越大，传统软件和硬件的图像处理方法将无法捕捉目标物体图像，恢复重构越难。图 5.16 为关联成像示意图。

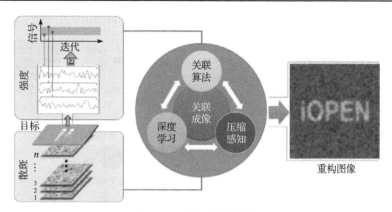

图 5.16　关联成像示意图

关联成像技术依靠光学编码调制、信道增强、多维度并行处理、人工智能赋能等优势，逐渐成为现今最流行的新型成像手段，与传统成像技术竞相发展的同时，也为计算光学成像提供了新思路、新方法。关联成像，又称鬼成像，是一种利用空间光场强度涨落关联性实现图像重构的新技术，其成像机制与传统的强度探测成像有着根本的不同。传统光学成像使用相机进行目标物体反射光场信息的采集，通过其相位与光场强度进行目标图像重构。关联成像则采用一个单像素探测器进行探测，它按照时间先后顺序记录目标物体信息光场的总强度值，计算系统利用该值与照射物体的散斑场矩阵进行关联计算，从而重构出目标图像。关联成像将探测过程与成像过程分为独立的两部分，对环境影响因素不敏感，在噪声较大的水下环境或其他环境下具有较好的应用价值。

1995 年，Pittman 等[41]利用自发参量下转换产生的纠缠光子对，首次在实验上实现了关联成像，正式提出了关联成像概念。2002 年，Bennink 等[42]利用随机指向的激光束首次实现了热光关联成像。2005 年，Ferri 等[43]用赝热光源实现了鬼成像。2008 年，Shapiro[44]将单像素探测器应用到关联成像中，并提出计算关联成像的概念，为关联成像奠定了基础。关联成像研究大致可以分为三个阶段：物理模型驱动关联成像阶段、压缩感知辅助关联成像阶段和深度学习赋能关联成像阶段，如图 5.17 所示。

在物理模型驱动关联成像阶段，信号光路照射到目标像物体上，并通过测量、分析信号光场和参考强度之间的关系恢复出目标图像。在这一阶段，从光源优化、探测器性能改善、优化分数器设计、数据采集与处理技术改进等方面来提高重构图像的质量。但是，该阶段的关联成像技术需要采集大量光强数据才能保证生成图像的质量，这一耗时的操作严重影响了关联成像的实际应用。因此，如何在减少数据量的同时保证生成图像的质量成为关联成像的关键。

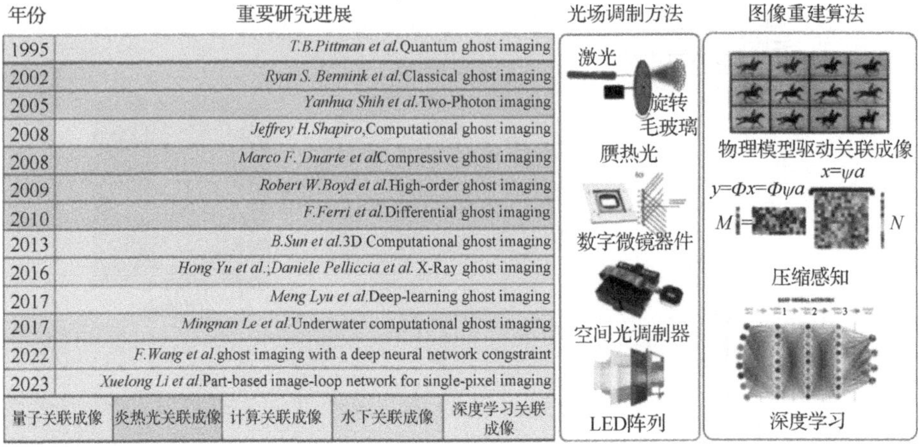

年份	重要研究进展	光场调制方法	图像重建算法
1995	*T.B.Pittman et al.*Quantum ghost imaging		
2002	*Ryan S. Bennink et al.*Classical ghost imaging		
2005	*Yanhua Shih et al.*Two-Photon imaging		
2008	*Jeffrey H.Shapiro*,Computational ghost imaging		
2008	*Marco F. Duarte et al*Compressive ghost imaging		
2009	*Robert W.Boyd et al.*High-order ghost imaging		
2010	*F.Ferri et al.*Differential ghost imaging		
2013	*B.Sun et al.*3D Computational ghost imaging		
2016	*Hong Yu et al.;Daniele Pelliccia et al.* X-Ray ghost imaging		
2017	*Meng Lyu et al.*Deep-learning ghost imaging		
2017	*Mingnan Le et al.*Underwater computational ghost imaging		
2022	*F.Wang et al.*ghost imaging with a deep neural network congstraint		
2023	*Xuelong Li et al.*Part-based image-loop network for single-pixel imaging		
量子关联成像	炎热光关联成像	计算关联成像	水下关联成像	深度学习关联成像

图 5.17　关联成像研究进展(见彩图)

在压缩感知辅助关联成像阶段，利用压缩感知技术，在保证重构图像质量的情况下尽可能减少数据使用量。压缩感知技术通过实现稀疏信号的精确重构，可以从少量数据中提取出尽量多的信息，为减少关联成像技术的采样率提供了研究潜力。在这一阶段，通过压缩感知降低关联成像所需的数据采集需求，提高关联成像技术在实际场景中的应用能力。但是，压缩感知辅助下的关联成像需要较长的重构时间且生成图像的细节会被模糊化，因此提升数据利用率、降低采集次数、提升重构图像质量是研究人员在下一研究阶段的核心内容。

在深度学习赋能关联成像阶段，将深度学习结合到关联成像中，利用神经网络优越的信息提取能力提高对采集数据的利用率，降低数据采集的要求，实现快速且高质量的成像。

关联成像需要较少的硬件成本且有极强的抗环境干扰能力，已成为水下应用中捕捉高质量图像的一种有潜力的解决方案，并取得了一些令人鼓舞的成果。在水下强散射的环境中，基于物理驱动的关联成像方法仍占据主导地位，这主要是因为当前基于深度学习关联成像方法在水下环境面临如下挑战：一方面，深度学习方法依赖于大量的训练数据来提高神经网络的图像重构能力，但在恶劣的水下环境中，获取足够数量和质量的训练样本非常困难，这极大弱化了模型重构图像的能力；另一方面，在未经过训练的水下场景中，目前的方法在图像重构方面可能存在一定的局限性，成像质量无法得到保证。

李学龙团队以水下潜航器视觉导引为目标，提出了能够有效减低光场信息丢失的水下成像方法，在大衰减、强散射的水下湍流环境中，实现了高信噪比的目标图像处理及重构，为受限条件的水下潜航器视觉导引做了必要的技术探索和储备，是临地安防的典型应用之一。

　　李学龙团队与德国耶拿大学和耶拿亥姆霍兹研究所的研究人员合作，分别从空间域和时间域开展了散斑光场对关联成像质量的研究，探讨了关联成像衬噪比与分辨率的极限；设计了偏移位置准贝塞尔光场与随机二元散斑调制的照明散斑，进行了水下成像实验，获得了具有更高信噪比的水下目标图像，极大地提高了浑水环境的图像重构质量。

　　传统关联成像方法通过随机光场和采集光强信息的二阶关联运算重构目标图像，但是需要采集大量的信号才能保证重构图像的质量。为了在低采样率的情况下高质量重构目标图像，提出了基于信息提取网络的关联成像算法，该算法将神经网络卓越的提取信息能力和单像素探测器采集信息的灵敏性相结合，以极低的采样率实现高质量的目标图像重构。为了进一步增强重构图像的细节并提升重构图像的稳定性，将关联成像的物理模型嵌入神经网络中，以随机二维信号为输入，穿过基于分块模型的编解码网络，以单像素探测器采集的光强信号为标签，重构目标图像。重构的图像可以迭代为网络的输入，为网络提供先验信息，增强成像的稳定性。该方法可以在未知的环境下充分还原图像细节，高质量重构目标图像。为了进一步增强目标信号，去除背景噪声，将注意力机制引入上述网络中，提出基于卷积注意网络的计算光学成像方法，增加对目标信息的关注，增强目标信号，降低背景噪声。该方法可以有效增强重构图像的目标信号，降低其背景噪声，提高重构图像的质量。

　　针对涉水环境光场退化问题，李学龙团队开展了基于准贝塞尔光场的水下单像素成像技术研究，综合利用光场强度和相位两个物理维度信息，提高探测到的单像素信息利用率，降低水中散射介质对光场干涉及衍射的影响，从而提取传统成像中无法解译的被测目标信息。采用波长 532nm 的 10mW 激光作为光源，使用数字微镜器件(digital micromirror devices，DMD)依次对光场空间强度分布进行调制，使用随机强度调制的横向贝塞尔形成偏移位置的伪贝塞尔散斑。实验采用数字 3 作为被测目标，透射光信号是由单像素探测器收集，通过计算机记录光强数据并重建目标图像。实验发现，重建目标图像衬噪比与伪贝塞尔环调制规则的关系，证明使用随机强度调制的横向位移贝塞尔散斑光场，相对于传统光场在高散射介质中具有明显优势，尤其是对提高水下单像素成像质量具有重要意义。

　　针对涉水成像过程中噪声大的问题，李学龙团队开展了基于智能降噪的水下单像素成像技术研究，提出了一种基于深度神经网络的智能去噪水下单像素成像重建方法。构建了两个去噪声神经网络来提高单像素成像的重建效果，其中一个深度神经网络用于去除散斑光场中固有的噪声，提取有利于被测目标图像重建的光场信息；另一个神经网络用于去除检测到的图像中的水下环境噪声，降低水环境噪声的影响。使用探测到的被测目标单像素强度值与散斑光场强度之间的最小差值作为损失函数训练网络参数，不需要任何训练数据集，极大节省了数据采集的成本。为了模拟水下的极端噪声环境，使用造浪器产生 48000L/h 的湍流，分别在距离 2m 的透射式单像素成像实验及距离 4m 的反射式单像素成像实验中，实现了采样率极低的高质量图像重建。

针对单像素成像算法模型与深度学习神经网络相互独立的问题，李学龙团队开展了图像重建物理模型嵌入图像生成神经网络的水下单像素成像技术研究，提出了一种自监督的图像环形网络增强的单像素成像方法。将随机二维信号输入深度学习神经网络，输出具有目标特征信息的二维图像，由该图像生成神经网络生成的二维图像作为后续迭代的输入，不断引入先验信息，在探测得到的单像素信号约束下往复循环，有助于减少神经网络的不确定性。使用重建图像强度和探测器接收光强度之间的差值作为损失函数，构建的物理驱动图像重建神经网络是一个多功能的框架，可动态优化和重建二维目标图像，不依赖任何标记的数据进行预训练。研究结果表明，该深度神经网络在未知场景中能够以较低的采样率显著提高重建图像质量。

5.1.4　水下成像复原解析

水下光学成像是利用水下光学信息表征水下场景信息，检测场景目标并分析场景态势的技术。水下光学成像探测手段作为水下航行器的"眼睛"，对水下环境感知、水下场景目标解析、无人潜航器自主导航等有重要意义。受限于水下复杂多变的环境，波流涌动的水流特性及迥异于大气环境中的地物特征，水下光学成像探测一直受到光学信息高噪声叠加、强衰减和动态分布不均等问题的困扰。

水下物体的能见度主要取决于物体与探测器之间以及光源与物体之间水的吸收和散射特性。在黑暗的水中，由于物体无法在任意距离上实现主动光成像，即使在最清澈的水中也只能看到明亮的散射光。前文介绍过，由于水对光的散射，物体的像已经无法分辨。图像的对比度可以表示为

$$\text{Contrast} = \frac{I_{\text{object}} - I_{\text{background}}}{I_{\text{background}}} \tag{5.20}$$

式中，I_{object} 表示目标物体的光强；$I_{\text{background}}$ 表示背景光强。从式(5.20)可以看出，增加照明光强也会相应增加背景光强，使得物体图像对比度进一步变差。因此，构建复杂环境下水下成像机理模型，实现图像的复原与解析是亟待解决的关键问题。

针对退化机理难建模、场景目标难解析、观测装备体系不健全等问题，围绕"水体光学特性及成像质量退化机理"这一科学问题，构建了水体自适应的图像增强复原模型，提出了多传感器数据融合及场景解析技术，创建了全方位的水下环境观测装备体系，攻克了上述难题。李学龙团队在中国科学院西安光学精密机械

研究所研制了全海深超高清相机、全海深高清相机"海瞳"、小型全海深高清摄像机等，形成了从色彩、强度、偏振和光谱等全方位、体系化的水下观测装备研制能力，为我国海洋强国战略贡献了大国重器。

(1) 全海深超高清相机——"奋斗者"号万米载人潜水器电视直播核心装备[45]。2020 年 10 月，研制的全海深超高清相机作为万米深潜直播的核心装备，如图 5.18 所示，实现了国际上首次万米直播。

图 5.18　全海深超高清相机(见彩图)

自 2020 年 10 月 10 日起，"奋斗者"号远赴马里亚纳海沟开展第二阶段万米海试，成功完成了 13 次下潜，10 月 27 日首次突破万米深度，并于 11 月 10 日创造了 10909m 的中国载人深潜新纪录。11 月 13 日，"奋斗者"号和"沧海"号深海视频着陆器开展联合作业，并在全球首次实现万米洋底的电视直播。11 月 28 日，"奋斗者"号全海深载人潜水器圆满完成万米深潜海试任务，返回三亚[46]。

"沧海"号是给"奋斗者"号在万米洋底"打光拍照"的"专用摄影师"。"沧海"号是一台全球独家的深海着陆器，通过自带的相机、照明灯等设备搭建海底舞台，待"奋斗者"号下潜至海底后对其进行全海深超高清视频拍摄采集、传输处理，记录深海中"奋斗者"号着陆过程和水下作业的一举一动。

全海深超高清摄像机、3D 摄像机搭载在"沧海"号上，全海深小型高清相机搭载在"凌云"号上，肩负着拍摄"奋斗者"号在海底样品抓取、深渊海底地质环境、深渊底栖生物运动、海沟典型地质环境变化等深渊科考任务的超高清图像资料的重任。该摄像机可对"奋斗者"号进行同步多维拍摄，实时拍摄的视频经过噪声去除、图像增强、色彩恢复等预处理后，远程实时传输至水面母船。全海深小型高清相机可多角度、近距离对"奋斗者"号进行拍摄。

　　围绕全海深成像技术中深海高压下光学干舱密封、水体折射率变化带来像差、水体中成像色彩失真等关键问题深入开展研究工作，通过构建多参数像差校正的水下成像光学系统及水下图像增强模型，突破大开孔结构、超弹性密封件接触应力分布、超高耐压观察窗等关键工艺，突破多路超高清视频实时采集及传输、高精度 3D 同步拍摄等关键技术，使摄像机具有水下光学变焦、实时本地存储、实时传输、实时观看、远程控制等功能，实现全海深超高清拍摄、3D 拍摄并支持实现万米深海电视直播。

　　(2) "海瞳"相机——我国首套自主研制的全海深高清相机如图 5.19 所示。李学龙牵头完成的"全海深高清光学成像及图像处理系统"荣获 2019 年中国光学工程学会科技进步奖一等奖。李学龙团队在中国科学院西安光学精密机械研究所研制的"海瞳"相机解决了深海高压环境下高清视觉数据获取的难题，攻破了全海深干舱密封、水下光学像差校正、色彩复原和水下图像增强等关键技术。相机适用水深 0～11000m，水下视场角达 60°，分辨率为 1920 像素×1080 像素，水下质量为 10kg，相关技术指标达到国际先进水平。2017 年 3 月，中国科学院西安光学精密机械研究所研制的"海瞳"全海深高清相机跟随"天涯"号完成了马里亚纳海沟科考任务，作为主相机 4 次下潜至 7000m 深度，3 次下潜至万米深度，最大潜深达 10909m，采集长达 12h 的高清视频，在我国深海科考史上首次完成全海深的高清视频获取，首次记录了位于 8152m 深处的狮子鱼，这是当时国际上观测到鱼类生存的最大深度，为马里亚纳海沟深渊的海洋生物、物理海洋等多领域研究提供了重要的原始数据。随后研制的"海瞳"全海深高清相机，于 2018 年 9 月随"探索一号"TS09 航次再次进行了马里亚纳海沟科考任务。其间完成了 10 次下潜，其中 4 次下潜至万米深度，采集到 140h 有效高清视频，数据量共计 233GB，获得了诸多珍贵海洋观测资料，填补了多项海洋科研领域空白。

图 5.19　"海瞳"相机(见彩图)

(3) 小型全海深高清摄像机。2020 年 4~6 月，研制的小型全海深高清摄像机，搭载"海斗一号"无人潜水器上，作为唯一搭载的光学成像设备，进行了我国首次作业型无人潜水器的万米海试，最大下潜深度 10909m，刷新了我国潜水器最大下潜深度纪录。

针对水下环境复杂多变，光在传播过程中受到水及其中物质的吸收和散射作用，导致水下成像质量不高的问题。李学龙团队提出了结合浊度、温盐深、流速等因素的成像质量提升方法，揭示了图像质量退化机理及不同水质参量对图像复原过程的影响规律。在此基础上，构建了成像质量与直接衰减场景辐射、前向散射场景辐射及后向散射场景辐射等关系模型，建立了环境自适应的水下图像复原模型，实现了多变环境下图像退化与复原自适应调节。

针对水中图像经过复原后，仍难以满足较高的清晰度与对比度要求的问题，李学龙团队通过构建照明光场分布、光学系统参数和系统相对位置关系以及实测海水背景图像，建立基于陆上对比基准的分光谱传输模型，估计出最优的三原色波长体散射函数、吸收系数、计算目标在三种波长下的距离信息，实现水下图像的高质量去噪和真实色彩恢复。进一步，提出了在 3D-DCT 域统计分析的无参考水下图像质量评价指标体系，设计了基于循环生成对抗网络的运动图像去模糊模型，实现了多尺度特征的水下图像质量增强。

针对水下折射率差异带来的视场角压缩、成像失真和色散等图像退化问题，响应变焦镜头长度不变时满足平滑变焦的要求，开展了水体、耐压窗口、光学系统的一体化像差校正技术研究。通过光学系统的负光焦度设计，校正了平板窗口玻璃引入的正畸变；组合筛选了高折射率及高色散光学材料，实现了平板窗口玻璃色差消除；研发了光学系统中各运动组元控制补偿机制，实现了变焦过程中像面稳定；提出了基于平滑凸轮曲线的像面和像质自动优化，保证了运动镜组的运行流畅，实现了高分辨率、高色彩还原度、低光学畸变和平滑连续变焦。该成果已成功应用于全海深超高清相机、全海深 3D 相机、全海深高清摄像机等多类型水下设备。

针对单一探测手段获取信息有限导致对水下目标和场景表征不足，且传统的信息融合方法存在特征对齐难、语义关联浅等问题，李学龙团队提出了包括可见光成像、微光成像、偏振成像的多源感算一体框架，设计了多源特征几何对齐和语义空间联合学习的可控多模态融合机制，提出了促进多模态语义高效融合的解译策略，建立了分层学习机制的智能调控模型，解决了传统方法多模态涉水图像融合度低和语义挖掘浅的问题，实现了水下目标色彩、强度、偏振信息的互补，丰富了目标的信息量。

针对光在水中的散射与吸收致使图像中目标的色彩、形态、尺寸发生变化，而传统的目标识别算法往往采用浅层视觉特征。缺乏高层语义信息，导致水下图像目标识别准确率低和鲁棒性较差的问题，李学龙团队基于多传感融合特征，建立了双向自适应语义关联的目标多尺度分析框架，提出了边界信息引导和场景上下文约束的水下目标识别方法，解决了暗弱目标定位不准，可辨度低的问题，实现了水下典型目标的自适应检测与识别。上述研究成果应用于浅水珊瑚礁典型区域、水下机器人与水下高光谱成像仪等自主系统集成与试点应用中，有效解决了水下目标单模态信息匮乏导致的识别准确率低的问题。

5.1.5　地外海洋探索

　　虽然地球上的海洋还存在大量未知领域，但是人类已经开启了地外海洋的探索。尽管目前被发现疑似存在地外含有水的星球越来越多，但在浩瀚的太空中探测地外海洋仍极具挑战，如图 5.20 所示。

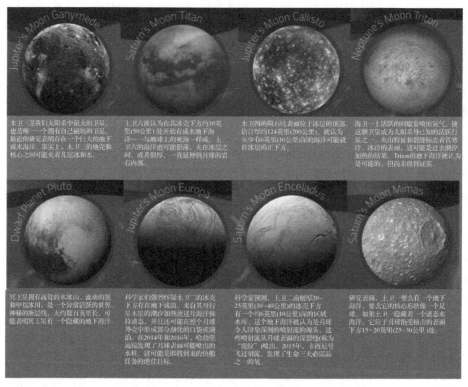

图 5.20　太阳系含有"水"的星球(见彩图)

　　2015 年 5 月 20 日，美国众议院拨款委员会批准了 NASA 制订的"海洋世界探索计划"(ocean worlds exploration program，OWEP)[47]，主要目标是探索外太阳系中可能拥有地下海洋的卫星，以评估其宜居性并探寻简单的外星生命生物印迹。地外海洋的探测主要基于光学遥感，通过光谱分析确定巨行星大气的化学成分和元素丰度。

木卫二(欧罗巴)在 1610 年被伽利略发现，是木星的第四大卫星[48]。1995 年至 2003 年，NASA 的"伽利略号"探测器围绕木星的轨道飞行，对木卫二进行了详细探测[49]。木卫二表面被冰壳覆盖，厚度可能超过 20km，在巨大的冰壳之下，很可能存在一个深度达 80 公里的全球性海洋，比马里亚纳海沟还要深[50]。

土卫二(恩克拉多斯)以希腊神话中的巨人恩克拉多斯命名。1789 年 8 月 28 日，赫歇尔(Herschel)使用当时世界上直径最大的望远镜发现了土卫二[51]。1980 年 11 月 11 日，在距土卫二 20.2 万 km 处，"旅行者 1 号"太空船获得了土卫二的图像[52]。2014 年，NASA 宣布，1997 年 10 月 15 日发射的"卡西尼号"探测器发现了土卫二南极地底存在液态水海洋的证据，海洋深度约 10km[53]。

除了水，地外海洋也能由其他物质组成，如土卫六上的烃湖。土卫六(泰坦)，是环绕土星运行最大的一颗卫星，也是太阳系中第二大的卫星，由荷兰物理学家、天文学家、数学家惠更斯(Huygens)于 1655 年 3 月 25 日发现[54]。"旅行者 1 号"太空船和旅行者 2 号太空船的数据显示，土卫六拥有浓厚大气层[55]。1995 年哈勃望远镜和其他观测数据表明，土卫六上存在大量液态甲烷[56]。"惠更斯号"是人类第一个登陆土卫六的探测器，任务是深入土卫六的大气层，对土星最大的卫星土卫六进行考察[57]。2005 年 1 月 14 日，"惠更斯号"登陆土卫六，降落在一片固体陆地上，并在着陆后拍摄了人类历史上第一张土卫六表面照片。美国约翰·霍普金斯大学应用物理实验室于 2017 年 4 月提出土卫六探测计划，NASA 计划于 2026 年发射"蜻蜓号"无人太空飞行器，登陆土卫六寻找适合生物生存的环境与化学变化[58]。

人类寻找外地外海洋的历史可以追溯到很早以前，但真正系统性的研究和探索始于 20 世纪。在 20 世纪 60 年代初期，美国和苏联先后向火星发射了探测器，其中包括"火星 1 号"、"火星 2 号"和"火星 3 号"等。这些探测器采集了大量的关于火星表面和大气层的数据，并提供了关于火星上是否存在液态水的线索。苏联在 1971 年向火星发射了三枚探测器。1971 年 5 月 10 日，苏联发射宇宙"419 号"(Kosmos 419)，并进入了地球轨道[59]。按照计划，这枚探测器应该在地球轨道上停留 1.5h，然后点火向火星进发，但是由于人为失误，结果它的计时器要等上 1.5 年才向火箭发出这个点火指令。苏联"火星 3 号"是人类史上第一艘在火星上成功软着陆的探测器。"火星 3 号"和"火星 2 号"任务由相同的探测器组成，每个探测器都由轨道器和着陆器组成。"火星 3 号"着陆器的主要科学目标是在火星上进行软着陆，从火星表面传回图像，并返回有关气象条件、大气成分以及土壤机械和化学性质的数据。在 20 世纪 90 年代，NASA 的火星探测任务开始蓬勃发展。1996 年的火星路径点和火星全球调查者任务提供了更多关于火星表面和大气层的数据，并且对存在水冰的证据有了更深入的研究。2004 年，NASA 的

"机遇号"和"勇气号"两个漫游器成功登陆火星,在火星表面进行了长期的探测,并发现了水的证据,包括在火星土壤中发现的水分子和蚀刻特征,进一步支持了火星存在液态水和存在生命的可能性[60-61]。随着科技的进步,行星探测任务变得越来越复杂和高级。例如,2015 年,NASA 的"新视野号"飞掠冥王星,观测到了冥王星表面冰山和冰原湖泊的情况[62]。此外,在木卫二、土卫六和冥卫一等其他天体上也发现了水的迹象,并对液态水和海洋的存在提供了支持。

　　尽管目前还没有直接观测到地外星球上的液态水,但这些探测任务对宇宙中水的分布和可能存在的生命形式提供了重要的启示,并促使人类进一步深入研究和探索外太空。

　　人类使用了多种光学技术寻找外太空星球水,如光谱分析、成像技术、激光遥感技术、光学干涉技术。光谱分析是通过测量物体吸收或发射的光波长来确定其组成和性质的技术。在探索外太空星球水时,科学家们使用光谱仪器来观察特定波段范围内的光谱特征。例如,在可见光和红外线波段进行光谱分析可以提供关于物质的化学成分和状态的信息,如图 5.21 所示。对于水的探测,科学家们会寻找特定波长范围内与水分子相关的光谱特征,如水的吸收线和发射线。

图 5.21　无人车使用激光光谱技术探测存在外太空星球水的证据

　　成像技术用于捕捉并显示远处目标的图像。在寻找外太空星球水时,科学家们使用各种成像设备,如太空望远镜、行星探测器上的相机等。这些设备可以通过记录光线的强度和分布来生成星球表面的图像。通过分析这些图像,科学家们可以检查可能存在水的特征,如河流、湖泊、冰川、水汽云等。

　　激光遥感技术是利用激光束与目标交互并接收反射回来的光来获取目标的信息。在探索外太空星球水时,科学家们使用激光遥感技术来测量星球表面的地形和组成,并寻找可能存在的水体迹象。例如,通过发送激光脉冲并测量其回程时间,可以确定目标表面的距离和地形特征。此外,激光遥感技术还可以通过测量光的散射或反射来推断物体的组成,从而辅助水的探测。

光学干涉技术是利用光的干涉现象来测量物体的形状、厚度和折射率等参数的技术。在探索外太空星球水时,科学家们使用光学干涉技术来研究大气层中的水汽和云层的性质。例如,通过观察光线经过大气层时发生的干涉现象,可以推断大气中的水含量和云层的高度。此外,光学干涉技术还可用于测量星球表面或冰层的厚度和形态,从而帮助确定存在水的可能性。

这些光学技术在寻找外太空星球水方面发挥着重要作用。它们通过分析光谱特征、获取图像、使用激光进行测量,以及利用光的干涉现象提供了宝贵的信息。结合这些信息,科学家们能够综合判断星球是否存在水以及水的分布和性质。

地外海洋中的液态水是寻找地外生命与地外可居住环境的出发点,是深空探测中的一项重要科学内容。2023 年,宇航领域科学问题和技术难题之一是计算光学高维遥感突破航天光学遥感探测极限。计算光学高维遥感将计算光学引入遥感技术,构建光波与客观世界的高维映射关系,打破以几何光学为基础的低维线性关系,建立高维物理量与遥感量的非线性映射模型,从高维物理量中解译遥感信息,将传统遥感精度提升一个量级以上。由此可见,机器视觉和计算成像技术的发展,将极大推动人类对地外海洋的探索。

5.2　涉水环境及资源监测

我国是海洋大国,海底观测网、海洋牧场、海洋矿产、海底油气勘探、涉水管网、海洋光伏作为海洋经济的重要组成部分,近年来发展迅速,尤其是以海底观测网、海洋牧场监测、海洋油气勘探、涉水管道监测、海洋光伏、生物发光作为现代高效农业、矿业、新能源产业发展的典型代表,部署海洋环境及资源监测系统,对推动海洋经济,维护海洋权益具有重要意义。

5.2.1　海底观测网

海底观测网是由位于海底的多个观测设备组成的系统,旨在实时获取和传输海洋数据,以增进对海洋环境、气候变化、生态系统和地质地球物理过程等的了解,如图 5.22 所示。海底观测网的建设与运行面临一些挑战,但它具有巨大的潜力,能够为保护海洋环境、应对气候变化、开展海洋资源管理和保护生态系统等方面提供宝贵的数据支持。海底观测网可以利用涉水光学技术对海洋进行全面的开发和研究,是继地面观测网、水面观测网和天基观测网之后,人类在海底建立的第三个地球科学观测平台,将全面加深人类对海洋的认识。因此,海底观测网将在今后十数年内成为国际海洋探测和研究的主要方式。

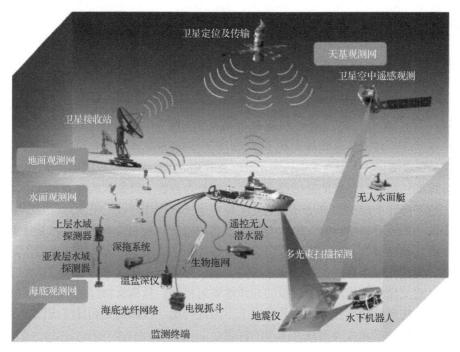

图 5.22　海底观测网(见彩图)

　　海底观测网通常由以下几个组成部分构成：海底观测站、数据采集和存储系统、数据传输系统、陆地站点、数据管理和共享平台。海底观测站是安装在海底的设备，用于监测海洋环境参数。这些观测站配备各种传感器，如温度传感器、盐度传感器、压力传感器、流速传感器和水质传感器等，可以测量海水的物理参数和化学指标。此外，还可以安装声呐、激光扫描仪等设备来获取海底地形和海洋生物信息。海底观测站内置有数据采集和存储系统，用于记录和存储传感器获取的海洋数据。这些系统通常具有高容量的存储器，能够长期保存大量数据，并确保数据的可靠性和完整性。海底观测站通过数据传输系统将采集到的数据传输至陆地站点。数据传输可以通过电缆、声呐通信或卫星通信等方式进行。对于远离陆地的观测站，需要使用长距离的传输线缆或无线数据传输设备来确保数据的稳定传输。陆地站点是接收和处理海底观测站传输回来的数据的设施，通常包括数据接收和存储设备、数据处理和分析系统以及数据传输和共享平台等。陆地站点能够实时接收海底观测站传回的数据，并对数据进行处理、分析和解释，从而得出有关海洋环境变化的重要信息。数据管理和共享平台用于对获取的海洋数据进行整理、存储、共享和分发。这个平台提供了数据查询、数据可视化、模型分析和数据共享等功能，使得科学家、研究机构和决策者能够更好地利用这些数据进行科学研究和管理决策。

1974 年，科学家使用海底海洋监测仪，在北赤道太平洋 4873m 深度拍摄了 1200 多张延时照片，得到了海底底栖生物和沉积物微地形变化的证据[63]。自此，国际上开启了对海底观测网的建设。加拿大建造了世界首座海洋观测网体系"海王星"，覆盖了整个东北太平洋区的胡安·德富卡板块，可对海底进行长期实时观测[64]。欧盟建立了"欧洲多学科海底观测站"[65]。日本也建立了以地震预警为目标的海底观测网，并逐步发展成综合观测网，实验证明了预测日本南海海槽海啸的可行性[66]。准确、及时的全球海啸预报是海底观测网中面临的一大挑战，地震网络检测仪在陆地上易于安装，然而地球表面的大部分是海洋，很难放置地震仪，科学家将稳频激光输入海底光纤电缆中传输，可以检测地震波带来的相关微小应力变化，通过这种方式将洲际光缆变成海底应变传感器，检测海底电缆上感应到的地震和水波。利用分布式声学传感和海底光缆网络系统，观测有关地质灾害的海底信息，如海底地震和环境噪声。

为了提升海洋探测能力，获取大量宝贵的海洋探测数据，海底空间站逐渐被各国所重视。海底空间站具有自主动力设备，能够深潜至数千米的海底，为潜航器长时间在海底运行提供能源；同时，可以携带海底地形测绘声呐，地磁环境磁强计、引力计等专用精密科学考察设备。海底空间站也能够作为潜航器，采集海底地形、水文环境等数据，是海底观测网中的重要一环。

海底观测网作为海洋信息化建设的重要途径，相对于船舶和卫星遥感，能够忽略天气影响，实现长期连续对海底物理、化学、地质及环境进行实时分析和实时监控，对海洋科学研究具有不可替代的作用。

为了获得真实的海底环境，深海相机系统必不可少。深海探测的深度与广度代表了国家的科技发展水平。深海相机作为光学视觉数据获取技术，可广泛搭载于载人潜水器、水下机器人、着陆器等深海运载器，有效扩大了探测范围和信息量的获取，避免了深海探索"盲人摸象"的尴尬，是深海资源勘探、生境发现、深海生物遗传资源开发利用的必要手段。

海底观测网的研究历史可以追溯到 20 世纪初，当时主要使用的是浮标和固定观测站等传统方法。30 年代后期，美国科学家开始在大西洋安装流浪式浮标，用于收集海洋温度和盐度等数据[67]。到 50 年，科学家们开始意识到需要更广泛、长期和连续的海洋观测。60 年代，声纳技术的出现推动了海底观测网的发展[68]。科学家们开始利用声呐测量海底地形，并从事水下声学通信和声呐定位等研究，为后来的海底观测网提供了基础。80 年代，一些国际合作项目开始进行海底观测网实验[69]。例如，国际海洋研究计划(世界海洋环流实验，World Ocean Circulation Experiment，WOCE)和国际海洋观测项目(全球海洋观测网，Global Ocean Observing System，GOOS)等，旨在建立全球海洋观测网，并推动海洋科学的发展。90 年代至今，随着技术的不断进步，海底观测网得以更好地发展。声学通信和声纳技术的改进使得海底观测站能够进行实时数据传输。此外,海底电缆的铺设和水下机器人技术的应用也为海底观测网的建设提供了新的可能性。许多国际合作项目涌现,旨在推动海底观测网的建设和运行。例如,欧洲的海底观测网(European Seas Observing System,EMSO)、加拿大的海洋观测网(Ocean Networks Canada)和美国的全球海洋观测网(Global Ocean Observing System,GOOS)等,通过部署海底观测站、建设数据中心和推动数据共享,有效地推进了海底观测网的发展。随着技术的不断创新,海底观测网的研究将继续向前发展。未来,海底观测网将更加智能化和自动化,具备更高的数据采集能力和数据处理能力。同时,数据共享、多学科融合和国际合作将继续是海底观测网研究的重要方向,以促进海洋科学的发展和海洋环境的保护。

总之,海底观测网的研究历史经过了多个阶段的发展,从初期探索到技术进步与扩展,再到国际合作与项目。随着时间的推移,海底观测网在海洋科学研究和环境保护方面的重要性日益凸显,并为我们更好地了解海洋的动态变化和生态系统提供了宝贵的数据支持。

5.2.2　海洋牧场监测

海洋牧场是指在一个特定的海域里,为了有计划地培育和管理渔业资源而设置的人工渔场,为沿海密集水域的近海水产养殖提供空间。海洋牧场是一种利用海洋水域中的资源养殖海产品的系统,类似于陆地上的农场,在海洋环境中进行,通过合理的规划和管理可以实现高效、可持续的海洋养殖。海洋牧场基于科学规划和管理的原则,通过合理利用海洋资源和环境,提供可持续发展的海产品供给。

海洋牧场通常包括各种养殖设施和管理措施。首先,针对不同种类的海产品,海洋牧场会设置相应的养殖区域。例如,对于海藻养殖,可以利用浮标、浮筏或固定在海底的网箱来固定和支撑海藻生长;对于鱼类和贝类等的养殖,可能使用网箱、围网等设施来进行控制和管理。

其次,海洋牧场还应包括水质处理设施。为了保证养殖海产品的健康生长,海洋牧场通常需要进行水质处理和监测,包括滤网、过滤器等设备,以去除污染物并维持水质稳定。水质处理的有效性与养殖环境密切相关,因此需要定期检测水质指标并采取相应的管理措施。

最后,海洋牧场还需要养殖人员进行日常管理工作,包括播种、收割、防病虫害、调控养殖密度等。同时,还需要密切关注海洋环境和养殖产量,并根据需要进行调整和管理。为了实现可持续发展,海洋牧场的经营者需要合理规划养殖区域,注意资源的保护和利用,以确保养殖活动对海洋生态系统的影响最小化。

海洋牧场的优势在于充分利用了广阔的海洋资源。相较于有限的陆地资源,海洋牧场可以扩大养殖面积、提高养殖效率。此外,海洋牧场还能减少污染物排放和资源竞争，通过科学管理促进海洋生态系统的保护和恢复。它不仅可以满足人类对海产品的需求，还能为当地经济发展提供支持，创造就业机会，并促进可持续农业的发展。

气候变化对全球粮食安全存在直接威胁和未来威胁，而海洋牧场是获取粮食的有效途径之一。科学家研究了全球气候变化对水产养殖影响，分析了未来几十年在海洋水产养殖方面可能面临气候变化挑战。现代海洋牧场的兴起始于 20 世纪初，早期的海洋牧场实践主要集中在亚洲地区，养殖对象包括贝类、藻类等。1903 年，日本建立了世界上首个海洋牧场，用于巴拿马贝的养殖；随后在 1977 年建成了世界上首个现代化的海洋牧场——日本黑潮牧场。20 世纪 70 年代，曾呈奎院士最早提出通过人工控制种植或养殖海洋生物的理念和海洋 "牧场" 的战略构想，即在近岸海域实施"海洋农牧化"。随着科学技术的进步和渔业发展的需求，海洋牧场得到了更多的关注和投入。50 年代，在日本和挪威等国家的推动下，开始在大规模浮标和浮筏上进行鱼类养殖实验。60 年代，美国加州大学圣巴巴拉分校的研究者成功养殖了三文鱼，这被认为是现代海洋牧场的重要突破之一。70 年代，养殖技术得到改进，新的设施和管理方法应运而生，海洋牧场开始扩展到更多国家和地区。随着人们对环境保护和可持续发展的重视，海洋牧场的发展也逐渐转向可持续化和多样化的方向。在养殖技术方面，控制养殖密度、提高水质管理等成为重要议题。同时，海洋牧场开始涉及更多种类的海产品，如龙虾、海胆、鲍鱼等。这一时期，欧洲、北美和亚太地区是海洋牧场发展最为活跃的地区。随着现代技术的进步，海洋牧场迎来了更多创新和发展机遇。利用先进的传感器、自动化设备和大数据分析，可以更精确地监测和管理海洋养殖过程。同时，生物技术和基因工程的应用也为改良和培育高产品种提供了可能。此外，新的养殖模式如循环水养殖和多层次养殖等，也逐渐得到实践和推广。

用信息与物理相融合的手段去经略海洋，用智慧和科学的方式去开发管理海洋牧场，海洋探测技术是获取海洋牧场大数据的关键。海洋牧场的监测手段主要包括传感器技术、遥感技术、数据分析等，这些方法可以用来监测海水质量、生物生长情况、环境参数等关键指标，以确保海洋牧场的可持续发展和健康管理。

首先，传感器技术是海洋牧场监测的重要手段之一。通过安装在海洋牧场设施中的传感器，可以实时监测水温、溶解氧、盐度、pH 等关键水质参数，以及底层沉积物的温度、湿度和营养盐含量等环境因素。这些传感器可以自动记录数据，并通过无线网络传输到数据中心，使养殖人员可以及时获取相关信息并采取相应的管理措施。

其次，遥感技术也被广泛应用于海洋牧场的监测中。遥感技术利用卫星、飞机和其他空中平台上的传感器获取海洋表面和水下的图像和数据。通过遥感技术可以获得海洋表面的温度、叶绿素含量、浮游植物分布等信息，这些数据对了解养殖区域的生态环境和生物生长状况非常有帮助。此外，遥感技术还可以监测养殖区域的海流及其变化，为养殖设施的布局和管理提供参考。

最后，数据分析是海洋牧场监测的关键环节。通过收集、整理传感器和遥感技术获取的大量数据，利用统计分析、机器学习和人工智能等方法，可以实现对海洋牧场的全面监测和预测。数据分析可以帮助养殖人员识别水质异常、生物疾病和气候变化等潜在风险，及时采取相应的措施进行调整和管理。此外，数据分析还可以优化养殖模式和提升生产效率，为海洋牧场的可持续发展和经营管理提供科学支持。

随着我国海洋牧场趋于系统化、成熟化、规模化，迫切需要实时监测海洋牧场的环境信息和生物活动状态，以便更加科学合理地进行管理，这对海洋生物的可持续再生利用具有重要意义。海洋牧场的监测手段主要有采水器、采泥器、网具等传统设备，以及声学多普勒测流仪、声呐地形地貌探测仪、传感器监测等。机器视觉和人工智能在畜牧业和养殖业中的迅速发展和应用，使其有望应用于水下生物监测领域。"透明海洋"和"智慧海洋"等概念的提出促使海洋监测技术必须实现自动化、远程化、智能化。目前，已经有不少海洋牧场开始利用水下摄像系统对生物群落进行视频数据的采集，并对水质参数和水下视频进行实时传输和可视化，为海洋牧场生物精细化监测提供数据来源。但是，实时视频数据信息量巨大，依靠人工进行生物群落数据的提取费时费力，人工智能和图像分析技术将是一种有效监测海洋牧场生物资源的手段，可以直观记录和反映海洋生态环境和生物资源现状和变动。通过积极引入机器视觉、人工智能技术，构建以海洋信息智能化基础设施为核心的海洋信息体系，促使海洋渔业、海洋牧场建设及海水养殖业朝着信息化方向发展，促进海洋农牧业转型升级。

5.2.3　海洋油气勘探

1. 光纤监测技术

海洋油气勘探中光纤监测技术是利用光纤作为传感器，通过测量光信号的变化来获取有关海底油气管道和周围环境的信息。光纤传感是基于光纤的光学特性和光信号传输原理，当光信号通过光纤时，会与外部环境相互作用，导致光的强度、相位或频率发生变化，这些变化可以被光纤传感系统检测和记录下来，并转化为有关环境的物理量信息。光纤传感技术可以实现对管道应力和应变的监测。通过将光纤缠绕或附着在管道表面，当管道受到应力或应变时，光纤的长度和形态会发生微小的变化，从而引起光信号的改变，通过测量光纤内部的光信号变化，可以分析出管道所受到的应力或应变大小和分布情况。光纤传感技术还可以用于管道的温度和压力监测。光纤传感技术也可用于泄漏和损坏的监测。通过在油气管道中布置敏感的光纤传感器，可以检测到管道泄漏或损坏引起的液体或气体漏出，从而及时采取措施进行修复或应急处置。光纤监测系统可以实时、远程获取和处理数据。

光纤监测技术在海洋油气勘探中具有很高的精度、稳定性和可靠性，能够实现对海底油气管道的多种物理量监测，提供全面的管道状态评估和预警能力，有助于确保管道的安全运行和环境保护。未来，该技术将从远程数据采集获取发展到远程驱动与控制，再到工程数字化和智能化，通过全区域部署，实现全域、全储层数据的获取、传输和处理。

海洋油气勘探依靠井下光纤监测技术，推进智能监测装备研制，提升监测系统数字化全面感知、自适应和自学习功能，与勘探开采作业需求相融合，对海洋油气勘探、开采装备智能化、数字化具有重要意义，能大幅提高海洋作业效率，降低开采成本，缩短建设周期。

光纤监测技术在海洋油气勘探中的研究历史可以追溯到 20 世纪 90 年代，研究人员开始探索利用光纤进行应变和温度监测[70]。实验室内的早期实验主要集中在验证光纤传感原理和性能，以及对光纤传感器的制备和安装方法进行探索。2000 年以后，光纤监测技术逐渐应用于海洋油气勘探中的海底管道监测。研究人员开始尝试将光纤传感器绑在管道表面或嵌入管道内部，用于监测管道的应力和应变，这种监测方法可以实现对管道结构安全性和工作状态的在线监测。随后，研究人员开始将光纤监测技术应用于海洋油气勘探中的泄漏和损坏监测。通过在管道周围布置敏感的光纤传感器，可以实时检测管道的泄漏和损坏情况，并及时采取措施进行修复或应急处置。2010 年以后，随着光纤技术的进一步发展，研究人员开始将光纤监测技术应用于海洋油气勘探中的温度和压力监测。通过利用光纤材料对温度和压力的敏感性，可以实现对油气管道的连续、实时监测，有助于避免温度过高或压力异常导致的事故和损坏。近年来，随着物联网和大数据技术的发展，光纤监测技术在海洋油气勘探中的应用得到进一步提升。研究人员将光纤传感器与数据采集单元和通信设备相结合，实现对多个传感点的同步监测和数据传输，从而实现远程监测和智能化管理。

2. 光纤水听器

光纤水听器是一种利用光纤传感技术来监测水中声波信号的装置。它基于光纤在声场中的光学特性，通过监测光纤中光的强度、频率和相位的变化来获取与声波相关的信息。光纤水听器利用了声光调制和光纤干涉的原理，当水中有声波信号传播时，会引起水中的折射率变化，从而影响光在光纤中的传播。这种折射率变化会导致光纤中传输的光的特性发生变化，进而可以转换成与声波相关的电信号进行分析。图 5.23 为水中声波信号示意图。

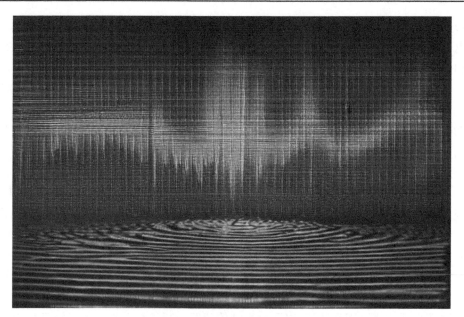

图 5.23　水中声波信号示意图

　　光纤水听器通常由以下几个组件组成：光源、光纤传感器、光纤耦合器、光纤分离器和光学检测器。光源通常采用激光二极管或激光器，用于提供高强度、单色的光束。光纤传感器通常由单模光纤组成，包括输入光纤和输出光纤。输入光纤用于向水中发送激光束，而输出光纤则用于接收经过水中传播后的光信号。光纤耦合器用于将激光束耦合到输入光纤中，并将光信号从输出光纤中耦合出来。光纤分离器则用于将输入光与输出光分离，以避免光信号的干扰。光学检测器用于测量输出光纤中的光信号强度、频率和相位等特性的变化。常用的光学检测器包括光电二极管、光探测器阵列等。

　　工作时，光源发出的激光束经过光纤耦合器耦合入输入光纤中，进入水中传播。当激光束在水中遇到声波信号时，水的折射率会随之变化，导致光纤中传输的光信号受到影响。传播回输出光纤时，光信号的特性发生变化。这些变化可以通过光学检测器进行监测和分析，得到与声波相关的信息，如声压级、频率等。通过对光信号的处理和解析，可以实现对水中声波信号的检测、识别和分析。光纤水听器可以应用于海洋油气勘探、海洋生态环境监测和水下通信等领域。

　　相比传统的水听器技术，光纤水听器具有高灵敏度和宽频带的优势。由于光纤传感器的高灵敏度和优异的动态范围，能够探测到非常微弱的声波信号，使得它在远距离和低信噪比环境下表现出色。此外，光纤水听器还具有较宽的频带，能够覆盖多种声波频率范围。光纤水听器技术在海洋油气勘探中有多种应用，可以用于监测海底油气管道周围的水声环境，包括鱼类和海洋生物的声音、水下地震活动和水下工程产生的噪声等。通过分析这些声波信号,可以评估管道周围的生态环境、油气勘探对海洋生物的影响以及潜在的风险。光纤水听器技术在海洋油气勘探中具有广泛的应用前景,不仅可以提供关键的水声监测数据,还可以帮助评估海洋生态环境的健康状况,并提供有效的风险评估和环境保护措施。随着技术的不断发展和创新,光纤水听器将在海洋工程领域发挥越来越重要的作用。

光纤水听器作为一种用于海洋油气勘探的监测技术,研究起源于对光纤传感技术在其他领域的成功应用。20 世纪 90 年代初,科学家们开始探索利用光纤作为水声传感器的潜力,并在实验室中进行了一系列初步研究。在早期的实验中,研究人员使用光纤传感器将激光束耦合入光纤中,并将光纤部署在水中以检测声波信号。通过测量光纤中光的强度、频率和相位等参数的变化,研究人员可以获取与声波相关的信息。随着研究的深入,科学家们开始改进光纤水听器的设计和性能,他们利用光栅和光纤间干涉等技术来提高传感器的灵敏度和频率响应范围,并利用光纤的柔性和耐腐蚀性来适应复杂的海洋环境。近年来,光纤水听器技术得到了进一步的改进和创新。例如,研究人员通过部署大规模光纤传感网络构建了水声传感器阵列,从而实现了对更大地区的声场监测。此外,人工智能和机器学习等技术的引入,为光纤水听器数据的自动处理和解析提供了新的思路。

总体而言,光纤水听器技术作为一种用于海洋油气勘探的监测技术,在过去几十年中取得了显著的发展。通过不断的研究与创新,这项技术已经成为评估海洋环境和保护海洋生态的重要工具,为可持续的油气勘探和开发提供了支持。随着技术的进一步改进,未来光纤水听器技术的应用前景仍然非常广阔。

5.2.4 涉水管道监测

水下管道是水下石油、天然气、市政用水、污水等输送的主要途径。水下管道,尤其是海底管道是海洋石油天然气运输的重要手段,是海上石油天然气输送的生命线,铺设、维护条件极其苛刻,如何保障其安全显得尤为重要。2022 年 9 月 26 日,瑞典测量站在"北溪-1"和"北溪-2"天然气管道发生泄漏的同一水域探测到两次强烈的水下爆炸[71]。因此,研究水下管道的检测、监测方法和装备的重要性凸显。

海底管道监测是指对海底管道的运行状态、完整性和安全性进行实时监测和评估的过程。通过有效的监测系统,可以及时发现管道存在的问题,采取相应的维修和保护措施,确保管道的正常运行和可靠性。

海底管道监测主要针对以下几个方面进行监测:应力和变形、温度和压力、漏油和泄漏、腐蚀和磨损、外界影响。监测管道的应力和变形情况,包括横向和纵向的应力、变形、挠度等,有助于评估管道的结构稳定性和受力状况。实时监测管道内部的温度和压力,以确保管道运行在安全的工作范围内。通过检测和监测液体或气体的泄漏情况，及时发现管道的漏油或泄漏问题，并采取应急措施，避免事故发生。定期检查管道表面的腐蚀情况及管道材料的磨损程度，预防管道的腐蚀破坏和泄漏。监测外部因素对管道的影响，如海底滑坡、地震、海洋动力学效应等，以及其他可能导致管道受损或断裂的因素。

海底管道监测技术主要有传感器技术、水下机器人、无线通信技术、数据分析和处理技术等。利用各种传感器来实时监测管道相关参数，如温度传感器、压力传感器、位移传感器、腐蚀传感器等，这些传感器可以安装在管道表面、内部或周围的环境中，通过无线或有线方式传输数据到监测系统。无人潜水器或水下机器人可用于进行直接观察和检查，对管道进行定期巡检、检测维护和故障排除。这些水下机器人通常配备有摄像头、探测器和工具，可以在水下环境执行任务。使用无线通信技术将监测数据从海底传输到岸上的监测中心，实现实时数据传输和远程监控。通过数据分析和处理，对监测数据进行解读和评估，及时发现异常情况，预测潜在问题，并提供决策依据进行维护和修复。

海底管道监测系统主要包括监测中心、报警系统、数据存储和管理。监测中心负责接收、处理和分析从海底管道传输过来的监测数据，实时监控管道的运行状况。当管道出现异常情况时，报警系统应能够及时发出警报信号，通知相关人员采取应急措施。监测数据应当进行长期存储和管理，以便日后分析研究、评估管道的使用寿命和性能。

海底管道监测是保障管道运行安全和可靠性的重要环节。通过实时和有效的监测系统，可以及时发现管道问题、预防事故发生，并采取相应的维护和修复措施，确保海底管道的运行持续和顺利。

海底管道监测的研究历史可以追溯到 20 世纪初[72]。20 世纪 20 年代，开始建设陆地和近海的石油和天然气输送管道。最早的管道监测方法包括人工巡视和使用简单的物理量测量设备。1944 年，美国加利福尼亚州海滨地区的一条原油管道发生爆炸事故，引起了对海底管道安全监测的关注。20 世纪 60～70 年代，随着科技的进步，开始应用潜水器、声呐和无线电通信等先进仪器与技术来实现对海底管道的监测和检测。1964 年，首个商业化的无人潜器问世，为海底管道监测提供了更好的技术手段。1979 年，实施了北海深水管道的首次无人机器人检测。20世纪 80 年代，声学信号处理和传感器技术的进步进一步提高了对海底管道的监测能力。90 年代，利用计算机技术和数字信号处理的进步，开始开发和应用基于传感器网络的高级管道监测系统。21 世纪初，随着无线通信、互联网和数据处理技术的快速发展，海底管道监测系统的各个方面得到了极大改进。2000 年以来，先进的管道监测技术逐渐成熟，包括光纤传感技术、声呐阵列技术、无线传感器网络、机器视觉和机器人技术等[73]。监测系统的集成和信息管理能力不断提升，可以实现远程实时监测、数据分析、故障诊断和预警等功能。以光学手段为代表的水下目视检测仍然是主要的检测手段[74]。例如，2015 年，Oceaneering 公司发布的一款无人操作潜水器的自行检测装备——Magna 水下检测系统，能够在超过 3000m 的深海从外部对管道进行 360°无损检测。当前，海底管道监测的研究重点在于提高监测系统的灵敏度、准确性和自动化程度，以应对日益复杂的海底环境和管道工程挑战。未来，随着技术的不断创新和应用，海底管道监测将向更加智能化、高效化和可持续方向发展。

为满足日益增长的能源需求，我国正大力开发海底资源，随着海底管网铺设数量越来越多，加之周边愈加复杂激烈的海洋权益争端，随时可能发生泄漏、断裂等安全事故，开发智能化无人自主水下管网监测、检测技术和装备，以定期巡航的方式作业，自主搜寻和跟踪海底管网，观察并测量管网参数，监视运行状态，对将要出现的故障早期预警已迫在眉睫。同时，此类装备还可用于水下生产系统监视、海底油气井调查、水文参数采集、大坝监测、航道排障、港口作业、水下结构检修、危险品检查、船底走私物品检测、水下证据打捞、近海搜索和水下连接器插拔电等领域。

5.2.5　海洋光伏

海洋光伏(ocean photovoltaics，OPV)是利用太阳能技术在海洋环境中实现能源收集和转换的一种新型能源技术。它结合了太阳能发电和海洋工程的概念，将光伏电池系统应用于海洋环境，以提供清洁、可再生的能源。海洋光伏与传统的陆地光伏有所不同，主要有以下几个方面的特点：相比陆地环境，海水具有较好的透明度，可以更好地传递光线，使得海洋光伏系统能够有效地吸收太阳光并产生电能。海洋光伏系统可以利用海上的广阔空间进行建设，避免了土地资源稀缺的问题。此外，通过在海洋中布设光伏阵列，还可以与其他海洋利用方式(如渔业、海洋风电等)相互协调。海洋环境可以为光伏电池提供冷却效应，降低光伏电池的温度，提高发电效率，相比于陆地光伏，在热带地区尤为显著。与陆地环境相比，海洋环境中的光伏系统需要具备更好的耐腐蚀和防水性能。因此，在材料选择、密封设计等方面有一定的挑战和需求。

2009 年，挪威海洋技术协会(Norwegian Marine Technology Research Institute)研究认为，相比陆地光伏，海洋光伏具有更大的潜力，因为海洋中的太阳辐射相对稳定且更强[75]。2010 年，法国 Ciel et Terre 公司推出了一种名为"Hydrelio"的漂浮式太阳能组件，首次在法国的一个水库上实施了海洋光伏项目。这个项目证明了海洋光伏在实际应用中的可行性，并引起了全球范围内的关注。随后的几年里，全球涌现了越来越多的海洋光伏项目和研究成果。研究人员开始关注如何优化太阳能组件的设计，使其能够适应海洋环境的复杂条件，包括海水腐蚀、波浪和海风等；同时，还研究了如何提高光伏电池板的效率和稳定性。近年来，海洋光伏逐渐成为可持续能源领域的热点研究方向。各国的研究机构和企业纷纷投入到海洋光伏技术的研发和应用中。目前，一些大型海洋光伏项目已经在世界范围内实施，包括中国、挪威和荷兰等国。2021 年，全球部署的漂浮式光伏装机总量为 1.6GW，2022 年，中国、印度和印度尼西亚共计占到近 70%的漂浮式光伏需求总量。根据国际能源署的数据，2023 年全球新增光伏装机容量达 347GW[76-77]。预计到 2026 年将达到 4.8GW，至 2031 年，将有 15 个国家的累计漂浮式光伏装机总量超过 500MW[78]。

海洋光伏技术还处于研究和试验阶段，目前正在不断发展和探索中，涉及的关键技术包括：海洋环境中的光伏电池需要具备较好的防水性能和耐腐蚀性能，以应对海水侵蚀和长期暴露的情况；海洋光伏系统需要考虑如何将光伏电池模块稳固地布设在海洋中，并如何进行电力连接和输送；通过优化光伏电池材料、结构和附件等方面的设计，提高海洋光伏系统的发电效率，并降低维护成本。

海洋光伏作为一种新兴的能源技术，有潜力在未来为能源转型和可持续发展作出贡献。然而，目前仍需要通过进一步的研究和实践来解决海洋环境带来的挑战，并提高海洋光伏系统的效率和可靠性。

5.2.6　生物发光

1. 生物发光的原理

生物发光也称为生物荧光或生物发光，是指某些生物体在特定条件下产生可见光的现象，这种现象广泛存在于自然界，包括陆地、海洋和淡水生态系统中的许多生物种类。生物发光的主要原理是生物体内的特定生物化学反应产生能量，这些能量被转化为可见光。具体来说，生物发光主要依赖于三个主要成分，即荧光素、氧气和酶，这三个成分在生物体内相互作用，产生生物发光的现象。

荧光素是一种特殊的化学物质，存在于某些生物体内，如萤火虫、水母和海洋浮游生物等。荧光素的合成是生物发光的第一步，它在生物体的细胞中由特定的酶催化合成。荧光素的合成通常需要特定的底物和酶，这些底物可以来自食物、代谢产物或体内特定细胞的分泌物。

荧光素和氧气发生氧化反应，这个过程释放出能量，这是生物发光的关键步骤之一。氧化反应通常由一种特殊的酶催化，被称为荧光素氧化酶。在这个反应中，氧气与荧光素发生氧化还原反应，荧光素的化学结构发生改变，从而产生一个激发态的荧光素。在荧光素氧化的过程中，产生的激发态荧光素分子迅速返回到基态。在这个过程中，释放出的能量以光子的形式发射出来，形成可见光。这些光子在可见光谱范围内，通常呈现出蓝色、绿色或黄绿色等颜色。

需要注意的是，生物发光现象是一种可逆反应。当荧光素再次与氧气接触时，它可以再次发生氧化反应，释放出光子发光。在大多数情况下，生物体内的调节机制使得发光过程相对稳定，而非持续不断发光。生物发光现象在不同生物体中可能会有细微的差异，如因荧光素的种类和反应条件的不同。不同生物发光的颜色和亮度也会因生物体的种类和环境因素而有所不同。

2. 生物发光的多样性

从微小的浮游生物到大型的海洋生物，从陆地上的昆虫到深海的奇异生物，生物发光在不同生态系统和物种中都呈现出丰富多彩的表现形式。在生物界中，生物发光现象广泛分布，涵盖了多个生物门类，包括原生动物、藻类、软体动物、节肢动物、鱼类等。每一类生物发光都有其独特的生理、生态和进化背景，形成了发光机制和功能的多样性。

一些生物发光主要是由生物体内特定的生物化学反应而产生的。例如，荧光蛋白是一类在生物界中广泛存在的蛋白质，通过荧光素分子与氧化酶的作用而产生发光。这些荧光蛋白在昆虫、水母、甲壳动物等多种生物中都被发现，并具有不同的颜色和亮度，从而在生物体内发挥着重要的功能，如诱捕猎物、配偶识别等。另一些生物发光则与共生关系密切相关。例如，深海中的一些浮游生物和鱼类在黑暗环境下发光，这不仅有助于捕食和逃避捕食，还可能帮助它们与共生的细菌建立联系，实现营养供给。此外，一些生物发光也与环境因素密切相关，如有些生物在受到机械压力或光线刺激时会发光，这种现象被称为压电效应或光生发光。

生物发光的多样性还体现在发光色彩和模式上。不同的生物发光可以呈现出各种各样的颜色，如蓝色、绿色、红色等，这些色彩在生态环境中可能具有不同的功能，如吸引异性、迷惑捕食者等。同时，一些生物在发光时还会呈现出闪烁、闪光、律动等特殊的模式，这些模式可能是为了引起注意、传递信息或达到其他生态目的。

生物发光现象广泛存在于海洋中的各种生物种类中，包括浮游生物、鱼类、虾蟹类、水母和章鱼等。浮游生物是海洋中最常见的发光生物之一，其中，浮游藻类如甲藻和硅藻，以及浮游动物如造孢虫和仙女水母等都可以发光。这些生物的发光通常与其生物节律、求偶、捕食或防御等行为有关。灯笼鱼是海洋中著名的发光生物，其中包括灯笼鱼科(lanternfish)，它们在夜间发出微弱的蓝绿色光，用于求偶、吸引猎物和互相识别。深海鱼类在黑暗的深海环境中也常常发光，一些鱼类，如光鳃鱼(hatchetfish)和龙鱼(dragonfish)可以发出红色或蓝色的光，这种发光对于深海中的视觉交流和捕食具有重要意义；一些水母也可以发光，如海月水母(*Aequorea victoria*)和荧光水母(*Pelagia noctiluca*)，这些水母通常在夜间在海水中产生蓝色或绿色的荧光；一些虾蟹类，如鲑红虾(*Sergestes lucens*)和萤火虾

(*Vargula hilgendorfii*)也可以发光。它们的发光可能与求偶、群体行为和防御等有关。仙女鱼(anglerfish)是一种深海生物,其头部有一种特殊的肉质突起,可以发出诱饵般的光来吸引猎物。

3. 生物发光的功能和作用

生物发光不仅是生物体内部化学和生理过程的重要反映,在生态系统中也有着众多作用,涵盖了生物体的适应性、生存竞争、通信、捕食和繁殖等。

生物发光在许多生物体中发挥着诱捕猎物的作用。在深海环境中,一些浮游生物、鱼类和无脊椎动物发出的微弱光芒能够吸引和引诱猎物,如小型甲壳类动物和浮游生物,从而帮助它们捕食并在食物链中找到自己的位置,这种现象被称为"生物冷光诱捕",是一种生物发光现象在捕食和猎物寻找中的重要应用。生物冷光诱捕的典型代表是深海生物,这些生物生活在黑暗的深海环境中,视觉感知有限,在这样的环境下,生物冷光诱捕成为一种重要的生存策略。深海中的一些生物,如深海鱼类、浮游生物和头足类动物,都具有生物冷光诱捕的能力。这种能力在深海食物链中起着至关重要的作用,帮助深海生物在极端环境中找到猎物。此外,对生物冷光诱捕的研究还为科学家提供了了解深海生态系统的窗口,揭示了深海中生物体之间相互作用的一部分。

一方面,生物发光不仅能够吸引猎物,还能通过迷惑猎物来协助捕食。生物发光能够产生复杂的光信号,使猎物误判方向或分散注意力,从而为捕食者创造了更有利的捕食环境。通过巧妙地调控发光的强度和频率,捕食者甚至能够模拟猎物或其他吸引物的光信号,将猎物引入陷阱之中。生物发光仿佛是一把巧妙的诱饵,让捕食者能够轻松地将猎物纳入囊中。另一方面,生物发光也在防御中扮演着重要的角色。生物利用发光来迷惑掠食者,从而减少被发现和捕食的机会。某些生物在受到威胁时会迅速发出闪烁的光芒,使掠食者无法精确地定位它们的位置,为自己争取了宝贵的逃脱时间。同时,生物发光的颜色和模式也可能传递着关于毒性和可食性的信息。掠食者可以通过这些视觉信号来判断哪些猎物有毒或不适合食用,从而避免了吃下有害的食物。同时,这种发光也可能吸引其他掠食者的注意,导致掠食者之间的竞争,从而为自己争取逃生的机会。

通信也是生物发光的重要功能之一,为生物界中多样的生物群体提供了一种独特的交流、信息传递和情感表达方式。这种通信作用在生态系统中具有广泛的应用,不仅在求偶、配对、群体协调、警告、防御和资源定位等方面发挥着关键作用,还在社会交流、领地标记及社会等级的建立中起到了重要的作用。在生物界中,发光信号的通信方式极为多样,包括了闪烁的模式、光的颜色和强度等。这些光信号成为生物体之间进行交流的重要媒介,让生物能够以独特的方式相互沟通。首先,生物发光在求偶和配对中具有显著作用。许多生物,如昆虫、鱼类等，通过发出特定的光信号来吸引异性的注意，表达自身的性别、生殖能力和配对状态。例如，萤火虫在夜晚通过闪烁特定的光芒来吸引异性，从而达到求偶和交配的目的。深海生物也能通过发光来识别适合的伴侣，成功实现繁殖。其次，生物发光在群体协调中扮演着关键角色，在某些生物群体中，成员之间通过发出同步的光信号来保持群体整体结构和运动的协调性。这种协调作用在深海环境中尤为显著。例如，深海萤火虫在夜晚发出的闪烁信号，创造出壮观的光景，展现了群体协同行为的魅力。最后，生物发光还能够用于警告和防御，以及社会交流和社会等级的建立。受到威胁时，一些生物会通过发出明亮的光芒向潜在的掠食者传递警告信号，从而防止掠食者靠近或攻击。在一些社会性生物中，发光信号可以用于标记领地，防止其他个体进入，同时也能够表明个体在社会等级中的地位，有助于避免冲突和竞争。同时，光信号也有助于生物定位其他资源，如栖息地或潜在的猎物，为其生存和繁衍提供帮助。

此外，生物发光还在环境适应和生存竞争中发挥了重要作用。一些生物能够调节发光强度和频率，以适应不同的环境条件。在深海环境中，由于光线稀缺，许多生物发展出了高度敏感的发光机制，使它们能够在黑暗中进行生活和捕食。

4. 生物发光在海洋中的分布

生物发光在海洋中的分布呈现出丰富多样的特点，覆盖了广泛的深度、生态系统和生物种类，这种神秘而美丽的现象在海洋生态系统中扮演着重要角色，影响着生态平衡、能量流动和生物相互作用。

首先，生物发光在海洋中的分布在不同深度的水域中都有所展现。在表层海水中，夜晚的生物发光现象较为常见，如闪烁的萤火虫、水母和各类浮游生物。这些生物发光的主要目的之一是通信和社会交往，如一些浮游生物通过发光信号吸引伴侣或展示自己的生殖状态。随着水域深度增加，生物发光的频率和强度也会发生变化。在中层和深层水域中，生物发光的现象更为显著，许多深海鱼类、章鱼、水母及无脊椎动物都能够在黑暗的环境中发出微弱而美丽的光芒。

其次，不同生态系统中的生物发光现象也呈现出差异。海洋中存在多种生态系统，如沿岸区域、开阔海域、深海环境等，每个生态系统都有其独特的发光生物群体。沿岸区域常常有许多浮游生物和底栖生物发出的光芒，为海滩夜晚的美景增添了神秘色彩。在深海环境中，生物发光现象则更加壮观，深海鱼类、无脊椎动物和其他生物通过发光来求偶、捕食、防御和通信。深海的发光景象如同一场幽深的生态盛宴，吸引着科学家们不断探索。

最后，生物发光的分布还与地理因素有关。不同地理区域的海洋生物发光现象呈现出一定的差异，可能是受到海水温度、盐度、营养物质等因素的影响。一些特殊地区和季节可能会出现生物发光现象更为频繁和显著的情况，形成了独特的生物荧光景观。例如，某些地区的夏季夜晚可能会有大量的生物发光，让海洋夜晚充满神秘的光彩。

5.3　涉水探测与通信

5.3.1　水下激光雷达

激光雷达作为探测的重要手段，即"可上九天揽月"——拍摄月球高清图像，又"可下五洋捉鳖"——潜水器探测地形地貌。1963 年，研究人员发现，海水对 450～550nm 波段蓝绿光的衰减比其他光波段要小很多，衰减系数约为 10^{-2}dB/m，说明海洋也存在透光窗口[79]。因此，蓝绿光激光器可以用于水下目标探测、通信的激光光源，对维护我国海洋权益具有重要意义。

水下激光雷达(underwater LiDAR)是一种利用激光技术进行水下探测和测量的方法，通过发射激光束并测量其返回时间来获取水下目标的位置、距离和形状等信息，具有速度快、造价低、可昼夜工作、可对复杂或危险浅海海域进行精确勘测等特点，在海洋科学、水下测绘、海洋工程和资源勘探等领域具有广泛的应用。水下激光雷达其原理是利用机载扫描反射镜，向海面照射对海水穿透能力较强的蓝绿激光来测量飞机到海底或潜航器的距离，并依靠飞机的向前飞行和扫描反射镜的横向扫描，完成对某海域的二维多点探测，这些探测数据与由全球卫星定位系统所测得的相关地理位置数据，经计算机记录并重建成二维或三维图像。图 5.24 为水下激光雷达。

图 5.24　水下激光雷达

水下激光雷达应用于诸多领域，可以用来获取海底地形和水下景观的三维模型；能够提供高精度的海底地形数据，为海洋地质、海洋生物学和海洋环境研究提供重要支持；可用于海洋工程项目中的定位、引导和测量，能够帮助海洋工程师和勘探人员获取水下结构物的详细信息，如管道、平台和遗迹等；可用于水下文物保护和考古研究，通过扫描水下文物，可以获取其精确的三维信息，提供详尽的记录和分析；还可以用于获取海洋生物的空间分布和形态信息，能够帮助科学家研究海洋生态系统的结构和动态变化，包括珊瑚礁、海藻和鱼类等。

1. 水下激光雷达组成

水下激光雷达系统通常由以下几个主要组成：

(1) 激光器：用于发射脉冲激光束。激光器通常采用固态激光器或半导体激光器，具有较高的功率和稳定性，能够在水下环境中有效工作。

典型的蓝光激光器波长有 375nm、405nm、445nm、457nm 和 473nm；典型的绿光激光器波长有 515nm、520nm 和 532nm。涉及的激光器包括 Nd:YAG/Nd:YVO₄/Yb:YAG 二倍频固体激光器、掺 Yb 光纤激光器、半导体激光器、染料激光器、气体激光器和准分子激光器等。通常，二倍频固体激光器具有能量大、脉冲宽度窄、峰值功率高、效率高、光束质量好等优点，已经广泛应用于水下激光雷达。图 5.25 为激光对海底探测的示意图。

图 5.25 激光对海底探测的示意图

(2) 接收器: 用于接收和记录激光回波的时间和强度。接收器通常搭配光电探测器和高速采样设备,能够高精度地测量激光回波信号。

(3) 光学系统: 包括透镜系统和扫描机构等,用于聚焦和调节激光束的方向。光学系统能够控制激光束的发散角度和扫描范围,实现对水下目标的全方位扫描和成像。

(4) 定位和导航系统: 用于确定水下激光雷达的位置和姿态。通过结合定位和导航系统,可以将激光雷达获取的水下图像精确地与地理坐标关联起来。

(5) 信号处理和数据分析系统: 用于对激光回波信号进行处理和分析。信号处理算法可以提取出目标的距离、形状和纹理等特征信息,实现对水下目标的识别和分类。

2. 水下激光雷达的研究历史

20 世纪 60 年代,美国首先开展了激光探测技术的研究,当时美国海军研究实验室首次提出了使用激光雷达进行水下目标探测和成像的概念[80]。在随后的几十年里,水下激光雷达经历了一系列的发展和创新。随后,加拿大、澳大利亚、瑞典、苏联、法国、荷兰和我国多个科研院所都开始了相关技术的研究。早期的水下激光雷达系统主要用于测量水下目标的距离和位置。80 年代,研究人员开始开发水下激光雷达的原型系统,并进行一系列实验验证[81]。这些系统使用激光器发射脉冲激光,在水下环境中测量激光回波的时间来计算目标的距离。然而,由于水下环境的复杂性,如水体吸收和散射等因素,早期的水下激光雷达系统存在一些限制,如测量距离有限、图像分辨率较低等。为了解决这些问题,研究人员开始关注高分辨率成像和多波长技术的改进。2000 年开始,水下激光雷达的研究进入了一个重要阶段,研究人员开始探索使用多波长激光器以及改进的信号处理算法,提高水下目标成像的精度和清晰度。多波长激光器可以获取目标的反射率、吸收率和散射特性等信息,从而对目标进行更全面和详细的识别和分类。2010 年,挪威特隆赫姆大学的研究人员研发出一种水下高光谱成像(underwater hyperspectral imager,UHI)系统,能够获取更丰富的水下目标信息[82]。

近年来,随着激光技术和图像处理算法的不断进步,水下激光雷达技术发展迅速。水下激光雷达技术利用激光脉冲在水面和海洋目标上的反射来实现测距和测速,基本原理是发射短脉冲宽度的激光束,当激光脉冲遇到目标时,一部分能量被目标反射回来,通过测量激光脉冲的发射时间和返回时间,可以计算目标的距离。此外,通过测量脉冲的频率变化,还可以获得目标的速度信息。研究人员通过改进激光器和接收器的设计,优化信号处理算法,以及采用激光相控阵技术等手段,实现了更精细的水下目标成像和更远距离的目标探测。智能化和自主化的应用也成为当前水下激光雷达研究的一个重要方向,研究人员正在探索将人工智能和自主系统应用于水下激光雷达中，包括自主路径规划、目标识别和目标追踪等功能。已有较为成熟的国外商业机载平台激光雷达测深系统成功实现激光水下测量，如 LEICA 公司的 Hawk EyeⅢ，该系统至今已经在欧洲和美洲多个区域完成了多项近岸海域的测量；澳大利亚的 LADS 系统、瑞典的 HAWKEYE 系统、美国的 SHOALS 系统都展现了不错的水下测深能力。其中，美国的 SHOALS 机载水下激光雷达系统是目前世界上最先进的海洋探测机载激光雷达系统[83]。

随着激光技术、光学相位控制和信号处理的不断创新，水下激光雷达技术将逐步实现更高的探测分辨率、更远的测距范围及更强的环境适应能力。未来的海洋探测激光雷达有望成为海洋生态系统的"医生"，通过多波束技术和多参数测量，全面洞察海洋生态的变化和健康状态。同时，随着自适应技术的成熟应用，水下激光雷达将越来越善于在复杂海洋环境下舞动，准确勾勒海底地形、生物分布和水质分布。这项技术还将与人工智能、大数据分析等技术相结合，实现智能化的数据解读和预测，为海洋灾害预警、资源管理等提供更强大的支持。

5.3.2　水下光学隐蔽

水下光学隐蔽是一种利用光学原理和技术来减少或消除水下目标对外界光的反射、散射和吸收，从而实现在水下环境中隐蔽性较高的技术。水下光学隐蔽的目的是使水下目标在光的波长范围内与周围水体或背景环境融为一体，减少被探测和识别的可能性。水下目标光学隐蔽性能通常是参照海水的透明度盘深度来估计的。透明度盘深度是海洋光学测定水质的简单而传统的方法，由于这种方法所采用的白盘在体积及色彩上与水下目标差异很大，它与目标对海水中光的传输的影响可能完全不同。因此，建立水下目标光学隐蔽深度的概念，利用水色卫星资料进行水下目标光隐蔽环境和隐蔽机制的研究，对提高航空探测及保证水下目标隐蔽性意义重大。

水下光学隐蔽的实现主要依靠以下几种技术手段。

(1) 光学材料选择：选择折射率与水体相匹配的材料，使光线在材料与水界面上不发生明显的折射和反射，减少能量损失和光的散射。选择具有高吸收率的材料，能够吸收入射光的能量，减少光的反射和透射。设计材料的微观结构以控制散射，使光线在材料内部发生多次散射，降低材料表面的反射。利用特殊的光学滤波材料，选择性地吸收或透过特定波长的光，以调节水下目标的外观和光学特性。

(2) 表面处理：通过在水下目标表面上涂覆特殊的防反射涂层，减少光的反射。这些涂层通常具有多层设计，每一层的厚度和折射率都经过精心计算，以最大程度地减少入射光的反射。使用具有疏水性质的材料，使水下目标表面形成微小的空气气泡层，从而降低入射光与目标表面的接触，减少反射和散射。

(3) 光线引导：利用光学波导将入射光线传导到水下目标的内部。波导可以是光纤、液体光束等，它们能够将光线传送到较远的距离，使水下目标在外部看起来没有明显的光反射。通过设计水下目标的几何形状和曲率，使入射光线在目标表面上发生多次反射和折射，减少光线逃逸，提高隐蔽性。

(4) 光学形态伪装：改变水下目标的外观形态，使其模仿周围物体的形状和颜色，从而与环境融为一体。这可以通过采用特殊的材料制造目标来实现，如海洋生物的形态或岩石的纹理。利用特殊的光学材料和结构，在水下目标表面上创建微小的几何结构，使光线被散射和吸收，从而减少反射和识别。

(5) 光学干扰：通过发射人工光源来产生干扰光，干扰传感器的探测和观测。这些干扰光源可以是激光器、发光二极管(LED)或者其他光源，用于混淆或掩盖水下目标的真实位置和特征，达到一定程度的隐蔽效果。

水下光学隐蔽并非完全消除水下目标的探测和识别，而是通过降低光的反射、散射和吸收，减小水下目标的光学信号，以提高水下目标的隐蔽性。此外，水下环境中还存在其他探测手段，如声呐探测、磁场探测等，水下光学隐蔽技术通常需要与其他隐蔽技术相结合，综合应用，以达到更好的水下目标隐蔽效果。

水下光学隐蔽的研究历史可以追溯到很久以前。20世纪初，人们开始对水下光传输进行基础研究，以理解光在水中的传播特性，包括研究光波长对传输损失的影响、散射和吸收机制等。理论的建立为后续的隐蔽技术研究提供了基础，人们开始尝试使用特殊材料和设计来减少水下航行器的可见性，如使用迷彩涂装和几何形状的变化来降低目标的检测概率。随着水下航行器的发展，人们开始意识到在深海环境下光线透射和反射的特殊性质，这促使科学家们对水下光学现象进行更深入的理解和研究。

20世纪中期，随着深海探测技术的提升，尤其是声纳技术和声学成像技术的发展，人们开始将声波用于水下目标的探测和成像，逐渐减少了对光学的依赖。然而，光学技术仍然具有其独特的应用优势，因此对水下光学隐蔽的研究并未停止。

20世纪后半叶，随着材料科学的进步，人们开始开发新型材料，以实现水下光学隐蔽的目标。例如，研究人员尝试选择折射率与水体相匹配的材料，如聚合物、玻璃和陶瓷，以减少光线的反射和折射。此外，还开发了具有特殊吸收特性的材料，用于降低光线透过目标的能量损失。为了减少水下目标对光的反射和散射，研究人员开始开发各种表面处理技术，包括涂覆特殊的防反射涂层、疏水性材料、纳米结构等，以改变目标表面的光学特性，降低光的反射和散射。

到了21世纪，形态伪装和光学伪装成为水下光学隐蔽研究的关键领域。随着光学技术的不断创新，如纳米技术、微纳加工、光子晶体等，人们能够制造具有特殊光学性质的结构和材料。形态伪装利用特殊的几何结构和材料，使目标模仿周围物体的形状和颜色，以融入环境中；光学伪装则通过在目标表面创建微小的几何结构和特殊材料，将光线散射和吸收，减少反射和识别。随着光学通信和成像技术的发展，人们开始在水下光学隐蔽中应用这些技术。例如，使用波导和特殊的光学器件将光信号传输到水下目标中，以实现远程通信和成像。这些创新技术为水下光学隐蔽提供了新的可能性和方法。

水下光学隐蔽在海洋工程、海洋资源勘测、水下侦查等领域具有重要意义。通过实现水下目标的光学隐蔽，可以有效减少被监视和探查，并提高自身的隐蔽能力和战略优势。随着光学材料和技术的不断发展，水下光学隐蔽技术将得到进一步的发展和应用。

我国近海海域水深较浅，光学技术是不可或缺的探测水下目标的手段。目前，常用卫星遥感、航空侦察等手段获取海水的光学参数，为了提高水下航行器的生存能力，就必须要降低水下航行器被探测、发现和摧毁的概率。水下航行器露出水面的升降装置，其表面颜色、光谱特性与环境水色和光谱有明显差别，多光谱探测设备可以远距离探测到这种差别。潜望镜升降装置采用透波材料或涂覆吸波涂料，潜望镜玻璃表面采用具有吸波能力的透光涂层，在水下航行器围壳表面和水线以上部位采用具有雷达吸波能力的涂层。例如，采用与周边海域接近的绿色涂料，提高水下航行器光学隐身性能；水下航行器在水面航行时，太阳光对水下航行器水面以上部分的金属结构的加热和反射，会产生较强的红外辐射。

5.3.3 水下目标激光探测

随着水下航行器的航速、隐蔽性和机动性进一步增强，研究水下目标探测技术的重要性就凸显出来。水下目标激光探测是利用激光技术对抗水下航行器等目标，通常由以下几个关键组件组成：激光器、光学系统、目标探测与跟踪系统、控制系统。

激光器是水下目标激光探测系统的核心部件，用于产生高能激光束，并照射目标。激光器通常采用固态激光器、半导体激光器或化学激光器等技术实现高功率输出。光学系统包括反射镜、透镜和光学纤维等，它们的作用是聚焦和引导激光束，使其能够准确地照射到目标上。光学系统通常经过精密设计以实现高效能量传输和目标照射。为了准确照射目标，水下目标激光探测系统需要具有目标探测与跟踪系统。这些系统可以使用声呐、雷达或光学传感器等技术来检测并锁定目标，以确保激光束准确照射到目标上。水下目标激光探测系统需要一个精密的控制系统，用于调整激光器的功率、光束角度和跟踪目标的位置。该系统通常采用自动化控制算法，能够实时监测目标位置和环境条件，并做出相应的调整。

水下目标激光探测系统的工作原理如下：系统通过目标探测与跟踪系统检测水下目标是否存在，并获取其位置和运动信息。一旦检测到目标，控制系统会将激光器的焦点聚焦在目标上，并追踪其运动，以确保激光束始终照射到目标位置。当目标被准确锁定后，激光器将产生高能量密度的激光束照射到目标上。如果激光束能够提供足够的能量，它可以造成目标的损坏甚至摧毁。

水下目标激光探测系统面临一些挑战：水下环境对激光束的传输产生一些损失，包括吸收、散射和折射等；水下环境中的湍流、气泡和悬浮物等也会影响激光束的准确照射和能量传输。因此，针对这些问题的解决方案，如优化激光器设计、适应光学系统、改进探测与跟踪技术以及探索更高功率的激光源等，仍然是当前研究的重点。

水下目标激光探测技术的研究历史可以追溯到 20 世纪 70 年代[84]。1972 年，美国海军开始进行水下目标激光探测的实验研究，旨在利用激光技术来对抗水下威胁。美国、瑞典、加拿大、俄罗斯等国家均开展了水下目标激光探测装备的研发[85]，这些装备具有受海情因素影响小、有效工作时间长、反应速度快、机动性强、探测效率高、系统兼容性强等优势，与全球卫星定位系统和机载快速探测系统等一系列制式装备结合，可实现对水下目标更为精确和快速探测。近年来，随着技术的不断发展，水下目标激光探测正在逐渐成为现实，一些国家已经开始对于水下目标激光探测系统进行试验，并取得了一定的成果。

尽管水下目标激光探测技术在过去几十年中取得了一定的进展，但仍然存在一些挑战和限制。例如，水下环境对传输的激光束会引起能量损失和散射，使得激光束的效果受到限制；此外，水下目标激光探测系统还需要解决高功率激光器的稳定性、目标探测与跟踪的精度和自动化控制等方面的问题。

5.3.4　水下光电对抗

自 20 世纪 60 年代激光出现以来，激光与光电子技术的应用日益广泛，水下光电对抗是一种在水下环境中应用光学和电子技术进行战术或战略对抗，通常指的是通过利用光学传感器和电子设备来进行水下目标侦察、目标追踪、目标干扰等行动。水下光电对抗技术与器件主要有光学传感器、目标侦察与追踪、光电干扰和电子对抗等。

水下光学传感器包括摄像机、激光雷达和红外传感器等设备，它们可以在水下环境中接收光信号，并将其转化为电信号进行处理和分析。这些传感器可用于水下目标的监测、识别和跟踪等任务。通过水下光学传感器，可以实现对水下目标的侦察和追踪。传感器收集到的图像、视频和其他数据被发送至处理系统，通过图像处理和目标识别算法来实现对目标的自动检测和跟踪。对抗对方的水下光学传感器可以使用光电干扰技术，该技术涉及向传感器发送干扰信号，以干扰其接收和解析能力，降低其对水下目标的探测和跟踪效果。光电干扰可以通过发射强光束、激光干扰器、光学烟雾等手段来实现。除了光电干扰，水下电子对抗技术也是一种重要的手段，包括主动干扰、被动侦听、频谱监测等操作，旨在对抗通信、雷达和其他电子设备。电子对抗可以干扰、迷惑或破坏电子设备的功能，从而削弱对方电子设备性能。

水下光电对抗的研究历史可以追溯到第二次世界大战以后，但在那个时期，光学和电子技术的发展相对有限。第二次世界大战期间，水雷和水下航行器的威胁显现，为了应对这些威胁，舰队使用声纳技术进行水下侦察和反潜战。然而，在一些特殊情况下，可见光和红外技术也被用于探测和追踪目标，这可以算作最早的水下光电对抗操作。冷战时期，水下航行器的隐蔽性成为重点。水下作战主要基于声纳技术，并逐渐应用水下光学传感技术。水下光学传感器用于识别水下目标、收集情报和指导反潜作战。然而，由于水下环境的复杂性，光波在水下传输受到很大限制，造成光学传感的困难。20 世纪 80 年代，光电技术的进步推动了对水下光电对抗的研究[86]。水下摄像技术的发展使得水下目标的实时监测和识别变得更加容易。此外，红外热成像技术的引入也提供了在低能见度环境中探测目标的新手段。90 年代以来，美国、英国、法国、德国和俄罗斯等国相继研究成功水下航行器光电桅杆，并陆续装备本国水下航行器[87]。这些光电桅杆都配备了激光测距仪，为水下航行器执行攻击侦察等任务提供高精度的距离信息。通过激光高分辨率探测告警技术及测向交叉定位技术，在水下航行器对目标发射激光测距信号，实时进行截获、测向、定位并快速引导反潜对抗，与声呐、雷达等传统反潜手段相比较，该方法具有手段隐蔽、反应迅速、测向定位精度高等特点，是水下光电对抗的重要应用扩展。21 世纪初，随着信息技术和传感器技术的迅猛发展，水下光电对抗得到了进一步改进和应用。新的水下光学传感器、红外热成像设备和高分辨率摄像机等技术的引入，提高了对水下目标的探测和识别能力。此外，声学光学混合传感器的研发也成为一项重要研究方向，结合声呐和光学传感器的优势，提高整体侦察能力。目前，水下光电对抗仍然处于不断发展和创新的阶段，越来越多的国家和机构致力于改善水下光学传感器的性能，提高目标侦察和干扰的能力。卫星通信、人工智能和机器学习等新技术的应用也为水下光电对抗带来了新的机遇和挑战。此外，还有一些领域的研究，如水下光学通信、水下激光雷达等，为水下光电对抗提供了更多技术手段。

激光对抗属于电子对抗的范畴，是光电对抗的重要分支。激光对抗是指利用激光技术对光电设备进行侦察、干扰、削弱或破坏，同时保护己方光电设备和人员正常工作的各种战术和技术措施的总称，是电子战的一个重要组成部分，主要包括激光侦察告警、激光干扰和激光致盲等手段。激光作为一种高能、高密度的光束，具有高度的直线性、单色性和高相干性，使其有着广泛的应用。

总的来说，水下光电对抗的研究历史经历了从声呐为主导到光学和红外技术逐渐引入的过程。随着技术的不断创新，水下光电对抗在水下作战、海洋资源开发、海洋环境监测等领域中的应用范围逐渐扩大，为海洋安全和相关行业的发展提供了重要支持。

5.3.5　激光对潜通信

　　水下航行器在执行任务的过程中，需要与外界取得联系，但是目前对潜通信仍然是一个全球性难题，这是因为对潜通信既要保障水下航行器本身的隐蔽性，还需确保通信内容不被干扰和截获。水下航行器的通信方式主要有无线电通信、超长波和极长波通信、浮标通信、水声通信和激光通信。无线电在水体中的衰减巨大，导致其只能在水中传输很短的距离，且需要很长的拖曳天线，极易暴露。超长波和极长波通信，不需要天线就可以在水中通信数百米，然而，由于陆地通信设备非常庞大，其只能单向通信，更难以接受的是其通信速率极其低下。浮标通信是通过发射通信浮标进行信息传输，此方式实时性差，且容易使水下航行器暴露。水声通信保密性差、隐蔽性低，通信容易被干扰。利用海水对蓝绿激光的低损耗窗口，采用激光通信有望实现飞机(或卫星)对水下航行器通信。激光对潜通信是一种高速、安全的通信方式，具有抗截获、抗干扰、不受电磁辐射及核辐射的影响的优势，并且能够组建陆基、空基、天基对潜的高速双工通信系统。因此，突破激光对潜通信的相关核心技术具有重大意义。图 5.26 为激光对潜通信示意图。

图 5.26　激光对潜通信示意图

　　激光对潜通信是一种利用激光技术进行水下通信的方法，它通过将激光束传输到水下，实现高速、安全和可靠的通信。激光对潜通信的原理是利用激光的直线传播特性和较窄的光束散射角，在水下传输信息。激光束通过空气-水界面进入水中后，会受到水的吸收、散射和衍射等影响，但相对于其他通信信号(如声波或电磁波），激光在水下传输中的损耗相对较小，能够提供更远的通信距离和更高的数据传输率。

激光对潜通信系统通常由以下几个关键组件组成：激光源、光学传输系统、接收器和信号处理单元。激光源产生高强度的激光束，常见的激光器包括固体激光器、气体激光器和半导体激光器等。光学传输系统用于聚焦和引导激光束，通常包括透镜、反射镜和光纤等光学元件，以及用于调整激光束方向和聚焦的光学装置。接收器用于接收传输过来的激光信号，并将其转换为电信号，通常包括光电探测器、放大器、信号解调器等。信号处理单元用于对待传输的数据进行编码、调制、解调，以确保数据的可靠传输。常见的调制技术包括振幅调制、频率调制、相位调制等。

激光对潜通信系统具有以下优点：激光传输速率远高于传统的水声通信系统，能够提供更大的带宽和更快的数据传输速度。相比水声通信，激光对潜通信能够实现更远距离的通信，尤其在清澈的海水中，能够传输几百米甚至几千米的距离。激光束的散射角度较小，可以减少信号的扩散和衰减，提高信号的接收质量和传输距离。

激光对潜通信也面临一些挑战：水下环境的浊度、颗粒物、波浪等因素会影响激光传输的质量和距离。由于水下环境的波动和运动，对准激光与接收器之间的距离和方向是一个挑战，需要采用自适应技术和实时反馈来保证通信的稳定性。

激光对潜通信是逐步发展起来的一项新兴技术。20 世纪 50 年代，激光技术问世后，人们开始探索激光在水下通信中的应用[88]，当时的研究主要集中在传输距离短、数据传输速率低的实验室环境中。70 年代，随着激光技术的进一步发展，研究者开始尝试将激光应用于水下通信中的实际场景[89]。然而，由于水的吸收和散射效应，激光在水下传输中存在较大的损耗和衰减，使得传输距离有限，并且传输质量较差，因此当时的激光对潜通信仍然存在着很多挑战。80 年代，研究者开始采用一些改进方法来克服激光在水下传输的困难[90]，引入了光学波导和光纤等技术，以减小传输损耗，并提高光信号的传输质量；此外，还通过使用大功率激光器和高灵敏度的光电探测器等手段，增强信号的传输距离和接收灵敏度。90年代，随着计算机技术和数字信号处理技术的发展，研究者开始将这些技术应用于激光对潜通信中[91]。通过数字信号处理和调制技术，实现了更高的数据传输速率和更可靠的通信。近年来，随着光学器件和激光器技术的不断进步，激光对潜通信取得了显著的进步。研究者提出了一系列新的方法和技术，包括自适应光学系统、自适应调制技术、多波束传输技术等，以进一步提高激光对潜通信的性能。

总体而言，激光对潜通信的研究历史可以追溯到 20 世纪 50 年代，经历了数十年的发展和改进。随着光学器件和激光技术的不断提升，激光对潜通信在传输距离、数据传输速率和可靠性等方面取得了显著的进展，并在海洋资源勘探、水下探测等领域展示出了广阔的应用前景。

5.3.6　水下光学导引

　　水下导引技术将促进水下机器人和自主导航技术的发展。水下导引为水下机器人提供了精确定位的能力。水下环境复杂、通信受限，利用水下导引技术可以实现机器人的精确定位和导航，使其能够在水下环境中准确执行任务。机器人可以通过水下导引系统获取海底地形和目标物体的位置信息，借助高精度的定位技术进行导航和路径规划，并实时调整航行姿态和轨迹，从而实现智能、高效的自主行动。水下导引对于水下机器人感知能力的提升至关重要。水下环境的光照条件差、可视性低，利用水下导引技术可以通过声呐、激光扫描和图像处理等手段获取海洋底部的地形、障碍物和目标物体信息。这些感知数据对于水下机器人的环境感知、目标检测和避障决策非常关键，能够提高机器人的安全性和任务完成效率。水下导引有助于改善水下机器人的通信能力。水下通信受限，常规无线信号的传输距离有限，而水下导引技术可以通过声呐、水声通信和光纤通信等方式实现长距离、高带宽的数据传输。利用水下导引系统，机器人可以与地面控制中心或其他机器人进行实时通信，接收指令、上传数据，并通过协作行动提高任务完成效率和智能性。另外，水下导引对水下机器人的自主决策和智能控制至关重要。水下环境变化多样，机器人需要具备自主决策的能力，根据感知到的环境信息进行路径选择、动作规划和任务执行。水下导引系统可以为机器人提供实时、准确的环境数据，使其能够进行智能决策和自主控制，适应不同的任务需求和环境条件，并有效应对突发情况。

　　水下导引为水下航行器提供精确定位、环境感知、通信能力和自主决策等关键支持，推动了水下航行器的智能化、自主化和高效化。对深海勘探、海洋资源开发、海底科学研究及海洋环境保护等领域的发展都具有积极的影响，为人类探索和利用海洋提供了强有力的技术支持。水下航行器利用水下导引技术能够提供高分辨率的海底地形图像和数据，帮助研究人员深入了解海洋底部的地质结构和地貌特征。通过观察海底的地壳和火山活动、地震断层等地质现象，科学家可以了解海洋地壳演化、板块运动、地震活动等重要地质过程，推动海洋地质学的发展。水下导引可以提供清晰的海洋生物图像和视频数据，帮助科学家观察和研究海洋生物的行为、种群分布和生态特征。科学家可以通过水下导引观察鱼类、珊瑚礁、海洋哺乳动物等生物群落，研究它们的生态系统、相互作用关系及生物多样性等重要问题，为保护海洋生态环境和海洋资源管理提供科学依据。此外，水下导引可以实时监测海洋环境参数，如水温、盐度、浊度、溶解氧含量等，这对于研究人员来说，意味着可以更好地了解海洋中的物理和化学过程，揭示海洋环境变化对生物活动和生态系统的影响。通过水下导引技术，科学家能够对海洋污染、气候变化等问题进行监测和评估，并采取相应的措施进行应对和管理。另外，水下导引技术可以观察和研究海洋气象现象，如海雾、海浪、海水色等。这对于理解海洋与大气的相互作用、海气界面的动力学过程以及天气和气候模式的预测有着重要的意义。通过水下导引技术，科学家可以获取真实可靠的海洋气象数据，提高气象预报和气候模型的准确性，对于应对气候变化和气象灾害具有重要价值。水下导引在海洋考古研究中也发挥着重要的作用，可以帮助考古学家寻找、探测和调查海底文化遗址、沉船遗址等。通过观察和记录海底文物和遗迹，科学家可以还原历史事件、推断人类活动和文化演变，为研究海洋历史和人类文明的发展提供重要的证据和信息。水下导引在海洋科学研究中的作用不可忽视。它提供了高质量的图像和数据，帮助科学家深入研究海洋地质、生物和环境等方面的问题，推动了海洋科学的进步和发展，为保护海洋生态环境、促进海洋可持续利用和人类社会的可持续发展做出重要贡献。

随着自主式水下航行技术的不断发展，水下航行器在航行过程中具有完全自治能力，在完成任务后能够自主搜索回收站，并根据回收基站位置进行路径规划，完成与水面或水下自主回收，如图 5.27 所示。自主式水下导引主要包括光学导引、视觉导引、声学导引、电磁导引四种技术。其中，光学导引技术在水中精度高、隐蔽性好，是近距离对接阶段作为导引技术的最佳选择，是研究的热点和核心，是未来科技发展的大趋势。

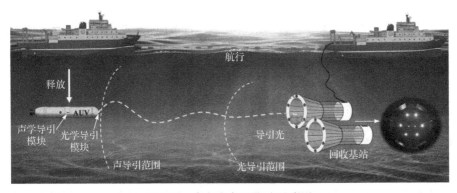

图 5.27　自主式水下导引(见彩图)

水下光学导引是利用光传输和信号处理的原理，实现在水下环境中进行定位、导航和通信等任务的技术。水下光学导引的原理涉及光的传播、水下环境的特性以及光与物质相互作用等方面。

光的传播是水下光学导引的基础。光在水中传播时会遇到散射、吸收和折射等影响因素，水中的颗粒、溶解物质和浑浊度都会导致光的散射和吸收，从而降低光的强度和传输距离。此外，光在水与空气之间的界面上会发生折射现象，光的传播方向也可能发生改变。因此，在水下光学导引中，需要充分考虑水下环境对光传播的影响，选择适合的光源和传输方式。

光与物质相互作用也是水下光学导引的重要原理之一。不同物质对光的吸收和散射特性不同，这些特性可用于判断目标物体的特征和性质。通过测量接收到的光信号的强度、波长和时间等参数，可以获取目标物体的位置、形状和姿态等信息。例如，通过测量光的散射特性，可以判断水下环境中是否存在障碍物，进而实现避障功能。

另外，水下光学导引还涉及光传感器和信号处理的原理。光传感器可以将接收到的光信号转换为电信号，常用的光传感器包括光电二极管和光敏电阻等。接收器用于放大和处理光信号，使其能够被后续的信号处理单元识别和解码。信号处理包括对光信号强度、方向和时间等参数的测量和计算，以获取目标物体的相关信息。

水下光学导引的原理涉及光的传播、光与物质相互作用及信号处理等方面。通过合理选择光源和传输方式，充分考虑水下环境的影响，利用光传感器和信号处理技术，可以完成在水下环境中进行定位导航、通信和数据采集等任务。随着光学技术的不断发展和创新，水下光学导引的原理也将得到进一步优化和完善，推动水下科学研究和工程应用的发展。

在国外，美国海德罗伊德(Hydroid)公司、美国蒙特利湾海洋研究所、美国麻省理工学院、美国德克萨斯大学奥斯汀分校、韩国国家海洋研究所、韩国浦项工科大学、日本东京海洋大学、日本东京大学、日本川崎造船厂、德国人工智能研究中心、加拿大国防与发展亚特兰大研究中心、俄罗斯海参崴海洋技术研究所、西班牙赫罗纳大学、法国海洋开发研究院均较早开展了相关的研究工作，但是目前水下光学导引仍然容易受环境变化、水对光的线性和非线性作用、水质等因素影响，在提高导引距离、精度、数据传输和处理速度等方面仍需进行深入研究。

5.3.7 涉水安全救援

随着社会经济的高速发展，人类涉水活动与日俱增，愈发频繁地出现涉水事故和涉水灾害，如在城市湖泊、水池中发生的人员溺水事故，在江河堤坝、水库发生垮坝灾难，在山区沟壑发生泥石流、洪涝灾害等。目前的涉水救援主要依靠人力实施救援，然而在水域环境复杂、水流湍急、大深度、短视距等情况下，尤其是水深超过 30m 的水下救援，已经超出救援人员体力极限。因此，发展基于智能化的无人自主涉水安全及救援技术及装备已迫在眉睫。

基于涉水光学技术，目前已发展出一系列涉水安全救援技术和装备。例如，基于机载光学传感设备或视觉设备，通过提取与识别人体活动特征，实现幸存者健康状态的准确判断，并通过多信息融合技术，对多目标进行跟踪监测；智能应急水下救援机器人将智能技术与传统装备相结合,通过搭载多种传感器,通过智能化远程平台控制,实时搜寻目标数据,通过搭载机械手臂进行水下搜救,并返回搜寻回收站。此类应急救援装备具有智能化、精准化、专业化、快速响应的特点,能够实现人-环境-任务的融合协同决策,适应"快速、精确、高效"的救援需求。同时,可将多模态感知融合技术、水下无线通信技术等应用于水下救援,使应急救援实现智能控制、精确环境感知,提高对突发情况下的自主学习与自适应等能力,实现应急救援装备的高质量发展。

5.4 涉水激光工业

水下安防中,尤其是江河、湖泊、海洋资源的开发和利用离不开各种涉水工程的搭建,如建设港口码头、维修舰船、搭建油井平台、铺设和维护管道等一系列的涉水工程。所有设备的建造和后期的维修过程均离不开水下加工的支持,其在海洋工程中具有广泛的应用。因此,涉水激光工业技术的发展是促进我国海洋工程建设、占据海洋开发主导地位的必经之路。图 5.28 为涉水激光工业应用。

图 5.28 涉水激光工业应用

5.4.1 水下激光焊接

随着大量涉水工程结构的建设和修理、船舶干坞修复的花费昂贵,水下焊接技术需求迫切。但是,一旦水深超过 200m,潜水员进行相应的水下焊接作业将会变得非常困难,这对水下焊接质量也会产生一定的影响。水下激光焊接作为一种新型的自动化水下焊接工艺,是 Sepold 和 Teske 在 1983 年"国际激光器与光电器件应用会议"上率先提出的[92]。他们采用水下激光焊接技术完成低碳钢板材堆焊，验证了水下激光焊接的可能性。随着各国对激光焊接设备研究与开发的深入，已经普遍出现应用于水下激光焊接的大功率激光器。激光器通过与水下焊接机器人及多轴联动运动控制系统相结合，有望实现水下激光填丝焊接的自动化。因此，发展水下激光焊接技术，从根本上加强对水下激光焊接机理及焊接工艺的研究，具有十分重要的理论与现实意义。

水下激光焊接是一种高能束焊接方法，通过激光束照射到焊件表面熔化材料完成焊接。一方面，水下激光焊接具有焊接质量高、热输入量精确、热影响区小等优势，受水压影响小、热输入量低及残余应力水平低，并且激光束可以通过光导纤维长距离传输，便于焊接设备的集中。同时，激光器通过与六轴联动机械手臂结合，借助计算机辅助系统，使水下激光焊接完全摆脱对潜水员的依赖，实现自动化，很适合水下环境的开发与使用。另一方面，水下激光焊接可以克服水下电弧焊过程中产生大量气体而导致的裂纹等焊接缺陷，具有焊接变形小、热输入量低等特点。

水下激光焊接的原理是利用激光束对焊接材料进行局部加热，使其达到熔化点，然后通过母材的自溶性实现焊接连接。激光束可以通过传输光纤被引导到水下工作区域，不受水的干扰或吸收。激光的高能密度和高单色性使其能够在水下环境中高效地进行焊接，而且对于焊接深度、焊缝宽度等参数具有较好的控制性能。水下激光焊接需要配备适合水下环境的激光源和激光头。激光源通常采用固态激光器或光纤激光器，具备高功率和稳定性。激光头需要具备防水、耐腐蚀和耐压等特性，以适应水下工作的要求。

水下激光焊接在船舶维修、海洋工程和海底管道维护等领域具有广泛的应用。水下激光焊接可用于修复和连接船体结构，如焊接螺旋桨、舵机和船体板块等。水下激光焊接可以用于海洋平台、油气管道、海底电缆和海洋工程设备的安装和维护。对于受损的海底管道，水下激光焊接可以进行局部修复和加固，提高管道的密封性和安全性。再如，水下钢结构和混凝土结构的焊接，可以利用水下激光焊接技术获得高质量的焊接效果。

水下激光焊接的研究仍存在很多挑战，首先，开发自动化的水下激光焊接系统，以提高操作精度和效率；其次，由于水下环境的特殊性，焊接材料的相容性和耐腐蚀性对于水下激光焊接的成功至关重要，研究人员正在寻找更适合水下焊接的材料和涂层；最后，研发在线监测和质量控制技术，以确保水下激光焊接的焊缝质量和完整性。

总的来说，水下激光焊接是一种在水下环境高效、精确和灵活的焊接方法，具有重要的应用价值，并为水下工作提供了可靠的焊接解决方案。随着技术的不断发展，水下激光焊接将进一步推动水下工程领域的创新和发展。

5.4.2　水下激光熔覆

　　根据激光熔覆区周围的工作环境，可将水下激光熔覆分为水下湿法和水下局部干法。在水环境中直接在镍铝青铜基板上制造激光熔覆层称为水下湿法。水下局部干法是在水下激光熔覆过程中，通过气体保护喷嘴形成局部干腔，保护激光束和熔池免受水环境的影响，可获得均匀无气孔和裂纹的熔覆涂层。

　　海水的侵蚀和腐蚀是工业结构部件在海水环境中的两种主要损耗方式，为延长部件的使用寿命、降低建造成本，通常使用水下原位修复技术对受损和老化的工业结构部件进行修复和维护。传统的水下原位修复技术主要是水下电弧焊，然而电弧的不稳定和高能量热输入将产生几何精度低、变形大、修复质量差等问题，限制了水下电弧焊技术在海洋工程中的应用范围。相比之下，水下激光熔覆是一种更高效的方法，通过激光照射沉积材料后，生成与基底的冶金结合层来恢复受损部件的几何形状和结构完整性，具有热输入可控、效率高、稳定性好、受水压影响小、焊接材料广泛、热输入量低、冷却速度快、热影响区小和残余应力低等优点。因此，水下激光熔覆可生产出低成本、高质量、高精度的修复涂层，在水环境中进行原位制备不锈钢激光熔覆涂层。

　　水下激光熔覆的原理是利用高功率激光束对涂层材料进行加热，使其熔化并与基材表面接触。激光束能量通过材料吸收并转化为热能，瞬间将材料表面加热到熔化温度。同时，水环境可作为冷却剂，帮助快速冷却和固化涂层。水下激光熔覆作为一种先进的材料表面处理技术，其研究历史可以追溯到 20 世纪初期。70年代初，研究人员开始探索利用水下激光熔覆技术在水下进行材料处理。最早的研究集中在船舶、海洋工程和海底管道等领域，旨在增强材料的防腐蚀性能和抗磨损性能。70 年代和 80 年代，水下激光熔覆技术逐渐得到推广和应用，当时的研究主要集中在钢铁和铝合金等金属材料上。研究人员通过改变激光功率、扫描速度和材料配方等参数，探索最佳的熔覆效果和涂层性能。90 年代，随着激光技术不断发展，水下激光熔覆技术取得了较大的突破。研究人员开始尝试对更多种类的材料进行处理，包括钛合金、镍基高温合金和陶瓷等。此外，开始研究不同的激光源、光纤输送系统和冷却控制技术等，以提高激光熔覆的效率和质量。2000年以来，水下激光熔覆技术得到了更广泛的关注和应用[93]。随着海洋工程和船舶维修领域的发展，对于耐腐蚀和抗磨损涂层的需求越来越迫切。研究人员不断改进水下激光熔覆技术，包括优化激光器性能、增加材料选择范围、提高涂层耐久性和精确控制冷却过程等。

　　此外，一些国际合作项目也推动了水下激光熔覆技术的发展，各国研究机构和企业共同参与，加大了对该技术的研究和应用。通过不断努力，水下激光熔覆技术的性能和工艺已经取得了显著的提升，并在海洋工程和船舶维修等领域发挥着重要作用。

5.4.3　涉水激光切割与打孔

　　涉水激光切割与打孔技术主要包括两种，一种是水溶液辅助激光加工技术，另一种是水下激光切割打孔技术。由于水具有无危害、可回收等优点，水溶液辅助激光烧蚀已经成为一种可同时切割和冷却工件的替代技术，被广泛使用。常见的水溶液辅助激光加工有水导激光加工、水射流激光加工和水下激光加工等。在水下激光加工过程中，工件材料浸没在水中，激光穿过水层作用在工件材料上，将材料烧蚀去除，如图 5.29 所示。激光在水中与工件材料作用时会产生对流和沸腾蒸发，引起水的流动和空化气泡的不断产生和溃灭，有助于熔融材料从加工区域排出，提高加工质量；同时，水具有良好的冷却作用，可以降低激光加工区域的热影响，避免工件材料的过度烧蚀及温度过高对工件材料产生的不良影响；水作为隔离层，防止工件熔融材料在冷却过程中重新黏连起形成重铸层。已有研究成果表明，对比不锈钢水导激光加工、传统气体辅助激光加工和传统微细电火花加工，水溶液辅助激光加工具有加工质量较好、切缝边缘毛刺量少、打孔的尺寸较小、热影响区小等优势。例如，采用水辅助飞秒激光在氧化铝陶瓷上打孔，可显著提高打孔效率和质量，在较低脉冲重复频率下效果显著。水溶液辅助激光加工可以减少孔侧壁残留碎屑和烧蚀物再沉积量，在孔出口附近的孔侧壁几乎没有残留碎屑和烧蚀物再沉积。水溶液辅助飞秒激光打孔在陶瓷制造领域具有潜在的应用前景。

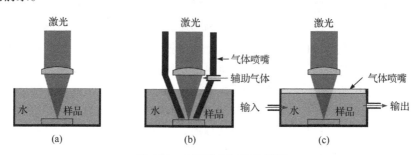

图 5.29　水下激光加工示意图

(a) 液体容器顶部开放型；(b) 气体辅助水下加工型；(c) 封闭容器型

　　涉水激光切割与打孔技术是一项共性材料加工技术，由于具有切割速度快切、缝窄、切割质量好等优点，适用于核设施解体、沉船打捞快速解体和海洋工程等领域。目前，对涉水激光切割与打孔技术的研究较多集中在水下 20m 以内的环境中，采用 CO_2 激光器、Nd:YAG 脉冲激光器，在水下数十米至数百米的深度切割厚度从几毫米至几十毫米的不锈钢板均已有报道和实际应用。涉水激光切割与打孔技术具有如下优势：

(1) 效率高。激光波长短,切割材料对光束的吸收性高,切割速度快,效率高。激光切割材料的种类多,不受被切割材料的硬度和强度的影响,适应范围广,可加工高硬度、高脆性、高熔点的材料。

(2) 质量好、精度高。激光加工的工件热变形小,热影响区小,切缝附近材料的性能几乎不受影响,切割精度高。

(3) 非接触切割。激光切割不存在机械切削力,没有磨料射流切割头的反冲力,激光切割头尺寸小,能够满足不同结构物的水下切割的要求。

(4) 环境适应性强,安全性高。激光器调整和切割过程操控容易,能够深入水下切割打孔,不会对海洋环境产生污染,可实现智能化、自动化、柔性化操作。

随着科学技术的进步与发展,涉水激光切割与打孔技术及其设备将朝着智能化、小型化、安全化、深水化、环保化的方向发展,将广泛适用于海洋结构物(如海洋平台、海底管道、海底储油库、船舶、水下航行器等)的建造、维护和退役工程。

参 考 文 献

[1] 李学龙. 临地安防[J]. 中国计算机学会通讯, 2022, 18(11): 44-52.

[2] WATSON J. Subsea Optics and Imaging[M]. Cambridge: Woodhead Publishing Series in Electronic and Optical Materials, 2013.

[3] KALIF W. Hans Lippershey: Telescope inventor, spectacle maker[EB/OL]. (2024-05-27)[2024-05-27]. https://www.telescopenerd. com/astronomers/hans-lippershey.htm.

[4] DARRIGOL O. A History of Optics from Greek Antiquity to the Nineteenth Century[M]. Oxford: Oxford University Press, 2012.

[5] WHEWELL W. History of the Inductive Science from the Earliest to the Present Times[M]. London: W. Parker, 1857.

[6] ALEXANDER W. Thomas Young: Natural Philosopher 1773-1829s[M]. Cambridge: Cambridge University Press, 2011.

[7] BALLARD R D. The discovery of hydrothermal vents: Notes on a major oceanographic find[J]. Oceanus, 1977, 20(3): 35-44.

[8] DUNTLEY S Q. Light in the sea[J]. Journal of the Optical Society of America, 1963, 53(3): 214-233.

[9] MEYER Y. Wavelets and Operators: Volume 1[M]. Cambridge: Cambridge University Press, 1992.

[10] DAUBECHIES I. Ten Lectures on Wavelets[M]. Philadelphia: Society for Industrial and Applied, 1992.

[11] MIE G. Beiträge zur Optik trüber Medien, speziell kolloidaler Metallösungen[J]. Annalen der Physik, 1908, 330(3): 377-445.

[12] PETZOLD T J. Volume scattering functions for selected ocean waters[D]. San Diego: Scripps Institution of Oceanography, 1972.

[13] LERNER R M, SUMMERS J D. Monte Carlo description of time-and space-resolved multiple forward scatter in natural water[J]. Applied Optics, 1982, 21(5): 861-869.

[14] WANG L, JACQUES S L, ZHENG L. MCML: Monte Carlo modeling of light transport in multi-layered tissues[J].

Computer Methods and Programs in Biomedicine, 1995, 47(2): 131-146.

[15] METROPOLIS N, ULAM S. The Monte Carlo method[J]. Journal of the American Statistical Association, 1949, 44(247): 335-341.

[16] WELLS W H. Loss of Resolution in water as a result of multiple small-angle scattering[J]. Journal of the Optical Society of America, 1969, 59(9): 686-691.

[17] DUNTLEY S Q. Underwater lighting by submerged lasers and incandescent sources[D]. San Diego: Scripps Institution of Oceanography, 1971.

[18] MCGLAMERY B L. A computer model for underwater camera systems[C]. Ocean Optics Ⅵ. SPIE, Monterey, California, USA, 1980, 208: 221-231.

[19] JAFFE J S. Computer modeling and the design of optimal underwater imaging systems[J]. IEEE Journal of Oceanic Engineering, 1990, 15(2): 101-111.

[20] AKKAYNAK D, TREIBITZ T. A revised underwater image formation model[C]. Proceedings of the IEEE Conference on Computer Vision and Pattern Recognition, Salt Lake City, USA, 2018: 6723-6732.

[21] HE K M, SUN J, TANG X O. Single image haze removal using dark channel prior[C]. 2009 IEEE Conference on Computer Vision and Pattern Recognition, Miami, USA, 2009: 1956-1963.

[22] CHIANG J Y, CHEN Y C. Underwater image enhancement by wavelength compensation and dehazing[J]. IEEE Transactions on Image Processing, 2011, 21(4): 1756-1769.

[23] KU S, MAHATO K K, MAZUMDER N. Polarization-resolved Stokes-Mueller imaging: A review of technology and applications[J]. Lasers in Medical Science, 2019, 34: 1283-1293.

[24] SCHECHNER Y Y, KARPEL N. Recovery of underwater visibility and structure by polarization analysis[J]. IEEE Journal of Oceanic Engineering, 2005, 30(3): 570-587.

[25] TYO J S, ROWE M P, PUGH E N, et al. Target detection in optically scattering media by polarization-difference imaging[J]. Applied Optics, 1996, 35(11): 1855-1870.

[26] TREIBITZ T, SCHECHNER Y Y. Active polarization descattering[J]. IEEE Transactions on Pattern Analysis and Machine Intelligence, 2009, 31(3): 385-399.

[27] LIU F, HAN P L, WEI Y, et al. Deeply seeing through highly turbid water by active polarization imaging[J]. Optics Letters, 2018, 43: 4903-4906.

[28] NI H, ZHOU G P, CHEN X L, et al. Non-reciprocal spatial and quasi-reciprocal angular Goos-Hänchen shifts around double CPA-LPs in PT-symmetric Thue-Morse photonic crystals[J]. Optics Express, 2023, 31: 1234-1248.

[29] GAO C D, ZHAO M L, CAO F Y, et al. Underwater polarization de-scattering imaging based on orthogonal polarization decomposition with low-pass filtering[J]. Optics and Lasers in Engineering, 2023, 170: 107796.

[30] CAO H, TIAN Y, LIU Y, et al. Water body extraction from high spatial resolution remote sensing images based on enhanced U-Net and multi-scale information fusion[J]. Scientific Reports, 2024, 14: 16132.

[31] SWARTZ B A. Laser range gated underwater imaging advances[C]. Proceedings of OCEANS'94, Brest, France, 1994, 2: Ⅱ/722- Ⅱ/727.

[32] RISHOLM P, THORSTENSEN J T, THIELEMANN J T, et al. Real-time super-resolved 3D in turbid water using a fast range-gated CMOS camera[J]. Applied Optics, 2018, 57(14): 3927-3937.

[33] WANG X W, LI Y F, ZHOU Y. Triangular-range-intensity profile spatial-correlation method for 3D super-resolution range-gated imaging[J]. Applied Optics, 2013, 52(30): 7399-7406.

[34] CASSIDY C J. Airborne laser mine detection systems[D]. Monterey: Naval Postgraduate School, 1995.

[35] MACDONALD I R, REILLY F F, BLINCOW M, et al. Deep ocean use of the SM2000 laser line scanner on submarine NR1 demonstrates system potential for industry and basic science[C]. MTS/IEEE OCEANS 1995, Bergen, Norway, 1995: 555-565.

[36] OPTECH. SHOALS-3000 Product Brochure [EB/OL]. (2024-12-12)[2024-12-12]. https://pdf.directindustry.com/ pdf/optech/ shoals-3000-product-brochure/25132-53146.html.

[37] KNIGHT F K, KLICK D I, RYAN-HOWARD D P, et al. Three-dimensional imaging using a single laser pulse[J]. Proceedings of SPIE, 1989, 1103: 174-189.

[38] 胡光兰. 美国海军增购先进机载激光水雷探测系统[J]. 水雷战与舰船防护, 2015, 23(2): 15.

[39] MULLEN L J, CONTARINO V M. Hybrid Lidar-Radar: Seeing through the scatter[J]. IEEE Microwave Magazine, 2000, 1(3): 42-48.

[40] ALEM N, PELLEN F, LE BRUN G, et al. Extra-cavity radiofrequency modulator for a lidar radar designed for underwater target detection[J]. Applied Optics, 2017, 56(26): 7367-7372.

[41] PITTMAN T B, SHIH Y H, STREKALOV D V, et al. Optical imaging by means of two-photon quantum entanglement[J]. Physical Review A, 1995, 52(5): R3429.

[42] BENNINK R S, BENTLEY S J, BOYD R W. "Two-photon" coincidence imaging with a classical source[J]. Physical Review Letters, 2002, 89(11): 113601.

[43] FERRI F, MAGATTI D, GATTI A, et al. High-resolution ghost image and ghost diffraction experiments with thermal light[J]. Physical Review Letters, 2005, 94(18): 183602.

[44] SHAPIRO J H. Computational ghost imaging[J]. Physical Review A: Atomic, Molecular, and Optical Physics, 2008, 78(6): 061802.

[45] 央视网. 焦点访谈 | "奋斗者"号勇往直"潜" [EB/OL]. (2021-03-16)[2024-12-12]. https://m.news.cctv.com/ 2021/ 03/16/ARTI4i4sBmClDRRseH6gdgYP210316.shtml.

[46] 陆成宽. "奋斗者"号胜利返航, 中国万米载人深潜有底气[EB/OL]. (2020-12-01)[2024-12-12]. https:// www.cas. cn/cm/202012/t20201201_4769016.shtml.

[47] SPACENEWS. "Ocean Worlds" discoveries build case for new missions [EB/OL]. (2017-09-30)[2024-12-12]. https:// spacenews.com/ocean-worlds-discoveries-build-case-for-new-missions/.

[48] GALILEI G. Sidereus Nuncius, or the Sidereal Messenger[M]. Chicago: University of Chicago Press, 2016.

[49] Galileo's journey to Jupiter. NASA/JPL-Caltech[EB/OL]. (2024-11-05)[2024-12-12]. https:// science.nasa.gov/ mission/galileo/ #galileo-mission-overview.

[50] KIVELSON M G, KHURANA K K, RUSSELL C T, et al. Galileo magnetometer measurements: A stronger case for a subsurface ocean at Europa[J]. Science, 2000, 289(5483): 1340-1343.

[51] NASA. Lunar Reconnaissance Orbiter[EB/OL]. [2024-12-12]. https://moon.nasa.gov/overlay-lro/.

[52] SITTLER E C, HARTLE R E, VIÑAS A F, et al. Titan interaction with Saturn's magnetosphere: Voyager 1 results revisited[J]. Journal of Geophysical Research, 2005, 110(A9): 1-10.

[53] IESS L, STEVENSON D J, PARISI M, et al. The gravity field and interior structure of Enceladus[J]. Science, 2014, 344(6179): 78-80.

[54] HUYGENS C. De Saturni Luna Observatio Nova[M]. The Netherlands: Apud Theodorum Haak, 1656.

[55] SMITH B A, SODERBLOM L, BEEBE R, et al. Encounter with Saturn: Voyager 1 imaging science results[J]. Science, 1981, 212(4491): 163-191.

[56] SMITH P H, LEMMON M T, LORENZ R D, et al. Titan's surface, revealed by HST imaging[J]. Icarus, 1996, 119(2):

336-349.

[57] LEBRETON J P, WITASSE O, SOLLAZZO C, et al. An overview of the descent and landing of the Huygens probe on Titan[J]. Nature, 2005, 438(7069): 758-764.

[58] LORENZ R D, TURTLE E P, BARNES J W, et al. Dragonfly: A rotorcraft lander concept for scientific exploration at Titan[J]. Johns Hopkins APL Technical Digest, 2018, 34(3): 14.

[59] 国家航天局. 1971 年 5 月 19 日 苏联成功发射火星 2 号探测器[EB/OL]. (2023-10-14)[2024-12-12]. https:// www.ncsti.gov.cn/kcfw/jnr/202204/t20220427_75652.html.

[60] MARS. NASA. GOV. Mars 2020 Perseverance Rover[EB/OL]. (2021-01-22)[2024-12-12]. https://science. nasa.gov/mission/mars-2020-perseverance/.

[61] PERMINOV V G. The Difficult Road to Mars: A Brief History of Mars Exploration in the Soviet Union[M].North Charleston: CreateSpace Independent Publishing Platform, 2012.

[62] STERN S A, BAGENAL F, ENNICO K, et al. The Pluto system: Initial results from its exploration by New Horizons[J]. Science, 2015, 350(6258): 1815.

[63] PAUL A Z, THORNDIKE E M, SULLIVAN L G, et al. Observations of the deep-sea floor from 202 days of time-lapse photography[J]. Nature, 1978, 272(5656): 812-814.

[64] DELANEY J R, HEATH G R, HOWE B, et al. NEPTUNE: Real-time ocean and earth sciences at the scale of a tectonic plate[J]. Oceanography, 2000, 13(2): 71-79.

[65] BEST M, FAVALIDD P, BERANZOLI L, et al. EMSO: A distributed infrastructure for addressing geohazards and global ocean change[J]. Oceanography, 2014, 27(2): 167-169.

[66] KANEDA Y. DONET: A real-time monitoring system for megathrust earthquakes and tsunamis around southwestern Japan[J]. Oceanography, 2014, 27(2): 103.

[67] SVERDRUP H U. The Oceans, Their Physics, Chemistry, and General Biology[M]. Upper Saddle River: Prentice-Hall, 1942.

[68] ECKART C, SHANKLAND R S. Principles and applications of underwater sound[J]. Physics Today, 1970, 23(3): 79-83.

[69] MUNK W H, WUNSCH C I. Observing the ocean in the 1990s[J]. Philosophical Transactions of the Royal Society of London. Series A, Mathematical and Physical Sciences, 1982, 307(1499): 439-464.

[70] CULSHAW B, DAKIN J. Optical Fiber Sensors: Systems and Applications. Volume 2[J]. Boston: Artech House, 1989.

[71] 新华网. 联合国安理会审议 "北溪" 管道爆炸事件调查情况 [EB/OL]. (2024-10-05)[2024-12-12]. http://www. news.cn/ 20241005/c070add301194040945aee31b0abbd1e/c.html.

[72] PRATT J A, PRIEST T, CASTANEDA C J. Offshore Pioneers: Brown & Root and the History of Offshore Oil and Gas[M].Houston: Gulf Professional Publishing, 1997.

[73] BAI Y. Subsea Pipelines and Risers[M]. Houston: Gulf Professional Publishing, 2005.

[74] CHRIST R D, WERNLI SR R L. The ROV Manual: A User Guide for Remotely Operated Vehicles[M]. Oxford: Butterworth-Heinemann, 2013.

[75] NORDERHAUG K M, ISÆUS M, BEKKBY T, et al. Spatial predictions of *Laminaria hyperborea* at the Norwegian Skagerrak coast[R].Norway: Norwegian Institute for Water Research, 2007.

[76] 王霄, 王树青, 宋宪仓, 等. 海上漂浮式光伏平台研究进展与关键技术[J/OL].工程科学与技术,2025: 1-16[2025-01-06]. https://doi.org/10.15961/j.jsuese.202400217858.

[77] IRENA. Renewable energy statistics 2024[EB/OL]. (2024-07-30)[2024-12-04]. https://www.irena.org/.

[78] 施伟. 海上光伏漂浮式系统发展与展望[C]//上海市太阳能学会. 第十九届中国太阳级硅及光伏发电研讨会论文集, 2023: 533-551.

[79] JERLOV N G. Optical Oceanography[M]. Amsterdam: Elsevier, 2014.

[80] HICKMAN G D, HOGG J E. Application of an airborne pulsed laser for near shore bathymetric measurements[J]. Remote Sensing of Environment, 1969, 1(1): 47-58.

[81] PHILLIPS D M, KOERBER B W. A theoretical study of an airborne laser technique for determining sea water turbidity[J]. Australian Journal of Physics, 1984, 37(1): 75-90.

[82] JOHNSEN G, VOLENT Z, DIERSSEN H, et al. Underwater hyperspectral imagery to create biogeochemical maps of seafloor properties[M]//WATSON J, ZIELINSKI O. Subsea Optics and Imaging. Cambridge: Woodhead Publishing, 2013: 508-540.

[83] LILLYCROP J, BANIC J R. Advancements in the US Army Corps of Engineers hydrographic survey capabilities: The SHOALS system[J]. Marine Geodesy, 1992, 15(2-3): 177-185.

[84] ARST K I U. Optical Properties and Remote Sensing of Multicomponental Water Bodies[M]. Springer Science & Business Media, 2003.

[85] CASSIDY C J. Airborne laser mine detection systems[D].Monterey: Naval Postgraduate School, 1995.

[86] MCFARLAND W N. Light in the sea: Correlations with behaviors of fishes and invertebrates[J]. American Zoologist, 1986, 26(2): 389-401.

[87] WERTHEIM E. The Naval Institute Guide to Combat Fleets of the World: Their Ships, Aircraft, and Systems[M]. Annapolis: Naval Institute Press, 2007.

[88] GIALLORENZI T G. Optical communications research and technology: Fiber optics[J]. Proceedings of the IEEE, 1978, 66(7): 744-780.

[89] KARP S. Optical communications between underwater and above surface (satellite) terminals[J]. IEEE Transactions on Communications, 1976, 24(1): 66-81.

[90] SNOW J B, FLATLEY J P, FREEMAN D E, et al. Underwater propagation of high-data-rate laser communications pulses[C]. Ocean Optics XI. SPIE, San Diego, USA, 1992, 1750: 419-427.

[91] ARNON S, KEDAR D. Non-line-of-sight underwater optical wireless communication network[J]. Journal of the Optical Society of America A, 2009, 26(3): 530-539.

[92] SEPOLD G, TESKE K. Results of underwater welding with high-power-CO_2-lasers[C]. International Congress on Applications of Lasers & Electro-Optics. Laser Institute of America, San Francisco, USA, 1983, 1983(2): 87-89.

[93] SUN G, WANG Z, LU Y, et al. Underwater laser welding/cladding for high-performance repair of marine metal materials: A review[J]. Chinese Journal of Mechanical Engineering, 2022, 35(1): 5.

第6章 总结与展望

本书主要基于涉水光学中光与水的物质相互作用机理及光的跨介质传播机理，介绍了涉水环境中的数据获取、信息传输及处理，涵盖了传感、测量、成像、光通信、信息智能处理等众多学科领域，分析了涉水光学关键技术的发展趋势，重点介绍了具有代表性的最新研究进展和存在的挑战，形成了集数据获取、信息传输、信息处理于一体的技术集群。

掌控海洋才能真正确保国家海洋权益，才能拥有和平稳定的发展环境，加强对领水的控制能力是建设海洋强国的必经之路。涉水光学应用场景中，在海洋观测网方面，建海洋环境信息的实时、立体、高分辨、多要素、多尺度的融合监测体系，提高海洋环境的感知认知能力，提升我国在海洋科技、海洋权益等方面的地位，支撑海洋强国建设[1]。在海洋牧场方面，建设完善的监测网络和管理系统，监测生态环境质量和生物资源，确保水产资源稳定和持续增长，实现可持续生态渔业建设。在港口安防方面，通过建设立体化的监管系统，打造智慧型贸易港，对增强进出口贸易的国际竞争力和港口安全有重要保障。在领水安防方面，探索海洋，认知海洋是开发和保护海洋的前提，全面掌握我国领水的基础数据是维护国家海洋权益的基础，全天候水域监视是水下监视与安全防卫的手段，对维护国家海洋权益具有重要意义。

依海而兴，向海图强。扬波大海，走向深蓝。以水下安防为核心，海洋科学、海洋工程为基础，涵盖防卫、防护、生产、安全、救援等一系列应用或任务的技术研发与落地，将最大化挖掘水下安防技术体系的经济效益和社会效益，成为以多元化、跨域化、立体化、协同化、智能化的临地安防技术体系核心之一。

随着涉水光学体系的逐步成熟，世界局势将面临巨大转折，海洋已然成为各国争夺的战略资源。涉水探测技术手段的提升将极大地释放海洋资源，生产力得到进一步提升，人类生产生活方式将步入新的发展阶段，生产资料的获取将产生变革性发展。海洋生物是地球上极其重要的碳汇体和碳聚体，随着海洋建设规模不断扩大和技术水平不断提高，我国海域的生态容量将不断提升，可以获取大量的生产资料和生活资料，为我国持续稳定发展提供重要保障。

随着涉水光学技术的不断提高，经略海洋需要物联网、多模态认知计算等相关信息技术支持。物联网技术为涉水光学数据获取和传输提供了重要技术手段，多模态认知计算为涉水光学信息的综合高效处理提供了有力支撑，实现涉水光学信息大数据的挖掘、高效传输及智能化处理，完善涉水领域相关技术的信息化和智能化，为海洋强国建设提供可靠技术保障。

涉水光学涉及众多新兴技术和交叉学科，未来将围绕领水防卫、领水监测、生产安全、生态安全、资源保护等多个方面，建立健全技术体系，优化技术应用行业标准，逐步形成水下安防体系。未来，涉水光学技术能够为人类提供全天时、全天候、全水域的环境信息监测、探测、传输及处理能力，使人类能够更加主动地应对全球气候变化、海平面上升等挑战。

参 考 文 献

[1] 共产党员网. 习近平的"蓝色信念" [EB/OL]. (2018-06-15)[2024-12-04]. https://news.12371.cn/2018/06/15/ ARTI 1529042534875218.shtml.

彩　图

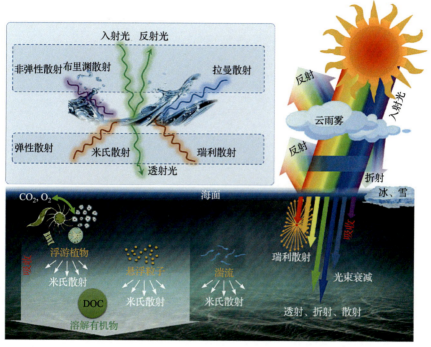

图 1.4　光与水的物质相互作用与跨介质传播机理

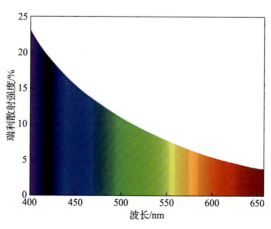

图 1.6　大气中瑞利散射强度与波长的关系

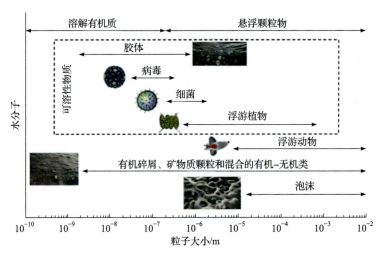

图 1.7　自然水体主要成分大小

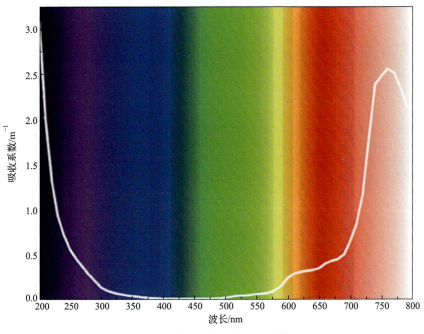

图 1.9　纯海水的光谱吸收系数

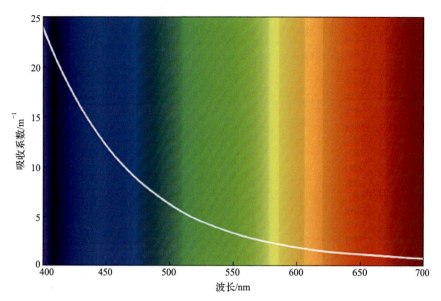

图 1.12　可溶有机物的吸收系数

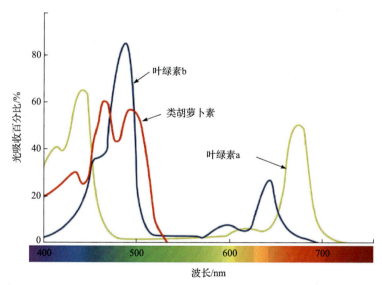

图 1.13　浮游植物叶绿素吸收光谱

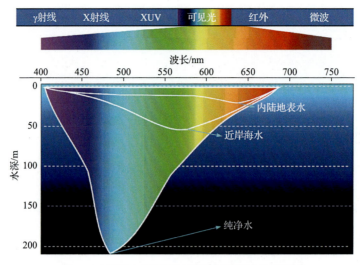

图 1.14　不同水质下可见光谱中不同波长的衰减

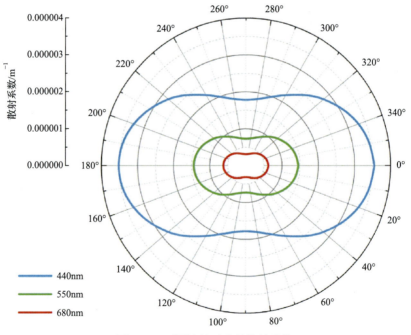

图 1.17　不同波长下瑞利散射系数

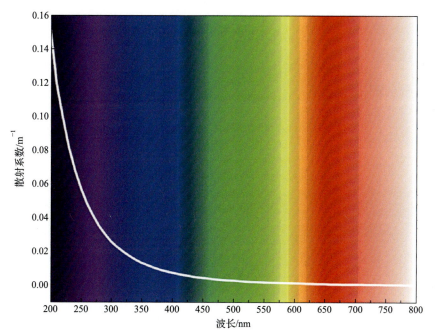

图 1.18 纯海水的散射系数

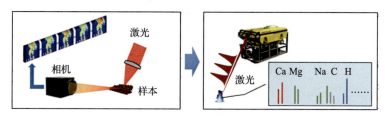

图 3.4 激光诱导击穿光谱技术原理

图 3.7 水下距离选通深海高清相机

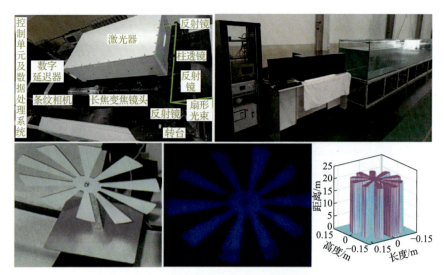

图 3.12　载波调制激光雷达系统及成像结果

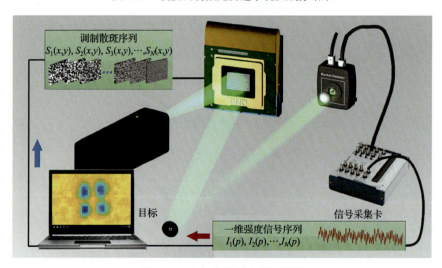

图 3.13　涉水单像素成像示意图

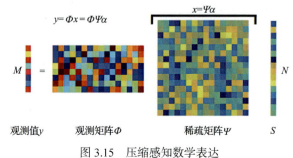

图 3.15　压缩感知数学表达

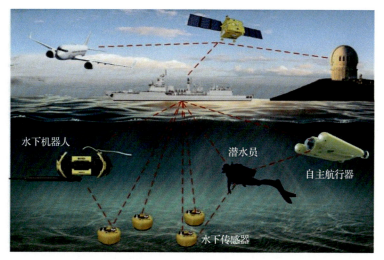

图 4.1　空天地海一体化光通信网络示意图

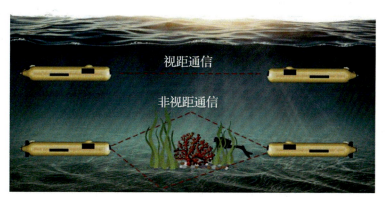

图 4.3　视距通信和非视距通信示意图

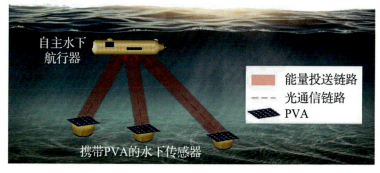

图 4.4　基于 PVA 的数据能量同步传输示意图

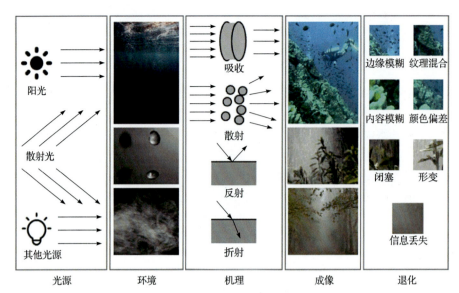

图 4.7 涉水环境光传播过程中吸收、散射、反射与折射

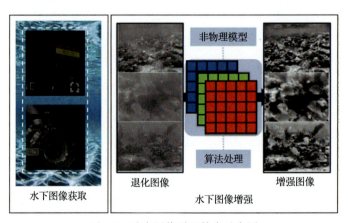

图 4.8 涉水图像增强技术示意图

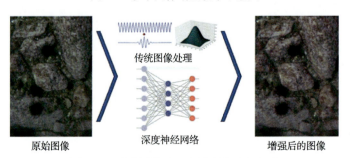

图 4.10 涉水图像对比度增强的常见方法

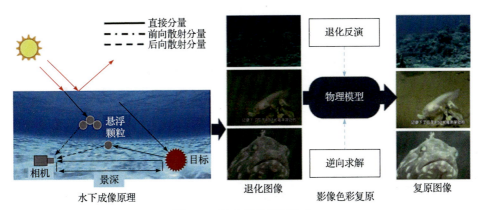

图 4.11　涉水图像复原技术

图 4.12　单介质涉水图像色彩偏移(a)及色彩矫正后(b)的图像

图 4.13　单介质涉水图像的模糊(a)与去模糊(b)图像

图 4.15　无雾图像及其暗通道(a)和含雾图像及其暗通道(b)

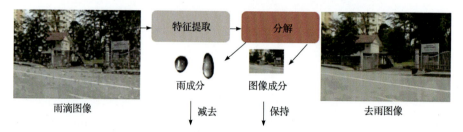

特征提取　分解

雨成分　图像成分

雨滴图像　减去　保持　去雨图像

图 4.17　基于图像分解的去雨方法

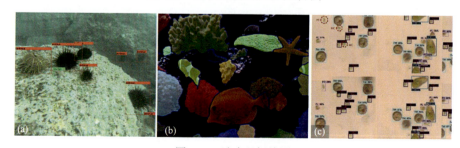

图 4.18　涉水目标检测

(a) 水下生物检测；(b) 涉水图像分割；(c) 浮游生物检测

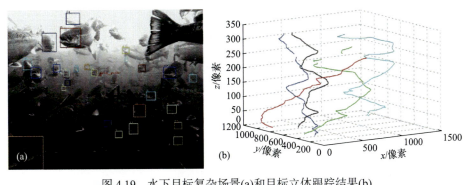

图 4.19　水下目标复杂场景(a)和目标立体跟踪结果(b)

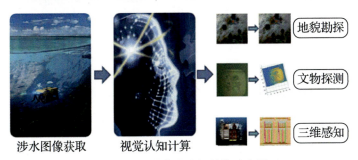

图 4.20　视觉信息认知计算示意图

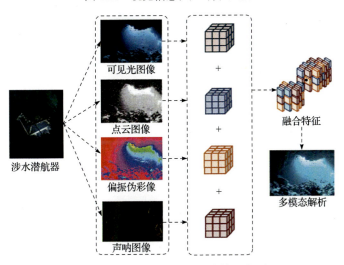

图 4.21　多探测模态认知计算示意图

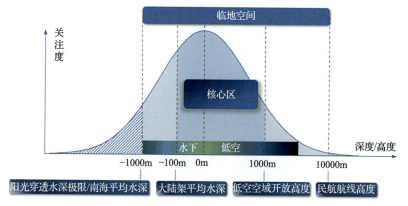

图 5.1　临地安防空间范畴

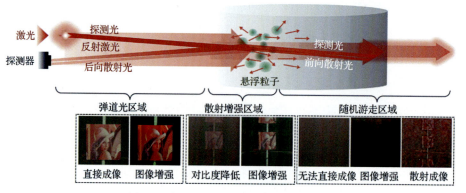

图 5.2　激光在不同散射区域的传播规律

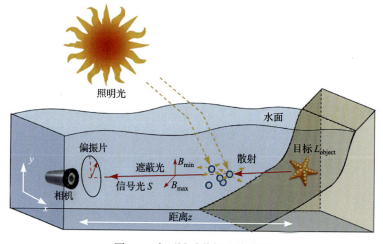

图 5.6　水下被动偏振成像模型

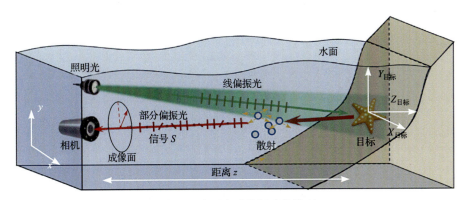

图 5.7　水下主动偏振成像模型

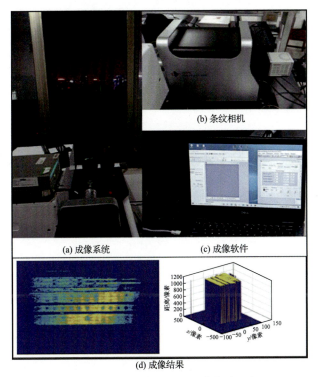

图 5.11　水下条纹管激光成像实验研究

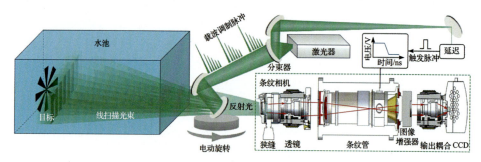

图 5.14　载波调制激光成像实验装置

年份	重要研究进展	光场调制方法	图像重建算法
1995	*T.B.Pittman et al.*Quantum ghost imaging	激光 旋转 毛玻璃	物理模型驱动关联成像 $x=\psi a$ $y=\Phi x=\Phi\psi a$ M ⬛ N
2002	*Ryan S. Bennink et al.*Classical ghost imaging		
2005	*Yanhua Shih et al.*Two-Photon imaging		
2008	*Jeffrey H.Shapiro*,Computational ghost imaging	赝热光	
2008	*Marco F. Duarte et al*Compressive ghost imaging		
2009	*Robert W.Boyd et al.*High-order ghost imaging	数字微镜器件	
2010	*F.Ferri et al.*Differential ghost imaging		
2013	*B.Sun et al.*3D Computational ghost imaging		压缩感知
2016	*Hong Yu et al.;Daniele Pelliccia et al.* X-Ray ghost imaging	空间光调制器	
2017	*Meng Lyu et al.*Deep-learning ghost imaging		
2017	*Mingnan Le et al.*Underwater computational ghost imaging		
2022	*F.Wang et al.*ghost imaging with a deep neural network congstraint		
2023	*Xuelong Li et al.*Part-based image-loop network for single-pixel imaging	LED阵列	深度学习
量子关联成像	炎热光关联成像 计算关联成像 水下关联成像 深度学习关联成像		

图 5.17　关联成像研究进展

图 5.18　全海深超高清相机

天涯号着陆器

8152m深处的狮子鱼

图 5.19 "海瞳"相机

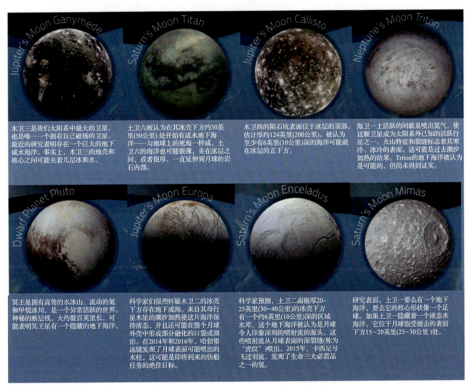

图 5.20 太阳系含有"水"的星球

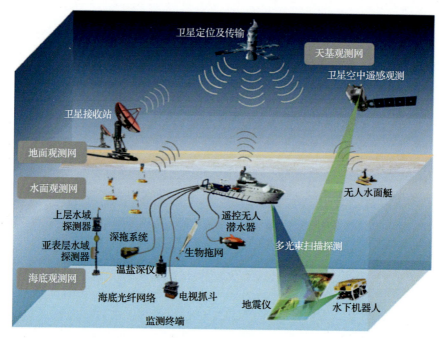

图 5.22　海底观测网

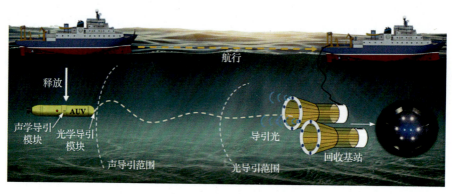

图 5.27　自主式水下导引